湘味

高等职业学校烹饪工艺与营养专业教材

湖湘饮食文化概论

AN INTRODUCTION TO HUXIANG FOOD CULTURE

罗莹　盛金朋 / 主编

中国轻工业出版社

图书在版编目（CIP）数据

湖湘饮食文化概论 / 罗莹，盛金朋主编. —北京：中国轻工业出版社，2025.9

ISBN 978-7-5184-2314-9

Ⅰ. ①湖… Ⅱ. ①罗… ②盛… Ⅲ. ①湘菜－文化－职业教育－教材 Ⅳ. ①TS971.202.64

中国版本图书馆CIP数据核字（2019）第145933号

责任编辑：方　晓　　责任终审：滕炎福　　设计制作：锋尚设计
策划编辑：史祖福　　责任校对：吴大朋　　责任监印：张　可

出版发行：中国轻工业出版社（北京鲁谷东街5号，邮编：100040）
印　　刷：三河市万龙印装有限公司
经　　销：各地新华书店
版　　次：2025年9月第1版第3次印刷
开　　本：787×1092　1/16　印张：13.75
字　　数：300千字
书　　号：ISBN 978-7-5184-2314-9　定价：49.00元
邮购电话：010-85119873
发行电话：010-85119832　010-85119912
网　　址：http://www.chlip.com.cn
Email：club@chlip.com.cn

251473J2C103ZBW

本书编委会

（按姓氏拼音先后排名）

主　编　罗　莹　盛金朋

副主编　彭军炜　方八另

编　委　陈新欣　戴梦洁

贺婉歆　凌　琳

王　庆　肖　赅

易　娜　尹　明

张　芝　周　婷

序言

历史与自然眷顾湖湘大地，因此给湖湘饮食留下了太多的历史人文与自然物产。

在湖南永州道县玉蟾岩遗址中发现了距今已有1.2万～1.4万年历史的稻谷，在湖南澧县彭头山等发现了距今8000年的人工栽培稻，这些考古充分证明了湖南地区是我国稻作文明最早的发源地。

在战国时期，爱国诗人屈原被贬逐于湖南境内的湘江流域，正是在此地，屈原完成了《楚辞·招魂》和《楚辞·大招》两篇不朽之作，这些作品不仅在中国文学史上获得了极高的赞誉，而且也留下了湘人最初的饮食记忆。文中大量地描绘了湘人如何祈天地、礼鬼神、祭先祖、宴宾客的民风民俗，并详细地列举了当时湘人上流社会的饮宴情况，罗列出的各种肴馔组合正是我国历史上最早的宴席菜单。

在《吕氏春秋·本味篇》中就已经有“云梦之芹”“洞庭之鲋”“醴水之鳖”等湖湘食材的记载，这说明在战国时期，这些湘菜中常见的食材就已经具有一定的社会影响力与知名度。

在西汉时期，长沙成为了封建王朝政治、经济和文化较集中的一个主要城市，该地域物产丰富，经济发达，烹饪技术已发展到一定的水平，严格来讲，从西汉开始，湘菜就已经从“楚国”的饮食区域中真正地脱离出来，并开始逐步形成了具有鲜明特征的湖湘饮食。

在湘菜文化界，最具震撼力与影响力的当属1972年至1974年间出土的长沙马王堆汉墓。在马王堆三号汉墓中出土的一批帛书、简书当中，有一半的文字是关于食物、养生与医学的记载。在马王堆一号汉墓中出土了312枚遣策，其中记载了近150种食物、10余种烹调方法及橘皮、花椒、姜、豆豉、葱等湘菜中常用的调味料，在这些记载中，关于菜肴品种就多达77款。1999年5月出土的沅陵县虎溪山一号汉墓（墓主人为长沙王吴臣之子、汉初所封沅陵侯吴阳）中，又发掘出千余支竹简,共计3万余字,其中的文字内容有三分之一是记载湖湘饮食的，共收录了148份饭菜谱、有近百种美馔佳肴,仅羹品就有30余种。因此，这些竹简被后人命名为《美食方》。

唐代，湖湘大地成为了文人墨客“不到潇湘岂有诗”的精神圣地，在宋、元、明时期，随着湘菜饮食行业的兴起，湘菜行业发展迈入了黄金时代。清代、民国时期，湘军的兴起为湖湘饮食迎来了全盛时期。现如今，人们更愿意将湖南菜称之为“湘菜”，湘菜成为当今国内，最受欢迎的地方风味菜之一，甚至有人讲，在中国只要有餐饮的地方，就有湘菜馆。

回顾湘菜的发展历史，我们发现，在岁月长河中，湘菜一路前行，历经了平淡、起伏、变革与沉淀，至今，湘菜依然熠熠生辉、光耀照人。探其原因，可能是湘菜的这种热烈、刺激的味觉特点早已与湘人骨子里的不畏艰难、勇往直前、敢为人先、豪放不羁的精神、性格相融合，这说明了湘菜不仅停留在湘人的舌尖，也烙在了湘人的心里，不论湘人到何地，湘菜始终是湘人心中无法忘却的乡愁。

湘菜到底有什么魅力，能让消费者如此青睐？我想，无外乎是湘菜味道具有的强大的味蕾征服力，湘菜讲究入味，尤重酸辣、咸香、清香、浓鲜，让人吃前垂涎三尺、食欲大开，食后回味悠长、流连忘返。

湘菜相对于其他地方菜，其最大特色是什么？仍为“辣、腊”二字。饮食界泰斗聂凤乔先生曾精辟地指出，湖南的厨师擅长驾驭酸辣，根据市肆、筵宴服务对象、地域、季节、菜式等诸多因素，能使酸辣分清浓层次，使它们恰到好处，湖南厨师善于掌握辣椒“盖味而不抢味”的特性，在辣味的掩盖下品尝百味。开放的辣与收敛的酸相互制约、相互协调，成为湖湘人民养生保健的一种方式，这就是酸辣风味的科学解释，也就是湖湘饮食文化的内涵之一。

弘扬湖湘饮食文化，传承湘菜传统技艺，离不开湘菜职业教育。1974年，湖南省株洲市在省内率先开办了湘菜职业教育，创办了株洲市饮食技工学校（湖南省商业技师学院前身），这里成为我省湘菜职业教育的发源地，湖南省商业技师学院历经45年的积累沉淀，通过几代教职工数十年如一日的严谨治学、辛勤耕耘，学校在湘菜职业教育领域中取得了丰硕的成果，培育了数以万计的湘菜高技能人才，被行业誉为

“湘菜教育的黄埔军校”“烹饪大师的摇篮”。

湘菜文化源远流长，但是很多优秀的湘菜文化还一直缺乏系统的挖掘与整理，喜闻湖南省商业技师学院从2017年开始组织人员，精心编写一整套“湘菜”系列教材，历经两年多时间，经过众多教师的辛勤付出，《湖湘饮食文化概论》《湖湘特色食材》《湘菜非物质文化遗产概论》《湖南味道》《湘菜烹调一体化教程》《湘菜宴席设计与实务》《湖湘食疗药膳》《湘点一体化教程》等多本书籍问世。这些“湘”字号的饮食文化书籍，不仅填补了湘菜文化领域的空白，而且对系统挖掘、整理、传承、弘扬湖湘饮食文化具有里程碑式的意义。作为老一辈湘菜人，我对此深感欣慰，我希望这些研究成果，能成为新一代湘菜人去深入了解、学习湘菜文化的宝贵资料，也期盼湖南省商业技师学院能不忘初心，一如既往地担负起弘扬湘菜文化、传承湘菜传统技艺的使命，为湘菜产业培养更多更优秀的人才。

是为序。

全国五一劳动奖章获得者
中国烹饪协会副会长
中国湘菜大师
许菊云
2019.6.18.

前言

湖湘饮食文化是湖湘民众历代以来在饮食生产与消费实践过程中，所创造并积累的物质财富和精神财富，它涉及自然科学、社会科学及哲学等多个范畴的学科。其主要包含有湖湘饮食文化与湖湘文化的联系，湖湘饮食文化源流，湖湘肴馔文化，湖湘酒文化，湖湘茶文化，湖湘节庆礼仪食俗，湖湘饮食礼仪，湘菜与其他地方菜，湖湘药膳食疗，湖湘名人、名品、老字号，湘菜非物质文化遗产，湖湘饮食文化文献十二个部分内容。

《湖湘饮食文化概论》是湖南省职业（技工）院校餐饮、旅游、酒店、服务等专业的一门核心课程，也是湘菜职业教育中一门极具地方特色的专业文化课程。通过本课程的学习，让学生熟悉与了解湖湘饮食文化的历史发展脉络，加深对湖湘饮食文化的理解，感受湖湘饮食文化的魅力，为湖南广大餐饮从业人员提供湘菜文化基础的学习机会。

本教材由湖南省商业技师学院高级讲师罗莹、盛金朋担任主编，并负责制订调研计划、编写计划和方案，主持校内研讨会议，协调内容，编写提纲，最后审稿。本书第一章由罗莹老师、方八另老师编写；第二章由盛金朋、方八另老师编写；第三章由盛金朋、王庆老师编写；第四章、第五章由高级讲师易娜、肖赅老师编写；第六章由凌琳老师编写；第七章由戴梦洁老师编写；第八章由罗莹、张芝老师编写；第九章、第十一章由彭军炜老师编写；第十章由盛金朋、彭军炜老师编写；第十二章由方八另、罗莹、彭军炜、周婷老师编写；尹明老师负责第一章、第二章的图表制作；陈新欣、贺婉歆老师参与了第七章的文字审稿及思考题编写工作。本书在编写过程中，得到了烹饪学院湘菜非物质文化传承与研究中心团队的全力配合，得到了湖南省商业技师学院各位领导和中国轻工业出版社有关领导、编辑的大力支持。在此一并致以衷心的感谢！

我校烹饪专业从2012年就开设“湖湘饮食文化概论”这门课程，虽然编写教师均从事湖湘饮食文化课程的教学工作，发表了多篇有关湖湘饮食文化的文章，但由于我们团队水平有限，书中难免有疏漏之处，恳请各位读者予以批评指正！

编　者

2019年6月

目录

第一章　绪论 001

第一节　湖湘饮食文化的定义 002
第二节　湖湘饮食文化的特征 008
第三节　湖湘饮食文化的研究内容 014

第二章　湖湘饮食文化源流 022

第一节　湖湘饮食文化原始启蒙 023
第二节　湖湘饮食文化初步形成 029
第三节　湖湘饮食文化丰富发展 035
第四节　湖湘饮食文化走向成熟 040
第五节　湖湘饮食文化全盛发展 042

第三章　湖湘肴馔文化 047

第一节　湖湘肴馔的制作技艺 048
第二节　湖湘肴馔的审美 056
第三节　湖湘肴馔的构成 061
第四节　湖湘肴馔的地域构成 070

第四章　湖湘酒文化 076

第一节　湖湘酒文化的起源与发展 077
第二节　湖湘酒的种类 083
第三节　湖湘名人与酒 094

第五章　湖湘茶文化 098

第一节　湖湘茶文化的形成与发展 099
第二节　湖湘茶的种类 101
第三节　湖湘茶器 108

第六章　湖湘节庆礼仪食俗 113

第一节　湖湘传统节庆食俗 114
第二节　湖湘人生仪礼食俗 119

第三节　湖湘少数民族节庆食俗......123

第七章　湖湘饮食礼仪......130

第一节　湖湘饮食礼仪的起源与发展......131
第二节　湖湘饮食礼仪的内容......134

第八章　湘菜与其他地方菜......145

第一节　湘菜与粤菜......146
第二节　湘菜与川菜......150
第三节　湘菜与淮扬菜......153
第四节　湘菜与湖北菜......155

第九章　湖湘药膳食疗......158

第一节　湖湘药膳食疗概述......159
第二节　湖湘药膳食疗的开发途径与应用......166

第十章　湘菜名人、名品、老字号......170

第一节　湘菜名人与美食......171
第二节　湘菜名品......176
第三节　湖湘餐饮老字号......182

第十一章　湘菜非物质文化遗产......185

第一节　湘菜非物质文化遗产概念......186
第二节　湘菜非物质文化遗产保护项目......187
第三节　湘菜非物质文化遗产保护与传承的内容......188
第四节　湘菜非物质文化遗产生产性保护途径与创新......190

第十二章　湖湘饮食文化文献......194

第一节　湖湘饮食文化古籍......195
第二节　湖湘饮食文赋赏析......199
第三节　湖湘饮食文化诗词赏析......202

主要参考文献......209

第一章 绪论

湖湘区域是我国一个引人瞩目的地域，对我国历史的进程产生过极其巨大的影响和推动作用，除了湖湘特定的经济、政治条件之外，富有特色的湖湘区域文化，包括长期延续的传统学风，独特的地方性格，随时代发展而不断嬗变的人物思想、民间习俗、社会教育、饮食生活等都起了相当重要的作用，它们相互融合、相互影响、相互制约。

本书试图对湖湘饮食文化的历代、现在、未来做一些概略的叙述和分析。

第一节　湖湘饮食文化的定义

文化在我国古已有之，在历史上是指中国古代封建王朝所实施的“文治”和“教化”的总和。

一、文化的定义

“文化”源于拉丁文Cultura，意思是“耕种出来的东西”“人造自然物”。英文、法文、德文、俄文皆从拉丁文Cultura演变而来。基本含义包括教养、陶冶、栽培、养育、耕作等，包括人的物质活动和精神活动。

在我国先秦典籍中“文”和“化”还是独立的，直到《易传》云：“观乎人文，以化成天下。”孔颖达的《周易·正义》云：“言圣人观察人文，则诗书礼乐之谓，当法此教而化成天下也。”它们已经开始靠近，具有对“文化”的解释，指诗文礼乐、政治制度、道德礼俗等的综合体，成为一个复合词。“文”《说文解字》云：“文，错画也，象交文。凡文之属皆从文。”指物体的纹理、纹路、花纹等，引申为“文字”；还可以解释为文采、辞采，礼乐制度、教化，礼仪法度等。“化”《管子·七法》云：“渐也，顺也，靡也，久也，服也，习也，谓之化。”指教化，引申为风化习俗。西汉刘向的《说苑》云：“凡武之兴，为不服也，文化不改，然后加诛。”“文”与“化”合二为一，指文治教化，是封建王朝所实施的文治与教化的总称。

文化分为广义的文化和狭义的文化。狭义的文化是指社会意识形态中的思想、道德、风尚、宗教、文学艺术、科学技术、学术、教育、民俗等以及与之相适应的组织和制度，即智能文化、规范文化、精神文化等。广义的文化是指人类社会历史实践过程中所创造的物质财富和精神财富的总称。凡是人类所创造的一切经验、感知、知识、科学、技术、理论以及财产、制度、教育、语言等，及人的宇宙观、时空观、人生观、价值观乃至衣、食、住、行、婚嫁、丧葬等一切社会的生活方式、行为方式、思维方式、语言方式、情感方式、等级观念、角色地位、道德规范、价值标准等都属于文化范畴。它是创造成果的数量相加，是各种创造成果的结合体，是物质基础和上层意识形态的结合体，是传统继承和革新变异的结合体。文化可以分为古代的、现代的，东方的、西方的，自然科学的、社会科学的，民俗的、建筑的、交通的、服装的、烹饪的、医药的等，还可以细分。

二、湖湘文化

我国的区域文化经历了三个重要的历史阶段，即部族文化、方国文化、地域文化。现在湖南行政区一带的历史文化也先后经历了上述三个阶段，并产生了苗蛮文化（部族文化）、荆楚文化（方国文化）、湖湘文化（地域文化）三种文化形态。湖湘文化是湖湘这个区域的乡土文化，属于区域文化的范畴。

（一）湖湘的来源

湖南最早称"湘熊"，《史记·五帝本纪》载："黄帝登湘熊。"以湘江贯穿湖南全省，支流众多，又是祝融有熊氏即熊姓始祖的封地，而司马迁把此地称为"湘熊"。接着才有"三湘"之说，最早见于六朝晋宋时期陶潜《赠长沙公族祖并序》云："伊余云遘，在长忘同。笑言未久，逝焉西东。遥遥三湘，滔滔九江。山川阻远，行李时通。""三湘"一词还出现在帝王的诏令中，如南朝宋孝武帝《校猎历阳大赦诏》云："礼横四海，威震八荒。方巡三湘而奠衡岳，次九江而检云岱。"南朝陈武帝《尚书下讨周迪符》云："西结三湘，南通五岭。衡广勘定，既安反侧。""三湘"一词屡见于南朝梁时期沈约《宋书》，用潇湘、潇湘热土、潇湘大地等替代湖南全境，更具人文之气。三湘大致有五种说法，为漓湘、潇湘、蒸湘；湘乡、湘潭、湘阴；潇湘、蒸湘、沅湘；潇湘、资湘、沅湘；湘东、湘西、湘南等。

文人墨客一直把湖南称为"潇湘"，《山海经·中山经》载："洞庭之山……帝之二女居之，是常游于江渊。澧沅之风，交潇湘之渊，是在九江之间，出入必以飘风暴雨。"曹植、杜甫、柳宗元、王昌龄、杜牧、陆游等都有吟咏"潇湘"的诗句。最能说明"潇湘"是指湖南全境的是宋代米芾《潇湘八景》诗并序，它指湘江流域的八处景观，潇湘夜雨（零陵萍岛）、山水晴岚（湘潭昭山）、远浦归帆（湘阴湘江东岸）、烟寺晚钟（衡山县清凉寺）、渔村夕照（桃源武陵溪）、洞庭秋月（岳阳君山岛）、平沙落雁（衡阳回雁峰）、江天暮雪（长沙橘子洲）。王夫之有湘湘十景，即舜岭云峰（北疑峰）、香塘渌水（东安东）、朝阳旭影（零陵潇水侧）、浯溪苍壁（祁阳北元次山）、石鼓危崖（衡阳北蒸水湘水）、岳峰远碧（衡阳北至湘潭南）、昭山孤翠（湘潭暮云滩）、铜官戍火（望城铜官）、湘湾曲岸（湘阴北三十六湾入青草湖）、君山浮黛（洞庭君山）。咏“潇湘十景”的还有诸多诗家、词人。

湖湘已从早期的荆楚地域概念中分离出来。初唐王勃《益州德阳县善寂寺碑》：“虽复苍梧之望，湖湘盈舜之歌”。李峤、杜牧、狄焕等均有诗句写湖湘。唐僖宗广明元年《改元广明诏》说：“江石海南，疮痍既甚，湖湘荆汉，耕织屡空”。五代时期武陵周行逢、宋初《太平御览》《唐史》、北宋薛居等都将湖湘与荆楚对列并举，可见当时的人已经将湖湘从荆楚的地域概念中完全分离开来，“湖湘”一词不仅见于唐代诗文，还见于唐代来华游学的外国人的笔下。晚唐新罗（古韩国）文学家崔致远12岁渡海入唐自费游学，在中国生活了16年。崔氏在《（上）吏部裴瓒尚书》载：“泊湖湘察俗，瀍洛都便宜，入秉化权，坐匡圣略。”

（二）湖湘文化概念

湖湘文化源远流长，蕴含丰富，有着自身特定的内涵和外延。我们所讲的湖湘文化主要是指建立统一国度及确立湖南行政区划以后出现的一种区域文化。

广义的湖湘文化是自古以来生息在湖南这块土地上的各族人民在长期的历史过程中形成的具有独特个性的各种精神文化及物质文化的总和。

狭义的湖湘文化是自古以来湖南的原住民（湖南本土人物）、各个时代的移民及流寓者（在湖南生活过的外地人物）所共同创造和发展起来的文化精神，并进而积淀凝固而成的湖南人性格。

湖湘文化是广义湖湘文化和狭义湖湘文化的总和。湖湘文化是一种地域文化，无论是对其进行界定还是研究，狭义和广义两方面的内涵实际上是不可能截然分开的，也是缺一不可的。大概分为远古湖湘文化阶段、古代湖湘文化阶段、近现代湖湘文化阶段。

（三）湖湘文化具体内容

湖湘文化是一个丰富的、多层面的复合体。简单说，湖湘文化是历代湖湘民众在湖湘大地上所创造的实物、知识、信仰、艺术、道德、法律、风俗以及其余从社会上学得的能力与习惯的总和，既包含了意识形态层面的观念文化、精神文化，也包含了物化形态的物质文化和行为文化；既包含了上层社会的主流文化、庙堂文化、精英文化，也包含了世俗的大众文化、草根文化、江湖文化；既包含了最早生息于湖湘大地的原住民及后来陆续迁徙进来的“三苗”“荆楚”等多民族文化或地域文化，也包含了秦汉以降作为主流文化传入的汉民族文化及中原文化，具有强烈稳固的原生态特质，有着社会时代变迁的流动性、发展性、变异性等衍生特质。在这些多元因子的持续互动合力作用下，这个地域文化日益丰富并逐渐定型，形成特色独具、汪洋恣肆、多姿多彩的湖湘文化。

三、饮食文化

一切生物都要从自然界摄取养料来维持生命、发育成长、繁衍后代，植物有光合作用，动物有饮食活动。人类自从发明用火以后才逐渐摆脱了依靠饥饿求食本能和味觉择食本能的茹毛饮血状况，有了以原料选取、工具准备、技法掌握为基本要素的烹饪活动。饮食文化随着人类社会的出现而产生，又随着人类物质文明和精神文明的发展而不断丰富自身内涵。

饮食文化是文化大范畴的一个分支，既是文化，又是科学，更是一门艺术，是近代一个新名词。它是人类文化中有关饮食活动的这部分，是人类有关饮食创造成果的总和，具有一般文化的属性。它涉及自然科学、社会科学及哲学的普泛概念。它是人类群体的体力劳动和脑力劳动相结合的产物，通过实践、认识、再实践、再认识的过程，有物质成果和精神成果：物质成果有古今烹饪原料、工具、能源、饭食、菜点、饮料等；精神成果是古今烹饪技法、菜谱、食单、宴席设计、饮食须知以及烹饪原料学、烹饪营养学、食品卫生学、烹饪化学、烹饪工艺学、烹饪美术等。

中国饮食文化博大精深、历史悠久，不仅是中国传统文化的重要组成部分，而且使中国传统文化发展的结构和模式更趋多元化，内容更加丰富多彩，包括食物原料、饮食制作、饮食消费、饮食器具、饮食礼仪、饮食养生、饮食交流、饮食文献等内容。

根据文化的定义，饮食文化可以分为广义的饮食文化和狭义的饮食文化。广义的饮食文化是指中华民族在长期的社会生活实践过程中以饮食对象为主要内容所创造的物质财富和精神财富积累起来的总称。狭义的饮食文化是指一种以满足人类生命生理需求为首要目的的实践活动，无论是从人类社会史的角度还是从专门应用学科的角度，饮食文化应该有个具体的概念。中国饮食文化指中华民族社会群体在食物原料开发利用、食品制作和饮食消费过程中积累形成的技术、科学、艺术，以及以饮食为基础延伸形成的习俗、传统、思想和哲学。简单地说，就是中国人的食物生产和饮食生活的方式、过程、功能等内容组合而成的全部饮食事象的总和。

四、湖湘饮食文化

（一）湖湘饮食文化概念

湖湘饮食文化是指湖湘民众在饮食烹饪的社会历史实践过程中，为满足生存、发展、享受的生理与心理需要，所创造的物质财富和精神财富的总和。包括湖湘食物原料、湖湘饮食制作、湖湘饮食消费、湖湘饮食器具（图1-1~图1-4）、湖湘饮食礼仪、湖湘饮食养生、湖湘饮食非物质文化遗产、湖湘饮食文献等内容，即湖南人的食物生产和饮食生活的方式、过程、功能等内容组合而成的全部湖湘饮食事象的总和。

图1-1　兽面纹方罍

图1-2　兽面纹觚

图1-3　兽面纹簋

图1-4　兽面纹爵

（二）湖湘饮食文化具体内容

湖湘饮食文化内涵丰富，外延契入到社会生活的各个方面，并且因地域、时代或民族的不同而展现出多彩的风貌。其中最直接、最主要的物化承载体是湘菜、风味小吃及各民族的特色饮食等，它还涉及湖湘食源的开发与利用，湖湘食具的运用与创新、湖湘食品的生产与消费、湖湘餐饮的服务与接待、湖湘餐饮业和湖湘食品业的经营与管理及国泰民安、湖湘饮食与文学艺术、湖湘饮食与人生境界的关系等。更宽泛地说，湖湘饮食文化与科学技术、地域经济、民族宗教、食品食具、消费水平、民俗礼仪、教化功能等多角度、多层面有着密切联系，展示出不同的文化品位，体现不同的使用价值。更具体地说，湖湘饮食文化的具体内容包括湖湘饮食文化源流，湖湘肴馔文化，湖湘酒文化，湖湘茶文化，湖湘饮食礼仪，湖湘节庆礼仪食俗，湘菜与其他地方菜，湖湘药膳食疗，湖湘名人、名品、老字号，湘菜非物质文化遗产，湖湘饮食文化文献等内容。

五、湖湘饮食文化与湖湘文化的关系

湖湘文化是一种地域性文化，是具有鲜明特征、相对稳定并有传承关系的历史文化形态，由南下的汉民族文化、中原文化和秦汉以降的本土荆楚文化融合组成。先秦、两汉时期湖湘应纳入楚文化中，屈原的楚辞艺术、马王堆的历史文物均具有鲜明的楚文化特征。炎帝彪炳史册，舜帝葬于九嶷，《山海经》载“湘水出，舜葬东南陬”；春秋战国楚繁衍于斯，屈子赋辞，成就楚辞之不朽；长沙太傅，贾谊哀鹏，壮志未殇，定忧国爱民之情操；程朱创书院，传理学，集湖湘学派之大成，清曾左胡彭湘军突起，叱咤风云。湖湘大地人物风流之精神、文化精髓之传承赢得中原文化之尊重，铸就中华文化之一脉。南北朝及唐宋以来的历史变迁发展，特别是宋、元、明的几次大规模的移民，湖湘士民在人口、习俗、风尚、思想观念上均发生重要变化，先后产生了理学鼻祖周敦颐、经世致用的王夫之、“睁眼看世界”的魏源等一系列思想家，从而组合、建构出一种新的区域文化形态——湖湘文化。

湖湘文化的基本精神有淳朴重义、勇敢尚武、经世致用、自强不息。它赋予湖湘文化独特的哲学依据，具有“独立不羁，遁世不闷”的特殊品格，政治意识极为强烈，从宋代湖湘学派创立时起便已形成经世致用的学风在湖南士人中代代相传，它强调理论联系实际，尤其注重解决现实中的实际问题。爱国主义传统尤为突出，最早在湖湘大地奏响爱国主义乐章的是屈原，继为贾谊；蕴藏着一种博采众家的开放精神与敢为天下先的独立创新精神。勇于征服洪荒的艰苦创业精神，勤于科技发明的开拓创新精神，乐于为民造福的牺牲奉献精神，包容互补的民族大团结精神。惯于发扬主观能动性，敢为天下先的性格特征。这些性格和精神，一脉传承迄今，成为湖湘文化的价值取向和思维方式的基础，形成了国家民族利益高于个人利益的集体主义价值观、突出的爱国主义传统指向以及个人对国家盛衰、民族兴亡的强烈责任感和使命感。这种价值取向造成了湖湘文化的思维方式，即博采内外众家、广为交融、优化思维主体的开放方式。

湖湘饮食文化是湖湘文化的重要组成部分，它融入湖湘文化的各个方面，深入湖湘区域的每一个人的内心。湖湘饮食文化最突出的是《楚辞》的湖湘饮食文化记载，形成古代“北方饮食文化代表作有《诗经》、南方饮食文化代表作有《楚辞》”的繁华局面。屈原描绘湘人祈天地、礼鬼神、祭先祖、宴宾客的歌辞对湖湘美味佳肴和五味烹调方法的记载，马王堆出土的烹食残留物（图1-5）和一套竹简菜谱更是湖湘菜肴起源于西汉以前的直接证明。2000多年来，湖湘饮食文化的内涵不断扩展，既形成了作为直接物化载体的名菜名厨、风味小吃和民族特色饮食，又外延契入社会生活的各个方面，形成丰富的饮食习俗，并且因地域、时代或民族的不同展现出多彩多姿的风貌。湖湘的菜肴极具包容性，可以吸收各大菜系，甚至吸收很多西方菜的特点，成为我国八大菜系之一，其菜肴风味鲜辣浓香，在烹调技艺上以炒、腊、蒸、煨、煎、烧见长；通常被认为是辣，其实是酸辣，这酸不同于醋，酸而不酷，醇厚柔和，与辣组合，形成一种独特的风味。现在湖南菜出湘、湖南菜出国，在全国各地乃至世界各地都很受欢迎。它自成体系，以其丰富的内涵和浓郁的地方特色声播海内外，并同其他地方菜系一起共同构成中国烹饪这一充满勃勃生机的整体，凝成华夏饮食文化的精华。

湖湘文化是一个地域文化的整体，湖湘饮食文化只是湖湘文化的一部分；湖湘文化包含湖湘饮食文化，并覆盖湖湘饮食文化的全部；湖湘文化是树的枝、干、叶等全部，湖湘饮食文化是其枝干的某部分。湖湘饮食文化依赖于湖湘文化，湖湘饮食文化吸取湖湘文化的养分；湖湘文化滋润着湖湘饮食文化，湖湘文化供给湖湘饮食文化内容。

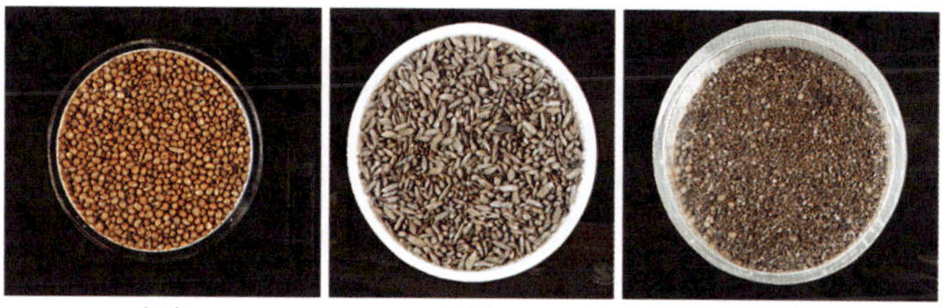
（1）（2）（3）

图1-5 马王堆出图的五谷杂粮

第二节　湖湘饮食文化的特征

湖湘饮食文化有悠久的历史、优良的传统、完整的体系、深邃的内涵、强大的融合力、鲜明的民族特色、旺盛的生命力，是中国饮食文化宝库中一颗璀璨的明珠。它有自己的特征，特别是受地域、历史、社会的影响，它的特征就越明显。

一、湖湘饮食文化的区域特征

湖南地处云贵高原向江南丘陵和南岭山脉向江汉平原过渡的地带。湖南三面环山，一面临水，是一块马蹄形的地域。在全国总地势、地貌轮廓中属自西向东呈梯级降低的云贵高原东延部分和东南山丘转折线南端。东面有山脉与江西相隔，主要是幕阜山脉、连云山脉、九岭山脉、武功山脉、万洋山脉和诸广山脉等。山脉为东北-西南走向，呈雁行排列，海拔大都在1000米以上。南面是由大庾、骑田、萌渚、都庞和越城诸岭组成的五岭山脉（南岭山脉），山脉为东北-西南走向，山体大体为东西向，海拔大都在1000米以上。西面有东北-西南走向的雪峰、武陵山脉，跨地广阔，山势雄伟，成为湖南东西自然景观的分野。北段海拔500～1500米，南段海拔1000～1500米。石门境内的壶瓶山为湖南境内最高峰，海拔2099米。湘中大部分为断续红岩盆地、灰岩盆地及丘陵、阶地，海拔在500米以下。北部是湖南地势最低、最平坦的洞庭湖平原，海拔大都在50米以下，临谷花州，海拔仅23米，是省内地面最低点。湖南的地貌轮廓是东、南、西三面环山，中部丘岗起伏，北部湖盆平原展开，沃野千里，形成了朝东北开口的不对称马蹄形地形。湖南地貌类型多样，有半高山、低山、丘陵、岗地、盆地和平原。

（一）湖湘的地理区位

湖南地处中国中南部、长江中游南部、洞庭湖以南，三面雄山峻岭相拥，湘资沅澧泗水滋润，属中南地区、华中地区腹地。又称湘、楚、湖湘、湘熊、湘楚、潇湘、三湘、三湘四水。宋代划定为荆湖南路而开始简称湖南，省内有最大的河流湘江流贯南北而简称湘，也称潇湘。东临江西，西接重庆、贵州，南毗广东、广西，北与湖北相连。

湖南划分六个地貌区：湘西北山原山地区、湘西山地区、湘南丘山区、湘东山丘区、湘中丘陵区、湘北平原区。地貌按成因可分为以流水地貌为主，岩溶地貌次之，湖成地貌最小。按组成物质分沉积岩地貌为主，变质岩类地貌次之，以及部分岩浆岩类地貌。按海拔高度分，以300米以下地貌为主，300～500米地貌次之，500～800米地貌占较少，800米以上地貌最少。按形态分，山地（含山原）占一半，丘陵、岗地次之，平原较少，水面最少。湖南耕地面积378.8万公顷，天然草地面积637.3万公顷，林地面积

1036.99万公顷，土地资源总量丰富，类型齐全。

湖南河网密布，流长5千米以上的河流5341条，总长度9万千米，其中流域面积在55000平方千米以上的大河超过1万条。除少数属珠江水系和赣江水系外，主要为湘江、资江、沅江、澧水四水及其支流，顺着地势由南向北汇入洞庭湖、长江，形成一个比较完整的洞庭湖水系。湘江是湖南最大的河流，也是长江七大支流之一；洞庭湖是湖南最大的湖泊，跨湘、鄂两省。

（二）湖湘的气候特征

湖南为大陆性亚热带季风湿润气候，光、热、水资源丰富，三者的高值基本同步。年内变化较大，冬寒冷夏酷热，春温多变，秋温陡降，春夏多雨，秋冬干旱，气候的年际变化也较大。冬季凛冽的西伯利亚寒潮滚滚南下，长驱直入湖南全境，达南岭的脚下郴州、永州一线，被阻于南岭；夏季南方的阳光烈日加上湘北洞庭湖大水面的蒸发，使三湘大地热气郁积而不得散发，致使盛夏酷暑可达41℃，夜晚的气温仍可高达33℃。春秋两季三湘大地时而受西北的冷锋控制，时而受西南暖湿气流的影响，气候多变，时晴时雨，骤冷骤热。尽管湖南号称鱼米之乡，自古却属于居住条件恶劣的荒蛮之地，以至于贾谊到长沙任长沙王太傅，自视为流放而痛苦早逝。在古代相对于中原地区来说是信息比较闭塞的地方，又是“艰难困苦，玉汝于成”的地方，锻炼了人的坚强勇毅的性格，培育了人的独立思考，不随人俯仰的精神，认同天道变化无常的道理和不屈的奋斗精神。气候垂直变化最明显的地带为三面环山的山地，以湘西与湘南山地更为显著。各地年平均气温一般为16～19℃，冬季最冷月（1月）平均温度都在4℃以上，日平均气温在0℃以下的天数平均每年不到10天。春、秋两季平均气温大多在16～19℃，秋温略高于春温。夏季平均气温大多在26～29℃。热量充足，大部分地区日平均气温稳定通过0℃以上的活动积温为5600～6800℃；10℃以上的活动积温为5000～5840℃，可持续238～256天；15℃以上的活动积温为4100～5100℃，可持续180～208天；无霜期253～311天。热量条件仅次于海南、广东、广西、福建，与江西接近，比其他诸省都好。

（三）湖湘的物产资源

1. 湖湘的生物资源

湖南陆生脊椎动物916种，国家一级重点保护陆生野生动物17种，包括黄腹角雉、林麝、麋鹿、云豹、中华秋沙鸭等；国家二级重点保护陆生野生动物81种，包括穿山甲、雕鸮等。湖南动物种类繁多，分布较广。有野生哺乳动物66种、鸟类500多种、爬行类71种、两栖类40种、昆虫类1000多种、水生动物200多种。湖南省有华南虎、云豹、金猫、白鹤、白鳍豚等18种国家一级保护动物，属国家二级保护动物的有猕猴、短尾猴、穿山甲、大鲵（图1-6）、江豚等28种，三级保护动物有白鹭、野鸭、竹鸡等49种。湖南是全国著名的淡水鱼产区，天然鱼类共160多种，以鲤科为主，主要有鲤、青、草、鳙、鲢、鳊、鲫、鲂等，著名的鱼种有中华鲟、白鲟、银鱼、鲥鱼、鳗鲡等。在家畜、家禽中，以宁乡黑猪、滨湖水牛、湘西黄牛、湘东黑山羊、武冈铜鹅、临武鸭、浏阳三黄鸡等最为著名。植物种类多样，群种丰富，是中国植物资源丰富的省份之一。有维管束植物208科，5922种（含变种），国家一级重点保护植物16种，国家二级重点保护植物48种。自然保护区190处，森林公园126处，国家湿地公园49处，国际重要湿地3处。林业用地面积1.949亿亩，牧草种植面积6840万亩，湿地面积1530万亩。湖南耕地面积378.8万公顷，天然草地面积637.3万公顷，林地面积1036.99万公顷，土地资源总量丰富，类型齐全。

图1-6 张家界大鲵

2. 湖湘的特产资源

湖南各市州特产甚多，品种丰富。长沙有浏阳豆豉、浏阳黑山羊、铜官陶器等。株洲有株洲唐人神、株洲太子奶、醴陵陶瓷、攸县香干、茶陵黄牛、炎陵白鹅、炎陵香菇、炎陵黄桃等。湘潭有槟榔、湘莲（图1-7）、龙牌酱油、灯芯糕、湘潭腊味、韶峰名茶、紫油萝卜、紫油姜等。衡阳有黄花菜、槟榔芋、南岳云雾茶、衡山白糖李、无渣生姜、南岳斋席、界牌瓷器、木芙蓉、衡阳唆螺等。岳阳有岳州瓷、巴陵全鱼席、龟蛇酒、岳州扇、洞庭银鱼、银针茶等。常德有常德米粉、津市牛肉米粉、桃源茶、桃源黄牛、德山酒、石门澧峰名茶、安乡松花皮蛋、安乡板鸭、汉寿甲鱼、洞庭大闸蟹、常德酱板鸭等。湘西有凤凰姜糖、永顺青菜酸、猕猴桃、湘西枞蕈等。郴州有仙鹿牌葡萄、玲珑茶、冰糖橙、裕湘面、东江鱼、临武鸭、永兴七甲腊肉等。永州有永州血鸭、东安鸡、道州灰鹅、黑糊酒、猕猴桃、桃川香芋等。怀化有溆浦金银花、朱红橘、麻阳冰糖橙、雪峰乌骨鸡、靖州血橙、木洞杨梅、黔阳大红甜橙、芷江藕心香糖、安江香柚、红薯果脯、通道侗家苦酒、新晃牛肉等。娄底有碧玉绿茶、九峰云雾茶、永丰辣酱、永丰五香豆腐干、落口溶乔饼、涟源合菜、涟源精制面粉、桃溪贡茶、资淡唆螺、锋山牛席、新化水酒、新化红茶、白溪豆腐、紫鹊界贡米等。益阳有安化柑橘、无铅松花皮蛋、安化山野菜、安化黑茶、沅江银鱼、沅江芦笋、大通湖大闸蟹等。邵阳有猪血丸子、邵阳油茶、三叶虫茶、武冈铜鹅、武冈卤菜、武冈空饼、雪峰蜜橘、邵东黄花菜、绥宁玉兰片、绥宁花猪、新宁脐橙、蕨巴粉、清明峒菜、隆回金银花、白马毛尖等。

图1-7 湘莲

二、湖湘饮食文化的历史特征

湖南是华夏文明的重要发祥地之一，原始社会时为三苗、百濮与扬越（百越一支）之地，炎帝神农氏在此种植五谷、织麻为布、制作陶器，炎帝陵成为凝聚中华民族的精神象征；舜帝明德天下，足历洞庭，九嶷山为其陵寝之地。湖南自古盛植木芙蓉，五代时就有“秋风万里芙蓉国”之说，又有“芙蓉国”之称。

（一）湖湘先秦时期

夏、商和西周时代，湖南为荆州南境。

春秋、战国时代，湖南属楚国苍梧、洞庭二郡。秦始皇设黔中、长沙两郡。

（二）湖湘秦汉魏晋南北朝时期

西汉初期属长沙国，汉武帝之后属荆州刺史辖区，辖武陵郡、桂阳郡、零陵郡和长沙郡。

三国时代，湖南属吴国荆州，置昭陵郡，为荆南五郡。

西晋时分属荆州和广州；东晋时分属荆州、湘州、江州。

南朝宋、齐、梁时分属湘州、郢州和小部分荆州，南朝陈时分属荆州、沅州。

（三）湖湘隋唐、宋元时期

隋代高祖开皇九年（589），平南陈，设长沙、武陵、沅陵、澧阳、巴陵、衡山、桂阳、零陵等八郡。

唐玄宗开元二十一年（733），湖南分属山南东道、江南西道和黔中道，黔中道黔州都督府；唐代宗广德二年（764），在衡州置湖南观察使，从此在中国行政区划史上开始“湖南”之名。

五代十国时期，马殷据湖南，建立楚国，国都为长沙。

宋朝分全国为路，路下设州、府、军、监，各辖若干县。湖南主要在荆湖南路。

元代实行行省制度，至元十一年（1274）置湖广等处行中书省，十四年（1271）并鄂州行省入潭州行省，治所长沙。十八年（1281），迁省治到鄂州，治所武昌。简称湖广行省、湖广省。辖长江以南、湖南大部、湖北部分，广西、海南全省及贵州大部、四川一部、广东雷州半岛，下辖武昌、岳州、常德、澧州、辰州、沅州、兴国等30路。湖南分14路3州：岳州路、常德路、澧州路、辰州路、沅州路、靖州路、天临路、衡州路、道州路、永州路、郴州路、宝庆路、武冈路、桂阳路、茶陵州、耒阳州、常宁州。元朝政府还在湘西少数民族聚居地实行土司制度，置有10多个长官司或蛮夷长官司，分别隶属思州军民安抚司、新添葛蛮安抚司和四川行省永顺等处军民安抚司管辖。

（四）湖湘明清时期

明朝设湖广承宣布政使司，简称湖广、湖广行省、湖广省，辖湖北、湖南和河南小部分。直属中央政府管辖的行政区，治所武昌，为15个布政使司之一，辖地为今湖北、湖南全境，下辖武昌府、汉阳府、黄州府、承天府、辰州府、德安府、岳州府、荆州府、襄阳府、宝庆府、郧阳府、长沙府、常德府、衡州府、永州府、黎平府等16个府。湖南有7府、2州、2司：岳州府、长沙府、常德府、衡州府、永州府、宝庆府、辰州府、郴州、靖州、永顺军民宣慰使司、保靖州军民宣慰使司。

清朝设湖广总督，辖湖南、湖北。清朝地方政权实行省、道、府（直隶厅、直隶州）、县（散厅、散州）四级制。康熙三年（1664）置湖广按察使司，湖广右布政使、偏沅巡抚均移驻长沙。湖广行省南北分治，湖南独立建省。长沙、衡州、永州、宝庆、辰州、常德、岳州7府，郴、靖2州由偏沅巡抚直接管辖。下设长宝道、岳常澧道、辰沅永靖兵备道、衡永郴桂道四道，道下为府，直隶州（厅），府（州）下为县。雍正元年（1723）设湖南布政使司，雍正二年，偏沅巡抚易名湖南巡抚。

（五）湖湘民国、新中国成立以后

民国时期，湖南废除府、厅、州，保留道、县两级。1914年，湖南省设湘江道、衡阳道、武陵道、辰沅道四道，道下辖县。1916年10月，省府裁撤武陵道，常德、岳阳、平江、临湘、华容、汉寿、沅江、澧县、安乡、临澧、南县11县划归湘江道，桃源、石门、慈利、大庸4县划归辰沅道。湖南分为三道，一直延续到十一年道制撤销，仅存省、县两级。1937年12月普遍设立行政督察专员公署，湖南划为九区；1938年调整为10个行政督察区；1939年4月调整为10个行政督察区，各区辖6～10县不等，并成立长沙市、衡阳市两省辖市。1949年有2市、10行政督察区、77县，省政府驻长沙。

中华人民共和国成立以后，1949年设置长沙地级市、1956年设置株洲地级市，以及长沙、衡阳、郴县、常德、益阳、邵阳、永州7个直属专区，湘西行政区及所辖永顺、沅陵、会同3个专区。

截至2018年底，湖南划分14个市州，有13地级市和1个自治州，包括36个市辖区、18个县级市、61个县和7个自治县。

三、湖湘饮食文化的社会特征

（一）湖湘少数民族众多

截至2018年末，湖南常住人口6898.8万人。有汉族、土家族、苗族、瑶族、侗族、白族、回族等民族。少数民族人口共680万人，占湖南总人口的10%左右，大多聚居在湘西和湘南山区，少数杂居在各地。在少数民族中，苗族和土家族人口最多，主要分布于湘西北。

（二）湘军人才群的崛起

二十四史列传人物有籍可考的共5780多名，属湖南籍的只有50多名，占比不到1%。1850—1950年，湖南人才辈出，权势之重，功业之盛，影响之深，全国无出其右者。冯友兰说，湖南是中国近现代历史上影响力最大的三个地区之一，不仅如此，湖南出的人才还都是大才，是“经纶治世之才”。钱基博云：“重山迭岭，滩河峻激，而舟车不易为交通；顽石赭土，地质刚坚，而民性多流于倔强。以故风气锢塞，常不为中原人文所沾被。”两江总督陶澍、云贵总督贺长龄、“师夷长技以制夷”的魏源、湖北学政贺熙龄、广东巡抚劳崇光、代理两江总督唐鉴、两江总督兼河道总督李星沅等是近代以来湖南人才崛起的先声。接着是曾国藩、胡林翼、左宗棠、江忠源、郭嵩焘。整个晚清70年，一共有375名总督、巡抚。这些封疆大吏，八旗占了97人，占比超过1/4，这是清政府的统治根基，不可动摇。除此之外，诞生封疆大吏最多的省份，就是湖南了。湖南以40人，高居各省榜首，占全国的10.67%。有句话说“中兴将相，什九湖湘”，确非虚言。湘乡县尤其扎眼，一个县就产生了9名督抚，比大多数省份一个省的督抚还多。

（三）湖湘人才的影响

图1-8　蔡锷

到谭嗣同、蔡锷（图1-8）、杨度这群人这里，湖南人的心态和心气彻底变了，骨子里有一股睥睨天下的傲气，有一种拯救中国的使命。以谭嗣同、唐才常、熊希龄为代表的湖南维新志士，他们是全国变法维新运动的左翼激进派，在湖南建学堂、办报刊、设学会、倡办近代工矿企业，使湖南成为“全国最富朝气的一省”。以黄兴、宋教仁、蔡锷为代表的资产阶级革命派，他们是武装起义的组织者、领导者。一直到民国时期，湘军集团对湖南人才密度和人才结构的影响，还在继续。黄埔军校湖南人最多，北伐国民革命军中高级将领湖南人最多。对湖南的影响深远绵长，形成伟人影响伟人、一流人物影响一流人物的格局。1955年至1965年期间，中国人民解放军共授少将以上将帅1614名。湖南虽然排第三，落后于江西、湖北，但是其开国将帅的“含金量”是最高的。湖南有204名开国将帅，其中元帅3名、大将6名、上将19名、中将45名、少将131名。就全国占比来看，湖南籍元帅占了将近1/3，大将超过一半，上将占1/3，中将占1/4。中将以上将帅人数，湖南为全国第一。这些湘籍将帅主要分布在湖南东部靠湘赣边界的平江、浏阳、茶陵、醴陵地区一带。

（四）湖湘传媒的兴起

湖南文化产业成为独特的文化现象、经济现象。1998年12月23日，“中华传媒第一股”电广传媒在深圳证券交易所上市发行。“九五”期间，长沙市文化产业保持年均15%的高速增长。2004年，长沙市实现文化产业销售收入287.5亿元，文化产业已成为带动长沙经济社会发展的支柱产业。湖南文化产业通过组建省级出版、报业、广电、电影集团，优化资源配置，实行规模化、集团化经营。“电视湘军”“出版湘军”“动漫湘军”和“演艺湘军”纷纷崛起，令人振奋。133个国内著名文化产业品牌中湖南省创造的达29个，占总数的21%。湖南卫视收视率长期位居全国省级卫视第一；湖南出版成为中国地方出版实力三强之一，历时11年编辑出版《湖湘文库》系列丛书，共计702册，近4亿字，是湖南公共文化出版的一项创举；湖南原创动漫总产量连续排名全国第一，宏梦卡通公司和三辰卡通公司位居全国十大动漫企业第一和第二位。2013年湖南广电在“新闻立台”旗帜下推出《湖南新闻联播》，有《县委大院》《绝对忠诚》《湖南好人》《新闻大求真》等一批新闻大片。2014年，推出芒果TV独播战略，电视媒体与新兴媒体融合发展。2018年《我的青春在丝路・八月季》在湖南卫视和芒果TV双平台同步播，立刻引起全国观众热捧。

（五）改革开放的人口大流动

据第五次人口普查统计，全省约有1/4的人口已经发生了迁移变动。其中城镇人口发生迁移变动的达到52.8%，乡村人口也有13.9%的人发生了迁移变动。按现住地、户口登记地分的迁移流动人口约为439.57万人。全省登记的6327万总人口中出生地在本县、市、区的为5730万人，出生地在本省外县、市区的为500万人，出生地在外省的为97万人。其中外省超过3000人的省份有江苏、浙江、江西、河南、湖北、广东、广西、四川、贵州。湖南省登记总人口中，人户分离的人口有439.57万人，其中户口登记地在外省的迁移流动人口为34.88万人，超过3000人的省份有河北、江苏、浙江、安徽、福建、江西、山东、河南、湖北、广东、广西、重庆、四川、贵州、云南。

第三节　湖湘饮食文化的研究内容

湖湘饮食文化的构成内容与一般意义上的文化是一致的，包括物质层面和精神层面。湖湘饮食文化的物质层面是以食物物质中心形成的研究领域，即研究怎样获取食物、在什么条件下吃食物、吃什么食物、获得的食物怎么吃、食物吃了以后怎么样等问题。一是对食物原料的生产、采集、开发、选择、分类等；二是食物加工技术和制作工艺、收藏、运输、保鲜手段等；三是食物加工工具、饮食器具、饮食商业和服务等。湖湘饮食文化的精神层面与饮食有着关联所形成的饮食历史文化、饮食习俗、生活习惯、制度、心理、观念、思想、审美、哲学等，形成一个特定的知识体系和文化领域。

湖湘饮食文化的研究方法是历史唯物的方法，结合历代古籍文献、地上遗存、地底考古文物、地下新发现的古籍及现代科学测定和学术研究发现，以参照、质疑、研究、发掘、梳理、论证、新知、撰写的过程来形成我们新的湖湘饮食文化概论一书。

一、历代湖湘饮食文化遗产

湖湘饮食文化最主要的研究内容还是历朝历代的文化遗产，包括物质文化遗产和精神文化遗产。只有在梳理清楚各朝各代的历史文献之后，才谈得上对湖湘饮食文化的继承与发展，才谈得上用什么样的方法和途径去研究湖湘饮食文化，才能摸底查清楚湖湘饮食文化有多少遗产和文化值得去继承发展。

湖湘饮食文化是一门新兴的学科，到目前为止还没有人去做系统、专门的研究和探索，现有研究的成果也是片段式和摘录式的，还处于萌芽的初步阶段，对历史的各个朝代的文献，从茶、酒、器具、饮食结构、饮食习俗里去挖掘和探索。

（一）历代湖湘茶文化遗产

陆羽《茶经》："茶之为饮，发乎神农氏。"茶（图1-9）在湖湘的历史还可以追踪到5000年前，蚩尤部落进入湖湘大地，为了生存，发现茶可以去瘴气，逐渐被利用。神农拿它作为饮品，大禹时成为贡品。西汉初年，茶叶已经随死者入棺，马王堆汉墓一号墓三号墓都有一箱一箱的茶叶。晋代武陵七县通出好茶。唐五代，陆羽《茶经》、毛文锡《茶谱》对湖湘名茶均有记载。湖湘成为陆羽茶经的重要产区，湖湘采茶制茶的技术比较先进，在常德、永州等地都有炒青茶，渠江薄片成为皇家贡品，衡山茶贩卖到湘南、广东广西、交趾，渠江薄片远销江陵、襄阳，灉湖含膏在拉萨等地都有贩卖。宋代乾德二年（964），湖湘茶产量巨大，在潭州、岳州、鼎州、澧州设买茶场，潭州、澧州、鼎州、鄂州、岳州、归州、峡州七州及荆门军，岁课茶叶实物税246万余斤。《宋会要·食货志》载，潭州、衡州、永州、邵州、武冈军、桂阳军、常德府、沅州、辰州、澧州、岳州等产茶237654担，尚有郴州、

图1-9 安化黑茶

溪州产茶未记。明代洪武二十四年（1391），朱元璋下令罢团茶制芽茶上贡，湖南进贡芽茶184斤，茶叶征收量237654担。万历十三年（1585），打通湖南黑茶直销西北的官营渠道，由黑毛茶运往陕西泾阳，压制成砖茶销往新疆、青海、甘肃、宁夏等地。明代后期，长沙、宝庆、岳州、常德四府产茶近60万担，长沙与广州、九江、杭州并列为全国四大茶市。李时珍《本草纲目》、周高起《洞山岕茶系》等均有对湖湘名茶的记载。清代咸丰、同治年间，湖湘茶叶大量外销，安化、新化、浏阳、平江、湘乡等地纷纷改制红茶，湖红与祁红并相进入国际市场。左宗棠在西北整顿茶务，添设南柜，通过中俄边境的恰克图销往俄国。刘源长《茶史》对湖湘名茶有详细记载。民国时期，湖南成为茶业大省，1932年达82650吨，1936年39940吨。从而，形成了“茶祖在湖南，茶源始三湘；茶为国饮，湖南为先。”

（二）历代湖湘酒文化遗产

湖湘的酒出现比较早，与蚩尤部落南迁发现茶的年代很接近。蚩尤部落在新长江平原的洞庭湖平原生存之后，部分部落成员向周边的河网、山林探索，他们为了生存，寻找到一种可以抵御瘴气的植物，那就是蓤，即野生薄荷，它比茶叶抵御更好，野生薄荷具有自我发酵能力，放入食物中，不及时食用，放置一段时间，只要有少许水分就可以发酵，让食物中的淀粉糖化，成为酒酿，继续发酵成为酒。在蚩尤部落，蚩尤对其有明显分工，妻子春负责制作酒酿。酒酿成为蚩尤部落的神物和获取力量的源泉，负责猎取食物的和战斗的男人可以得到酒酿，发挥最大的力量。蚩尤81兄弟个个凶猛，力量超群，就是酒酿的作用。蚩尤部落返回黄河平原，被轩辕部落打败，黄帝不仅派遣炎帝部落监视蚩尤余部，还派祝融部落驻守西海之巅，祝融熊氏开始在湖湘繁殖，黄帝还是不放心，才有《史记》的黄帝“南至于江，登熊湘”，目的是直捣蚩尤部落老巢，寻找他的酒酿等“秘密武器”。战国时期，《楚辞》里有松醪酒、椒酒、柏酒、桂酒，酒还开始冰饮。先秦还有同时用两种酒曲酿酒，还有“三重醇酒”工艺。汉代，长沙太守张仲景以酒治病，并记录到他的《伤寒杂病论》中。马王堆汉墓有白酒、米酒、醖酒、肋酒，出土的帛书《养生方》《杂疗》有酿酒工艺记载，是我国迄今为止发现最早的完整的酿酒工艺技术文字记载。东汉末年有“九酝春酒法”，这是酿酒史和发酵史上具有重要意义的补料发酵法，即喂饭法。西晋太康元年，开国皇帝司马炎“荐酃醁酒于太庙”祭祀司马氏的祖先和犒劳西晋的功臣、元勋。西晋辞赋家张载有《酃酒赋》、左思《吴都赋》、潘岳《笙赋》都有诗句歌颂酃酒。晋代葛洪《抱朴子》、南朝宋代《荆州记》、北魏郦道元《水经注·耒水》有酃酒的产地、做法。北魏贾思勰《齐民要术》专门有“衡州酃酒法”。《魏书·列传第十三》《宋书·列传第十三》均有酃酒记载。唐太宗李世民喝了魏征按酃酒的酿造技术和方式酿造的酒，赋诗一首《赐魏征诗》云：“酃醁胜兰生，翠涛过玉鬒。千日醉不醒，十年味不败。”这是有醽醁酒、酃酒、张飞酒、白醪酒、当归酒、竹叶浸酒等。唐代贬迁、流离到湖湘的文人墨客如李白、杜甫、韩愈、柳宗元、刘禹锡、王昌龄等均有歌颂湖湘美酒的诗句。湖湘名流怀素、欧阳询均有好酒的习惯，特别是欧阳询奉旨编辑《艺文类聚》，对食物分食、饼、肉、脯、酱、酒等九类，酒有制作介绍，这时湖湘各地特色酒有玉薤、松醪春、松花春、花屿酒、椒酒、酃酒、醽醁酒、湖上酒、武陵崔家酒（图1-10）、祁阳压酒（图1-11）、毛叶酒、菖蒲酒等。宋代朱肱《北山酒经》有“神仙酒法”，即武陵桃花源酒法。《太平广记》《太平御览》《李纲全集》等都有湖湘美酒的记载，特别是出现了佐酒的橙、橘、蟹、鲤等。宋代湖湘名酒有洞庭春色、武陵桃源酒、桃花酒、程酒、醇碧酒、黄柑酒、钩藤酒、曹婆酒等。湖湘元代的酒多承袭宋代，《饮膳正要》《馔史》有记载。明代，湖湘的酒明显多于前几代，酿酒作坊和烧锅作坊遍及城乡，农家自酿自饮，出现了蒸馏白酒，浸渍酒业得到了相应的发展，艾酒在湖湘流传较广，成为端午节必用酒，少数民族酒与汉族酒得到了交流和融合。明末，湖湘本土巨儒王夫之《船山全书》、江盈科《江盈科集》、龙膺《蒙史》、杨嗣昌《杨嗣昌集》、雷起龙《长沙府志》具有湖湘美酒的记载。明代名酒有饼子酒、姜酒、虎骨酒、桃花酒、桃源酒等。清代张奇勋《衡州府志》、杨显德《永定卫志》、应先烈《常德府志》、嘉庆《一统志·湖南部分》、卞宝第《湖南通志》《安福县志》《衡阳县图志》《善化县志》等地方志有湖湘美酒的记载；黄本骥《湖南方物志》、陶澍《陶澍集》《洞庭湖志》、何绍基《何绍基诗文集》、杨公道《彭玉麟轶事》等有湖湘美酒和湖湘名流品酒的记载。酿酒选料、用水极其讲究，酿造技术大幅提高，浸渍酒、配制酒得到发展，少数民族酒发达。清代名酒有浔酒、洞庭春色、君山酒、巴陵冬酒、汨罗小曲酒、益阳小曲酒。民国酒类名目繁多，分白酒、黄酒，白酒包括高粱酒、谷酒、米酒、烧酒等，黄酒包括湖之酒、水酒、冬酒、仿绍酒等。民国七年（1918）调查：“湖南产米酒、谷酒、高粱酒三大宗。长沙、湘潭、常德一带有堆花、镜面、糟烧三色；南路衡永各县则有清香、双熬火酒、黄酒、红毛烧、湖子酒等；西路辰沅、洪江等处则有能元冰烧、甲皮糟烧、米烧、水酒、高粱酒多种。长沙、湘潭、常德、岳阳各处，近也有仿造苏酒、绍酒两种。各县每年共产谷酒1973万斤，米酒680万斤，高粱并各行杂粮酒50余万斤，仿苏酒、绍酒200余万斤。”

图1-10 武陵酒

图1-11 祁阳压酒

（三）历代湖湘饮食文化遗产

200万年前的湖湘大地已经有人群生活，他们就有了饮食文明。偏居南隅，中原的原始社会发展壮大以及古代文献繁多，很少有详细的记载。自蚩尤、炎帝、祝融、黄帝、舜帝、大禹、帝喾等南下，都无详细记载，更无事由经过，在古代文献中也只能找到只言片语。最早以地域记载湖湘饮食的是《周逸书》的“长沙鳖”，系统记录湖湘饮食食材的是《吕氏春秋·本味篇》，有“鱼之美者：洞庭之鲊……醴水之鱼，名曰朱鳖，六足，有珠百碧……菜之美者……云梦之芹……和之美者：阳朴之姜，招摇之桂……饭之美者……阳山之穄，南海之秬……果之美者……江浦之橘；云梦之柚。”最全面的应该是《楚辞》，有《招魂》云：“室家遂宗，食多方些，稻粢穱麦，挐黄粱些。大苦咸酸，辛干行些。肥牛之腱，臑若芳些。和酸若苦，陈吴羹些。胹鳖炮羔，有柘浆些。鹄酸臇凫，煎鸿鸧些。露鸡臛蠵，厉而不爽些。粔籹蜜饵，有餦餭些。瑶浆蜜勺，实羽觞些。挫糟冻饮，酎清凉些。华酌既陈，有琼浆些。归来返故室，敬而无妨些，肴羞未通。”《大招》云：“五谷六仞，设菰粱只。鼎臑盈望，和致芳只。内鸧鸽鹄，味豺羹只。魂乎归徕！恣所尝只。鲜蠵甘鸡，和楚酪只。醢豚苦狗，脍苴蒪只。吴酸蒿蒌，不沾薄只。魂乎归徕！恣所择只。炙鸹烝凫，煔鹑陈只。煎鰿臛雀，遽爽存只。魂乎归徕！丽以先只。四酎并孰，不涩嗌只。清馨冻饮，不歠役只。吴醴白糵，和楚沥只。魂乎归徕！不遽惕只。”汉代文献很多,《史记》载“衡山、九江、江南、豫章、长沙，是南楚也。”“楚越之地，地广人希，饭稻羹鱼，或火耕而水耨，果隋蠃蛤，不待贾而足，地势饶食，无饥馑之患，以故呰窳偷生，无积聚而多贫。”马王堆三号汉墓出土了一批帛书、简书，有一半文字是介绍食物、养生、医学的。帛书《五十二病方》比《黄帝内经》还要早，记载了52种疾病。马王堆一号汉墓出土实物及312枚遣策中记录的随葬品，一半以上都是记载食物的，其中主要有肉食类、调味品、饮料、主食、果品菜肴等六类，有近150种之多，烹饪方法有炙、羹、蒸、煮濯、煎、熬、脍、脯、腊、醢、炮等十数种之多。沅陵县虎溪山一号汉墓发掘出竹简千余支，计3万余字，其中有300多支关于饮食的竹简，有“为中粲饭方为中黄饭主”“为稻黍方”“为狗茾（?）呰酸羔方”等，被命名为《美食方》，人称湘菜第一食谱，记载了148份饭菜谱，总字数2000字。汉末，长沙太守、名医张仲景在他的《金匮要略》卷下有禽兽鱼蟹禁忌并治，提出了营养不当引起的各种疾病。六朝时，长沙的粮食产量相当大，已大量外调，成为全国重要的粮食生产地和供应地。《南齐书·豫章王传》载，萧嶷曾“以江、湘二州米十万斛给镇府，湘州资费岁七百万，布三千匹，米五万斛。”萧梁宗懔《荆梦岁时记》载“投粪扫土，云令如愿久，取菊为灰，以止麦蠹。”《三国志》载：“黄龙三年（231）以南土清定，吕岱还屯长沙沤口。”屯田的战士“不给他役，使春惟如农；秋惟收稻。”鲍照《咏橘》诗：“橘生湘水侧，菲陋人莫传；逢君金华宴，得在玉几前。”北魏贾思勰《齐民要术》涉及食物加工、烹饪技术等方面，有《长沙鱼鲊法》《脯腊》等。谢灵运、阴铿等记录了湖湘饮食。《荆楚岁时记》载：“仲冬之月，采撷霜芜、菁、葵等杂菜干之，家家并为咸菹，有得其和者，并作金钗色。今南人作咸菹，以糯米熬捣为末，并研胡麻汁和酿之，石笮令熟。菹既甜脆，汁亦酸美，呼其茎为金钗股，醒酒所宜也。”唐代的长沙城、岳阳楼、橘子洲、爱晚亭、洞庭湖、君山等为名人雅士、权臣大贾的宴游之所，诗圣杜甫、诗仙李白、韩愈、柳宗元、孟浩然、张说、王昌龄、刘禹锡、刘长卿、元结、李商隐、杜牧等或遭贬谪、或来游览讲学，有的客寓湖湘，有的在湖湘留下踪迹，记录湖湘的宴饮和饮食，并有新的食材、调料、菜品记录，水芹菜、醋、陈醋鸡。湖湘的怀素、李群玉等本土文人喜欢食鱼，怀素有《食鱼帖》、李群玉有《沅江渔者》等。还有《艺文类聚》《膳夫经》有湖湘饮食记载。岳州窑、长沙窑的生活瓷非常发达，岳州窑的茶碗在唐代六大名窑中排名第四位，陆羽《茶经》还有记载，烧造时间可上溯至汉代、三国。唐五代瓷胎较轻薄，有碗、盘、瓶、高足盘、四系罐、八棱短流壶等。北宋著名文学家欧阳修、黄庭坚、秦观、范成大、张孝祥等贬官南蛮，途经长沙、衡阳、郴州，都留下了不少湖湘饮食诗词和逸事。南宋的陆游、胡寅、胡宏、张栻、陈与义、姜夔、戴复古、张浚流落湖湘，对湖湘的饮食、食俗、节庆等多有诗词文赋描写。寇准贬为道州刺史、滕子京知岳州、刘挚贬官衡阳，朱熹、赵藩、刘克庄监南岳庙，对湖湘饮食多有传播。本土文士周敦颐、陈田夫、乐雷发、林用中等对湖湘饮食均有记录。《太平广记》《太平御览》《李纲全集》《东京梦华录》《中馈录》《梦粱录》《山家清供》等都有湖湘饮食的记载。元代《饮膳正要》《馔史》等均有湖湘饮食的记载。明代湖湘的政治、经济、文化、交通发展，市场繁荣，湖湘的烹饪技术进入黄金时代。茶陵派李东阳、性灵派袁宏道、旅游家徐霞客等漫游湖湘，留下无数文学作品，有很多湖湘饮食的记载。本土巨儒王夫之《船山全书》、江盈科《江盈科集》、龙膺《蒙史》、杨嗣昌《杨嗣昌集》、雷起龙《长沙府志》及《本草纲目》均有湖湘饮食的记载。清代，资本主义萌芽有了新的增长，商业较繁荣，湖湘的饮食文化发展非常旺盛。张奇勋《衡州府志》、杨显德《永定卫志》、应先烈《常德府志》、嘉庆《一统志·湖南部分》、卞宝第《湖南通志》《安福县志》《衡阳县图志》《善化县志》等地方志有湖湘饮食的记载。黄本骥《湖南方物志》、陶澍《陶澍集》《洞庭湖志》、王文韶《王文韶日记》、何绍基《何绍基诗文集》、曾国荃《曾国荃全集·家书》、赵启霖《赵澥园集》、郭嵩焘《养知书屋遗集·诗集》、王闿运《湘绮楼诗文集》《清稗类钞》《素食说略》、秦翰才《左宗棠逸事汇编》、杨公道《彭玉麟轶事》、瞿鸿禨瞿宣颖父子的《燕都览古诗话》《长沙瞿氏家乘》等有湖湘饮食的记载。许多饮食文化著作都收录有关湖湘饮食文化的内容。清初湘西正式吃辣椒，湘东和湘南嘉庆年间食辣椒，《随园食单》《宝庆府志》《邵阳县志》《楚南苗志》《泸溪县志》《辰州府志》有湖湘人吃辣椒的记载。

民国时期，杨度《都门饮食锁记》、吴恭亨《对联话》、石启贵《湘西苗族实地调查报告》《民国时期湘西苗族调查实录》《谭延闿日记》等均对湖湘饮食文化记载。

二、当代湖湘饮食引导

20世纪80年代初，长沙全市餐饮界掀起学技术热潮，在继承传统优秀湘菜文化的基础上加入现代元素，在继承中创新，采取外部移植、内部创新的办法，在众多的名菜中，无不以技艺精湛和风味独特著称。随着改革开放的发展，20世纪90年代，湖湘饮食文化开始发生裂变，迅速形成酒店餐饮、社会餐饮及快餐与家常饮食，并开始了全国范围的连锁经营和品牌经营。1997年，长沙市餐饮零售额14亿元。湘菜从长沙出发，向外省扩展，在北京、上海、广州、深圳密集开花，在全国30多个省份同时铺开；在省内的长沙周边城市和经济、旅游基础好的城市发力，强化湘人食湘的意识。2001年，长沙市餐饮零售额达46亿元。2002年，长沙市餐饮零售额突破50亿元大关。2004年，长沙市餐饮零售额达到75亿元，占长沙市社会消费零售总额的14%。2006年，长沙市餐饮业零售总额达127.86 亿元，餐饮企业超过1万家，从业人员约30万人。2001年至2006年，长沙市餐饮业零售额年均增长30%，比社会消费品零售总额增长速度快8个百分点。湖湘餐饮形成了菜品挖掘、菜品研发、菜品提升、菜品预制、菜品推广的有序进行，湘菜厨师开始流动性作战，实行学习本土、集中输送、回顾湖湘、带出湘菜的战略，在全国树立了大批湘菜名店、湘菜名菜的典型，形成了大家耳熟能详的湘菜效应。2008年，湘菜总产值达479亿多元，同比增长21%，在全国八大菜系中由第7位跃居到第3位。湘菜馆在北京超过3000家；在深圳、广州达4000家；在上海达500多家，形成了一支遍布全国各地强大的“餐饮湘军”。2009年，全年餐饮零售额高达17998亿元，同比增长16.8%，占社会消费品零售总额的14.4%。湖南省经济发展进入我国第一方阵，人均年收入达3000美元，湖南餐饮消费正式进入升级阶段，湘菜产业具备大发展、上台阶的前提条件。湖南省有3.8万多家上一定规模的餐饮企业，营业额达650亿元，同比增长19.6%，全省餐饮业销售额年平均增幅在26%左右。2013年，华天大酒店湘菜府完成了“将湘菜推向世界，让世界认识湖南”使命，连锁达60余家，开到法国巴黎。火宫殿（图1-12）、57度湘从长沙出发遍布北京、上海、南京、厦门、太原、泉州、贵阳等地；徐记海鲜在长沙布局10家店后全力开拓西安和大西北市场；金牛角王中西餐厅各门店稳步扩张；大蓉和发展成湘川结合的全国大品牌，中高档门店47家；湘西部落全国店面达130余家；毛家饭店全国店面达300多家；餐谋天下有60多家直营和加盟连锁店。新长福于2011年荣获中国驰名商标，获国际质量管理体系认证、国际环境管理体系认证和国际食品安全管理体系认证三项国际行业标准认证；秦皇食府·筷乐潇湘进入餐饮行业“湖南上市后备企业”，火宫殿、57度湘进入“长沙上市后备企业”。湘菜预制菜加工企业异军突起，王栏树、彭记坊、聪厨、老铁、喻平堂、李记丰谷、奇志、湘荣、天锦等品牌畅销神州，经销商遍布全国，年产销突破8亿。湘菜调辅料生产企业得到长足发展，辣妹子2012年产销6亿；“派仔”腊八豆在全国腊八豆行业中销量第一；龙牌酱业坚守酿制工艺且丰富产品系列行销全国；兴薇黄贡椒产品打入国内外高端市场。2018年，湘菜产业规模实现跨越发展，从业人员达350万人以上，餐饮企业约12.6万家，北京、上海、广州、深圳四大一线城市的湘菜企业在6000家以上，全省餐饮销售额近2000亿元。拉动消费、扩大就业、促进城乡繁荣和推动相关产业的发展中发挥着越

图1-12　火宫殿

来越重要的作用。湖湘餐饮事业呈现百花齐放的局面，特色餐饮、快时尚餐厅、社区餐饮、团餐、农家乐成为拉动餐饮发展的主力，火宫殿、杨裕兴、玉楼东、新华楼等老字号餐饮企业成为地方名片，徐记、57度湘、冰火楼、新长福、秦皇食府等新字号餐饮企业成为享誉四方的地方品牌。湖南拥有中华餐饮名店20家，湖南省餐饮名店30家。湖南的相关从业人员中，经湖南省餐饮行业协会推荐、中国烹饪协会认定的中国烹饪大师93名、名师56名，中国餐饮服务大师14名、名师17名。

三、未来湖湘饮食趋向

俗话说“世界上凡是有华人的地方必定有湘人，凡是有湘人的地方必定有湘菜馆”，湘菜随着湘人的足迹遍布世界的每一个角落，既维系着远赴他乡的游子的心，也弘扬了湖湘文化。随着近年的湘菜预制菜的出口，湘菜原汁原味的需求可以在世界各地都得到保障，不仅满足了湘人在世界各地都可以吃到纯正湘菜的需要，还给世界各地的人民提供了纯正的湘菜，让他们能够感受湘菜的魅力，领略湘菜的风情。“湘菜出湘”“湘菜出国”是势在必行的一种趋势，在这种趋势的强烈要求下，需要做好湘菜出湘、湘菜出国的战略布局，以“湘菜出国，服务世界”为宗旨，主张有“世界料理”的格局，强调“湘菜味道、湘菜品质、湘菜出品、湘菜服务、湘菜环境、湘菜管理、湘菜文化、湘菜精神”的理念，注重“湘菜品牌、湘菜企业布局”的意识，在出口湘菜的同时，还要输送中国饮食文化。在寻找世界最理想的湘菜食材的同时，要研究世界各国对湘菜的需要标准，包括食材标准、辣椒标准、饮食标准、卫生标准、加工标准、人体标准、饮用标准、烹饪标准等。

思考题

1. 简述湖湘饮食文化的定义。
2. 简述湖湘饮食文化的特征。
3. 简述历代湖湘饮食文化的遗产。

第二章

湖湘饮食文化源流

距今200万年前的旧石器时代早期，长江流域就有了人类活动（《中国农业通史（原始社会卷）》）。我们的远古祖先开始劳动、生息、繁衍，他们先依靠群体的力量协作，他们的饮食生活只能把捉到的飞禽走兽、蚌蛤鱼虫活剥生吞，采集的果实根茎也是生吃。

距今170万年左右，人类开始使用火来熟食。《周礼·含文嘉》云："燧人始钻木取火，炮生为熟，令人无腹疾，有异于禽兽。"《韩非子》云："有圣人作，钻燧取火，以化腥臊，而民说之，使王天下，号之曰'燧人氏'。"燧人氏钻木取火有利于他的部落和族人，结束了茹毛饮血的生活，提高了与其他部落和大自然斗争的本领，大家热爱他、拥戴他，推举他为王，统治部落，周边的部落也先后归顺他，成为人口最多的部落之一。火的发现和使用，可以照明，可以御寒取暖，可以克服气候限制，人类利用火烧烤鱼和野兽的肉，人由生食变为熟食，人类有了烹饪的开始，产生了划时代的作用。他们用双手捧水喝，或者用破瓢、蚌壳等东西盛着或掬着喝。恩格斯说："火的使用是人类社会有决定意义的进步，直接成为人的新的解放手段，第一次使人支配了一种自然力，从而最终把人同动物界分开。"把捕抓到的鱼、野兽拿到火上烤食或"炮生为食"的生活持续了一百多万年。

远在50万年前，湖湘的虎爪山遗址就有古人类活动。距今二三十万年前，人类发展到早期智人时代，人类由原始人群向氏族制度过渡。"古代长沙大约在距今二十万年前出现了最早的原始人类，他们茹毛饮血、刀耕火种、披荆斩棘，开拓着古老的长沙。""洞庭湖流域自远古时代就有我们的祖先生活、繁衍，以致创造了独具特色的原始文化，并且在中华文明起源的历史过程中，占据了重要地位。"湖湘饮食文化源远流长，以历史线索追述，有无数的文献可以印证湖湘饮食文化的深远，也可以梳理出一条清晰的湖湘饮食文化发展脉络。

第一节　湖湘饮食文化原始启蒙

湖湘饮食文化的起源受南方亚热带、温带气候、环境的影响，相对中原、甚至北方都比较早，有很多的野生物产和食用方式比中原地区还要早，并且多为南方原始土著部落所占据，没有得到开发和利用，直到中原部落南迁才有所改观。

石器时代包括旧石器时代和新石器时代，也是饮食文化的原始时期。

一、旧石器时代

图2-1　陶釜

图2-2　陶鬲

旧石器时代还没有文字记载，只有神话、传说和故事。

距今12万年～8万年前，道县福岩洞遗址就有智人牙齿化石47颗，已经有人类在此繁衍生息，他们具备丰富的劳动经验和技能，劳动工具有明显的进步，改进打击和修理石器的技术，学会两头打制，控制打制技术，制造出种类较多、类型明显，更加实用的多种石器，有双刃带尖、三棱长尖的尖状器，凹刃、凸刃和双刃的刮骨器，适用于狩猎、切割、刮削，其中凹刃刮骨器便于切割木、骨、鱼等硬质材料，圆刃和凸刃刮骨器便于切割兽肉和皮革。他们最先进的技术是驯化南方的野生稻。

在福岩洞遗址不远的玉蟾岩洞穴遗址附近，发现了约2.1万年前制作的陶器。陶器的出现，代表真正意义上的烹饪开始。人类的炊食从单一的烧烤食物向使用罐、鼎、釜（图2-1）、甑等的煮和蒸方法进化，鬲（图2-2）、鼎、甗、甑等炊具是锅和灶的结合体，用加热水和水蒸气来蒸熟食物，这种方法叫“加水烹调法”，即陶烹法。特别是碗、钵、盆等及瓮、罐、瓶的制作成功，为盛水、食用、储藏等带来了方便。

距今2万年前左右，洞庭湖地区的湖水完全干枯，并且连接云梦泽和江汉平原，成为沃野千里的南方平原，这是一片非常大的平原，可以与黄河中游的中原平原相比较（《中国农业通史（原始社会卷）》），因为湖底的淤泥和雨水丰沛，最适宜水生植物和南方谷物的生长，形成生长期短，产量高的特点。

从道县玉蟾岩洞穴遗址发掘的结果看，距今约1.5万年前，原始先民过着采集、渔猎生活，主要是烧灰堆，没有灶坑，灰堆中富集炭屑和动物烧骨。石器有石核、石片、砍斫器、刮削器、切割器、石刀等，有骨锥、骨铲、牙饰、蚌器等，哺乳动物有水鹿、梅花鹿、赤鹿、小麂等鹿科及哺乳动物20余种，肉食动物有熊、鼬、水獭、猪獾、貉、大小灵猫、赤子狸、果子狸、野猪等，鸟禽数量更多，水生动物有鲤鱼、草鱼、龟、鳖、螺、蚌等，植物有种子、果核、茎、叶等40余种。还发现了两颗水稻谷壳，一颗保存形状完整，为野生稻向栽培稻演化的古栽培稻类型，开始培养人工稻。

他们不仅可以猎获走兽，还可以捕捉飞鸟，更能在深水里捕捞得到两三尺的大鱼，他们的生活资料比过去大为丰富。《帝王世纪》云：“取牺牲以供庖厨，食天下，故号庖牺氏。”庖牺氏就是伏羲氏。《尸子》云：“燧人之时，天下洪水，教民以渔，庖牺氏时，天下多兽，教民以猎。”伏羲氏教民“作结绳而为网罟以佃以渔”，编割树皮、革皮，制成网来打鱼捕兽，获取更多的生活资料。他们的饮馔生活把猎取的各种食物原料带回住所燃起篝火，直接用火焰烤熟吃，或者放在烧热的石头上烘着吃，或者把烧热的石块投入有食物的水中直到水沸腾煮熟食物为止，即最早的烹饪方法“石烹法”。渔、猎、畜牧业有了进一步的发展。

可以说，湖湘大地的居民会选择平原上的肥沃之地，耕田而食，聚族而居，他们学会烧制陶器、磨制石器、驯化动物、种植水稻、定居村落。

二、新石器时代

到新石器时期，长江流域在中国文明起源和形成中的地位和作用愈益明显。黄河流域的自然气候条件远较长江流域复杂和多变。长江流域气候一直较为温暖，雨量较为充沛，长江流域中下游海平面的升降影响要大于黄河流域。长江流域文明要素出现较多的地区即文明萌芽的中心地区有两个，一是中游的洞庭湖平原、江汉平原和鄱阳湖平原及它们的周围地区；二是下游的太湖地区及其周边地区（《中国农业通史（原始社会卷）》）。

距今1万年左右，长沙开始从旧石器时代进入新石器时代。人们已经熟悉地掌握了石器的磨制技术和钻孔技术，能够制造出适合各种用途的石器和骨角器等。部落内部开始进行分工，青壮年男子外出狩猎、捕渔和防御猛兽，妇女负责采集植物、看守住所、烤炙食品、加工皮毛、缝制衣服、养老育幼等，妇女们在居住的住所附近用木棒挖洞点种，栽培一些植物幼苗和种子，开始了原始的农业。

进入新石器时代，三条腿的炊具出现，即灶的雏形开始出现，由釜、鼎演变出来的锅也出现。三条腿多为空心，可以盛水，在煮水和煮食物的时候同火的接触面较大，很快就把水煮沸或把食物煮熟，这样提高了烹饪的速度，也标志着烹饪进入蒸煮阶段。

在旧石器过渡到新石器的时候，黄河中游的黄帝、神农、蚩尤三个部落的始祖在黄河平原发生战争，其中的蚩尤部落战败，他们沿着黄河南下，进入长江流域，最后在古云梦泽的湖汉和河网区域驻扎下来，在洞庭湖区域休养生息，寻找生活物资，他们发现这个云梦泽平原地区即现在的洞庭湖、江汉平原与洞庭湖周边区域长满了谷物，他们细心栽种这些谷物。又在洞庭湖边缘的河流、山谷里发现了可以解毒的小树叶即今天的鲜茶叶，还发现了可以自主发酵和祛除丛林瘴气的菝草即野生薄荷，还发现了可以调味的岩石上的蜂蜜和土壤里的蜂蜜即岩蜜、土蜜，还发现了矿盐即露天石盐，还发现熔点比较低又已经成型并且可以磨砺后做武器和利刃的露天铜铁矿即露天青铜矿石块。这让他们的部落拥有了抵御自然和毒物的良药，菝草与食物放一起生成最原始的酒酿，又有了调味品可以改造味觉，还有武器抵御猛兽和对抗其他部落的欺凌。大溪文化阶段的长沙县南托乡三兴村大塘组遗址，为湘水东岸冲积平原，发掘出40余件陶器，有双耳彩色陶罐、折沿筒腹圆底陶釜、亚腰小平底双耳陶釜、侈口圈足陶碗、靴形支座，磨制石斧、石锛、石凿、石镰等，陶器以夹砂红陶、夹砂灰陶为主。

距今约9000年前，澧阳平原的族群也开始壮大，他们也学会了稻作种植。(《中国农业通史（原始社会卷）》) 澧县彭头山遗址到处发现了水稻遗存，陶片和红烧土块中有炭化稻壳，稻壳为长粒形，属籼型稻。还出土了完整的水牛头骨，可见水牛成为当时的家畜种类之一。牛、羊、猪已经成为最主要的肉类食物。距今约8000年澧县八十垱遗址出土了1.5万粒炭化稻谷、稻米，保存状况非常完好，定名为“八十垱古稻”。还发现了稻作工具木耒、木铲、骨铲等，还有加工工具木杵等。宁乡老粮仓遗址，距今有8000～7000年的皂市下层文化时期，家畜饲养已经相当普遍，石门县皂市遗址发现了大量的动物残骨，多为牙齿和残存的颈骨，鉴定为鹿、水牛、羊、猪的骨头，其中鹿、水牛、猪的牙齿居多。临澧胡家屋场遗址也出土了动物骨骼，为猪、水牛、羊、鹿等。可见这时期的家畜已经增加到了水牛、羊、猪的人工饲养。

距今7000年前，人们开始掌握先进的捕鱼方式、较高的陶器制作工艺、形成以水稻栽培为主的农业生产，产生了聚居群落。由神农原始部落发展起来的神农部落就在这个时候出现在黄河中游最下端，《白虎通·号》云：“古之人民皆食禽兽肉，至于神农，人民众多，禽兽不足，于是神农因天之时，分地之利，制耒耜，教民以耕，神而化之，使民宜之，故谓神农也。”《易·系辞》云：“神农氏作，斫木为耜、揉木为耒，耒耜之利，以教天下。”自神农氏这个部落开始农耕之后，有了批量稻谷的出现和食用，他们研发的农耕器具耜和耒及农作经验慢慢地传播到周边的部落，南方其他部落也开始种植和使用谷物。神农部落里的小部落为了获得更多的谷物，他们细化分工，其中的雍部落，他们的首领即雍父，利用石头的凹孔，把谷物放入其中不会滚走，再用木头捣去谷物的外壳，慢慢摸索发明了臼和杵，开始人工舂谷或者把谷舂成粉。神农部落的很多小部落、小族群开始南移，他们探索各种食物，其中的宿沙氏，其实是长期居住在河边沙洲上的部落，发现河水干涸或者被蒸发后，河缘、河床上会留下白色粉末和白色痕迹，食后让口腔生津，放入食物中再吃，会改变食物的味道，让其更美，从此，他们在河边开始煮水成盐。

在距今约6500年前的澧县城头山遗址发现世界最早的水稻田即农耕城，湖南先民开始定居生活；鸡叫城遗址发现大量炭化谷糠和完整的灌溉系统。距今6500～6000年，茶陵艾里村湖里发现普通野生稻，定名“茶陵野生稻”，即原始栽培稻的母本，通过训化即可以成为栽培稻。距今6000～8000年，茶陵独岭坳与炎帝陵仅一山之隔，有栽培稻与台基式建筑遗存。距今6000～5000年，新石器时代中期，洞庭湖区大溪文化遗址发现有大量家畜遗骸，表明家畜饲养业已经相当发达。梦溪三元宫遗址的灰坑中出土大块牛肩胛骨、肋骨、头骨以及猪牙床、羊下颚骨。汤家岗遗址大溪文化层发现家畜的牙齿和肢骨，还出土1件陶塑狗头。丁家岗遗址大溪文化层灰坑出土家畜的骨骼和牙齿，可辨的有猪和象等。车枯山遗址发现畜骨遗骸。距今5000年的屈家岭文化阶段的长沙县广福乡腰塘遗址，出土遗物甚多，石器有斧、石锛、铲、箭镞等，陶器有鼎（图2-3）、罐、盘、壶、碗、豆、钵、甑（图2-4）等，陶器以夹砂红陶为主，也有黑陶和少量白陶。还有半地穴式房基1座。新石器后期的龙山文化阶段，长沙发现古遗址几十处，长沙县、望城县22处，主要是河西的黄家洲遗址、长沙县鹿芝岭月亮山遗址、浏阳城关樟树潭遗址、宁乡黄材遗址。距今4500～4000年，车枯山和岱子坪等遗址的墓葬坑里遗留有大量经过烧烤并经砍碎的动物骨骼。车枯山、划城岗皆发现了似鸡的家禽陶塑。车枯山遗址出土的1件昂首、伸颈、喙宽而突出，双足前蹲，长尾略翘，造型生动活泼。划城岗遗址出土1件昂首、长尾，两足、双翅。新石器晚期，洞庭湖区的家畜饲养业得到了发展，并且以养猪为主。

图2-3　彩绘陶鼎

图2-4　陶甑

从文字学角度来剖析，"禾""谷"源于古越语的"茅草"，即野生稻。"稻"源于古夷语的"插秧"，即稻作劳动。

三、三皇五帝时期

新石器后期，中原地区已经相当发达，部落甚多。

蚩尤部落在湖湘区域迅速繁衍，族群不断放大，深入雪峰山尾椎的河网，建立起自己的家园。在部落发展到一定程度，驯养了大量的熊、象等猛兽，还驯养了牛、猪、狗等动物，牛是整个族群的财富，只有领袖可以支配；猪是男女结合时可以在族群领取的信物，也是他们财富聚集和孕育新的生命的开始；狗是他们打猎的同伴和助手，主要猎取的是鹿、麂、獐等中小型无攻击性草食动物，其中唯一能圈养的是麂，成为后来的山羊。大概在距今5000年，云梦泽平原的洞庭湖区域开始发生变化，受长江水位影响，出水口被封闭，地势出现下沉，大片平原地区进入水底，成为现在洞庭湖的雏形（《中国农业通史（原始社会卷）》）。洞庭湖的再次出现，给蚩尤部落带来毁灭性的灾难，他们的部落如果继续往南走，就是西海即现在衡阳区域，被大水阻挡。狭小的西海边缘和洞庭湖边缘及雪峰山尾椎又无法完全养活庞大的蚩尤部落的人群，他们开始大量迁徙，南迁的部分强行渡过西海；西迁的深入雪峰山；北迁的想再次进入中原，其中的蚩尤兄弟组织部落里的青壮年，把驯化的熊、象等猛兽带入中原，把洞庭湖及雪峰山获得的岩蜜、土蜜、岩盐、茶叶、酒酿等战略物资带入中原，拿着那些露天青铜矿石磨制的武器，一路疯狂北迁，很多远途小部落归顺。在现在河南境内，蚩尤部落一直在寻找机会与黄帝部落决战，准备抢回曾经在黄河流域中游的地盘。

距今4680年的时候，黄帝部落联合神农部落分化出来的炎帝部落在逐鹿与蚩尤部落进行最后的决战，蚩尤部落战败被杀。黄帝部落的首领轩辕为了肃清隐患，联合炎帝部落南下。有了“黄帝登湘熊”（《史记·五帝本纪》）记载。轩辕挥师直捣蚩尤部落老巢，驱散蚩尤部落在雪峰山尾椎的族群。蚩尤部落的主要族群只得再次南迁，进入西海，漂浮南下，他们进入衡山以南的招摇山、桂山和五岭山脉。蚩尤部落分散在这些瘴气丛生的山岭间，他们依枫树安家，用红枫叶召集部落，成为古摇人，即招摇人，枫树为族群标志。招摇山、桂山和五岭山脉就是《山海经》开篇“南山经”的招摇之山。

轩辕吩咐一同南下的炎帝部落的一支驻扎在西海周边，监视蚩尤部落。

炎帝部落对南方的水土不服，他们尝试着食用南方的植物，成为后来的“神农尝百草”。炎帝部落在罗霄山脉、五岭山脉、招摇山、熊耳山等地遇到的食物和药材，安排族人记录下来，形成《神农本草经》的雏形，在部落里流传。炎帝部落向蚩尤部落的遗民学习耕种，学会了农业工具“耒”“耜”的使用，被称为“神农氏”。

轩辕见炎帝部落与蚩尤部落和睦相处，并且相互交流农耕技术。轩辕不太放心，派火官祝融南下，在衡山点火为戒，划定警戒线，不允许蚩尤部落北迁。

黄帝部落在南边安定之后，轩辕开始在中原进行建设和休养生息，他们造釜、造甑、造灶，把去壳的谷物蒸熟成饭。《周书》云：“教民烹饪，燔肉为炙，民始得遂养生之道。”轩辕与岐伯、素女探讨医学、饮食及汤、液、醪、醴，把酒曲、酒酿等应用到医药里，并且记录下来，有了《黄帝内经》的雏形。

蚩尤部落四处躲避黄帝部落的追杀，在南方的河网与丛林里谋生，他们时刻想回到北方的平原之上，过着安稳的日子。蚩尤部落的子孙们，他们的足迹遍及南方的每座山脉和河流，并且记录下来，进行测量与绘制，形成了最早的军用地图《山海图》。为了让部落族群更加方便使用，了解各座山脉的物产、猛兽、植被、武器、金银、河流发源等情况，他们标记了符号，补充文字记录，成为后来《山海经》文字版本的雏形。

蚩尤部落遂为三苗，《战国策》载：“三苗之居，左彭蠡之波，右洞庭之水，汶山在其南，衡山在其北。”包括湖南的大部分地方。

尧时代农业和畜牧业生产水平还很低。《韩非子·五蠹》云：“尧之王天下……粝粢之食，藜藿之羹。”尧为王的时候，他的食物是糙米饭、灰菜豆叶汤。《帝王世纪·击壤歌》云：“帝尧之世，有八九十岁老人击壤而歌曰：日出而作，日入而息，凿井而饮，耕田而食，帝力于我何有哉!”描述了农民的生活方式和情景，农耕水平也达到了自给自足的程度。

三苗在尧舜时期，势力一度较大，不同意尧让位于舜，在江淮、荆州为乱，杀害其首领，部落往西南迁，南迁的进入广东、广西、海南，西迁的进入邵阳、娄底、益阳，再往西进入怀化、吉首、张家界，甚至进入重庆、贵州、云南，到达越南等地。三苗的迁徙，还是保留了他们祖先最原始的茹毛饮血习惯，与当地食材结合，在湖南形成了梅山原始饮食和湘西原始饮食。

舜帝摄政，五月南巡，征沅、湘，到韶山，奏韶乐，游衡山，带来了中原饮食文化，并把其弟象定居道州。衡山祝融部落感恩他的大孝，做豌菽饼，甜而不腻，香而爽口。并取名万寿饼，表达他们的忠诚。舜帝作《南风歌》："南风之薰兮，可以解吾民之愠兮；南风之时兮，可以阜吾民之财兮。"此后，《南风歌》成为当地部落的歌谣。舜帝晚年在南方各地巡游，安抚三苗蚩尤部落，不幸死于苍梧，葬于九嶷山，当地部落以牛来祭祀他的德行。《史记·五帝本纪》载："践帝位三十九年，南巡狩，崩于苍梧之野。葬于江南九疑，是为零陵。"

尧选禹父鲧治水，他采用造堤绳坝的办法治水，九年没把水患治住，反而变大。舜继位后亲自察看治水，杀鲧于羽山。舜用禹治水，禹继承父业，与百姓凿山挑土，寻找治水良法，头七年治水无成效。他来到西海边的衡山，在山岚间找到了缺口，西海的水全部疏浚，成为盆底。在岣嵝峰留下一碑："承帝冢然，翼辅雝卫。灾洚矢发，沮恒往行，三河飞涌。北过冀而奠，姒若忘鸟。宿岳麓庭，昶溢西析，水庐弗长，往求永定。华岳泰衡。崇楚事裒，劳余神禋，鬯曼吉徙。南渎衍昌。衣则食备，万邦皆宁，疆无漾漭。"该碑宽140厘米，高184厘米，碑文9行，每行9字，凡77字。字体苍古难辨，为蝌蚪文。

第二节　湖湘饮食文化初步形成

湖湘饮食在经过原始启蒙时期之后，开始了自己的酝酿，开始了自己的征程，随着自己的环境、气候和技艺的稳定，经历夏、商、周三代发展，湖湘饮食文化逐步丰富、繁荣，特别是农作物种植技术的发展，丰富了食物原料，畜牧业的发达，满足了饮食中的肉类需求，在周末即战国时期和秦汉时期，湖湘饮食文化初步形成。

一、夏商时期湖湘饮食

夏商时期，湖湘属于荆州，部落有蚩尤、神农、有熊氏等大部落，还有无数的小部落。商周时期，湖湘先民对食物制作加工日趋进步，开始出现青铜祭祀、饮食器具。

夏朝，湖湘已经大面积种植水稻，并用橘子和柚子作为贡赋。还有陶制的尊、斝等酒器，说明当时湖湘已经初步掌握了利用微生物酿酒技术，可以批量酿酒，并且有好酒。也出现了从事烹饪工作的厨师，烹饪技艺已经发展到相当专业化的程度。

商朝的甲骨文有"大米""圃""牢""燃""爊"等象形文字，已经有驯化栽培的各种谷类和野菜，有专业化经营的菜圃；牛马羊猪已经驯养，开始实行人畜分居，畜牧圈养；

图2-5　九狮方罍

图2-6　铜爵

图2-7　铜象尊

人们把狗肉、鹿肉用叉子叉上放在火上烧烤。烹饪和饮食器具已经相当精美、齐备，贵族们的饮馔已经相当精美，除了烧、烤、煮、蒸等烹饪方法，有出现了炸、煎、炒等烹饪方法。饮酒之风日盛，酒器（图2-5、图2-6）越来越多，有煮酒器、盛酒器、饮酒器等，已经发展到用酒曲、小米、香料酿酒，酿酒技术和产量已经到了相当高的水平。土陶向青釉陶器过渡。用盐和梅子做烹饪的调味之用。

湘江、沅水、澧水流域及洞庭湖湖滨等地的商周遗址出土了许多造型奇特、制作精美的陶食器、青铜餐宴祭祀器具、酒器，最有代表性的是宁乡县月山铺出土的商代四羊方尊、宁乡县黄材寨子山出土的商代人面纹方鼎、醴陵县狮形山出土的商代象尊（图2-7）、湘潭县九华乡金盆养鲤出土的商代豕（猪）尊、衡阳市包家台子出土的商代牛尊、常宁县出土的商代牺首兽面纹方尊、湘潭县青山桥出土的商代旅文甲尊、华容县出的商代牺首兽面纹圆尊、宁乡县黄材王家坟山出土的商代戈卣、岳阳县青龙村出土的商代鸟纹兽面纹铜尊、石门县出土的商代兽面纹提梁卣、长沙县东山出土的商代鸮卣以及湘潭县青山桥出土的西周青铜觯和爵等。说明湖湘先民开始注意烹饪之术，其肴馔已经有相当的水平。

西周的《逸周书》记载周成王时期各地进贡的物产，其中有“长沙鳖”，“特大而美，故贡也。”长沙鳖一直风行不衰。

夏、商和西周时代，湖南为荆州南境。湖南是南方发现商代晚期的铜器最多的省区之一，总数约有300件。特别重要的有宁乡县月山铺转耳仑的四羊方尊，黄材寨子山的人面方鼎，醴陵狮形山的象尊，衡阳市包家台子的牛尊，湘潭县九华金盆养鲤的豕尊，华容、岳阳、常宁的牺首兽面纹尊等。这些青铜器以体形高大厚重，纹饰优雅秀丽，造型雄奇，铸造精良而闻名于世，在中国青铜文化宝库中占有较高的地位。

二、春秋时期湖湘饮食

春秋时代湖湘属楚国。“衡山、九江、江南、豫章、长沙，是南楚也。”湖湘以“其畜宜鸟兽，其谷宜稻”著称于世。“楚越之地，地广人希，饭稻羹鱼，或火耕而水耨，果隋蠃蛤，不待贾而足，地势饶食，无饥馑之患，以故呰窳偷生，无积聚而多贫。”芋的栽培方面已经很专业化，还有专门的芋园和从事芋头种植的芋尹。《史记·楚世家》有“芋尹申无宇”的记载（岳麓书社《史记》），《史记正义》曰：“芋尹，种芋园之尹也。”

图2-8　提梁卣

春秋时期，湖湘是楚人和越人生息的地方，民族杂居，饮食风俗各异，祭祀之风盛行。墓葬中出土饮食器具的形制、种类更加丰富多彩，湘潭县荆州乡出土的动物纹提梁卣、衡东县出土的春秋动物纹提梁卣（图2-8）、衡东县霞流市出土的春秋桑蚕纹尊、益阳县赫山出土的春秋龙耳尊缶、湘乡市何家湾出土的春秋蹄足敦、长沙市砚瓦池出土的战国云纹铜樽、湘乡市新坳出土的战国勾连云纹铜豆及大量出土的陶制食器。湖南饮食是华夏饮食系统的一个分支，食谱内容和烹饪手法与中原华夏饮食系统基本一致，吸引和融合了南蛮、吴越、巴蜀饮食风俗，形成自己独特的饮食文化即楚国饮食文化范畴。

三、战国时期湖湘饮食

战国时期，湖湘的烹饪理论、烹调技术、烹调工序等方面都较前有了进步。调味品增多，除了盐外，还有酱、醋、酒、香料等，烹饪方法更加多样化，并重视火候，饮食市场更加多样化。湖湘先人祀天地、享祖先、庆婚嫁、办丧事、迎宾客的场面都非常隆重。楚国诗人屈原流放到湖湘，足迹遍及洞庭湖沿岸及沅水、资水、澧水、湘水及雪峰山脉，过着流亡生活，后悲愤自沉汨罗江，当地群众为了纪念他，保护他的身体不被鱼吃掉，就用稻米做成菱角状的粽子来喂鱼，用划龙船来驱赶其他水生动物。

屈原作品《招魂》记录了吃的菜肴丰富多彩，大米、小米、穱麦、黄粱随你食用，酸、甜、咸、苦调和适口，肥牛的蹄筋又软又香。有酸苦风味调制的吴国羹汤。烧甲鱼、烤羊羔还加上甘蔗汁。醋烹的天鹅、焖野鸡、煎肥雁和鸧鹤，还有卤鸡和炖龟肉汤，味美而又浓烈，经久不散。

《大招》提到楚式奶酪、小猪肉酱、狗肉干、烤乌鸦、蒸野鸡、煎鲫鱼、黄雀羹等菜肴。湖湘先民的饮食生活已有烧、烤、焖、煎、煮、蒸、炖、醋烹、卤、酱等十余种烹调方法，所用食材具有湖湘特色。小吃有油煎蜜糖糯米粑粑、蒸熟蜜饼、饴糖等。酒有冰镇糯米酒、玉黄色黄酒。

湖湘先民的饮食生活丰富多彩，烹调技艺相当成熟，形成酸、咸、甜、苦等为主的南方风味。楚国名菜肴有数十种之多，兽类有华南野兔、牛、家犬、羊、家猪、梅花鹿等；鸟类有雁、鸳鸯、鸡、鸭、雉、鹤、斑鸠、喜鹊、麻雀、竹鸡等；鱼类有鳜、鲤、鲫、刺鳊、银鲴、鲢、鳙等；蔬菜有芋、冬葵、冬苋菜、芥、菘、旱芹、水芹、菌等；瓜果类有土瓜、藕、荸荠、菰粱、茭白、茭瓜、茭笋，另外还有调味的生姜和小茴香等。采用胹、羹、炮、醢、脍、炙、蒸、粘、煎等十多种手法，往往数种烹饪手法结合起来使用。日常主食有稻、粱、豆、麦、黍、稷、粟、米等，主要是稻米。蒸饭用甑、锅、釜等。蒸熟的饭，颗粒不黏，味甘适口。煮粥用鬲，将米和水同放鬲中加火煮，米熟即得。饭粥蒸煮、菜肴烹调后有盛器，方便食用。盛器品种齐全、精致雅观，包括陶器、青铜器、铁器、漆器等，造型优美，色彩艳丽，花纹流畅。有炮制烹调方法，用冷冻方法来丰富食物的品味，将酿制的美酒冰镇冷冻、压榨滤渣后饮用，经过这样处理的美酒更加清醇凉爽适，用苦、咸、酸、辛、甘甜、蜜等调味品来和合调味使食物具有芳香清爽、五味俱全。

郴州高山背的战国楚墓，出土的陶器有用于烹饪的鬲，盛食物的钵，形似高脚盘用于盛食物的豆，盛水的罐和壶。资兴的楚墓出土有盛食物的敦，烹饪食物的鼎。

《周礼》载："其谷宜稻"，即粳、籼稻谷。湖湘人将稻摆在第一位，稻米做成熟饭主要是蒸，湖湘人除吃稻米蒸成的饭外，还喜欢吃两种或两种以上的谷物蒸成的香饭，以籼米与稷、新麦与黄粱相糅合蒸煮而成的颗粒松散或黏稠的两种香饭，还有菰与粱合蒸的混合饭。还用楚地特产的黑黍做成饭，是种闻名于世的香饭；用姜枣做成的马肉饭；楚国上层贵族中流行一种肉饭即卣肉饭。楚国供行旅征战和劳作时食用的主食干粮有饿、糗两种，饿是将大米碾成粉末后蒸成米糕；糗是一种煮熬米、麦制成的干粮。

《吕氏春秋·本味》所载很多优质食材都是湖湘的。"醴水之鱼，名曰朱鳖，六足，有珠百碧"，"朱鳖"即"珠鳖"，能生珠宝的鳖；洞庭湖是鳖的产卵场，孵化后幼鳖沿沅水逆流到沅水中游辰阳，辰阳河底的水钻被鳖吃进肚子里或者卡在河床上爬行的鳖爪缝隙里，经过数年的时间慢慢长入爪子被包裹起来成为钻石肉瘤，吃了钻石的鳖拉不出，在胃的蠕动下被挤到有活动空间的脚的位置附近，出现多个肉瘤，类似脚或翼的形状，呈现六足。水钻晶莹剔透，像白色的波浪闪闪发光。带水钻的鳖在性成熟后回到洞庭湖，产完卵后又继续逆流进入澧水，它们的颜色已经由黄色变成黑褐色甚至红褐色，成为真正的朱鳖和珠鳖。"云梦之芹"即湘江流域和洞庭湖滨的水芹菜。"芹"在《尔雅》中名为"楚葵"，也称"水芹"。"阳朴之姜"是衡山附近的姜，火官祝融听从黄帝的安排到衡山点火警戒和监视南逃的蚩尤余部北迁，并用当地的姜来调味。"招摇之桂"即招摇山的桂皮，《山海经·南山经》："其首曰招摇之山，临于西海之上。多桂多金玉。有草焉，其状如韭而青花，其名曰祝余，食之不饥。有木焉，其状如榖而黑理，其花四照。其名曰迷榖，佩之不迷。有兽焉，其状如禺而白耳，伏行人走，其名曰狌狌，食之善走。丽麂之水出焉，而西流注于海，其中多育沛，佩之无瘕疾。"招摇山即蚩尤余部驻扎的地方，他们以枫树为居住指标，只要找到了枫树就找到了家，也是现在的大瑶山，在古代的桂阳郡。"阳山之穄”即太阳之山，蚩尤居住的地方，蚩尤战败南下，居住在大熊山，周边的两个山被称为熊耳山，在这里种植穄子即现在的䅟子。“南海之秬”的“南海”就是“西海”之南（衡阳以南）的区域，也是神农发明“耒”，从事农业耕种的地方，“秬”是父本野稻。“江浦之橘”即长江之滨的橘子，也就是湘江流域的南橘。“云梦之柚”是云梦泽即岳阳一带的柚子。

四、汉代时期湖湘饮食

秦统一中国后，郡县行政区划确立，湖南作为一个政治、经济、文化独立地区逐渐定型。公元前219年，秦始皇登泰山举行封禅大典后，游览山东滨海，经徐州，南渡淮水，过襄阳、岳阳、长沙，最后取道汉水，过武关回咸阳。

湖湘地区菜肴烹饪技术发展至此，逐渐从荆楚菜系中独立出来，形成从用料、烹调方法到风味风格都比较完整的体系，逐渐发展成为具有独立风格品味的荆湘菜。使用原料丰盛，烹调方法多彩，风味鲜美，都是比较突出的。

汉代湖南饮食文化比战国时期有进一步的发展，湘菜的烹调技术渐趋成熟，已经完全从附庸于楚菜中分离出来，形成自身独立的品味风格，烹调技术发展到羹、炙、煎、熬、蒸、濯、脍、脯、腊、炮、醢、苴等多种，调料有盐、酱、豉、曲、糖、蜜、韭、梅、桂皮、花椒、茱萸等，湘莲成为贡品。西汉时期，湖湘为长沙国，农、渔、牧和食品加工业方面都有很大发展。果蔬已经大面积栽培，牛、羊、猪已经成群放牧和饲养，池塘养鱼一年可以收千石，酒、醋、酱、曲、豉、鱼干、咸鱼等产量都相当可观。

刘发为长沙王，饮食文化上承袭楚国，并带来中原的传统饮食文化，即陕西一带的饮食文化。在长沙蓼园修筑定王台，用中原和长沙的食物怀念自己的母亲，吸收融合本地各族饮食的特点，发展成为今日的湖南饮食文化，湘菜品种达109个。刘发的第十三子刘买，封于宁远春陵，为春陵侯，把中原饮食文化远播湘南。西汉长沙能用兽、禽、鱼等多种原料，以蒸、熬、煮、炙等烹调方法，制作各种款式的佳肴。长沙、常德、益阳、湘乡等地考古发掘的大量楚墓，出土了许多与饮食文化有关的实物。最有特色的是长沙马王堆汉墓、沅陵吴阳汉墓。

马王堆三号汉墓出土了一批帛书、简书，其中，有一半文字是介绍食物、养生、医学的。饮食已经分饭、膳、馐、饮四大类。湖南饮食喜欢食羹，将数种肉类拼在一起合烧，嗜吃野味，讲究调料。膳分热膳、冷膳。腌、腊手法制作成的冷膳主要用肉类，宰割家畜和捕获野兽后大部分肉制成干肉和肉酱，干肉加以香料。饮类包括各类酒、浆、水、稀粥。酒的种类很多，香茅酒是最具特色的一种酒，还有瑶浆、琼浆、酒、清酒等，已酿制和饮用含酒精浓度较高的酒。帛书《五十二病方》（图2-9）比《黄帝内经》还要早，记载了52种疾病，还提到了100多种疾病的名称，共载方280多个，所用药物计240多种。

其中还有很多食疗药方，用食疗的方法来治病。是现在所能看到的最早的方剂，补充了《黄帝内经》以前临床医学的内容，是一份非常珍贵的医学遗产。

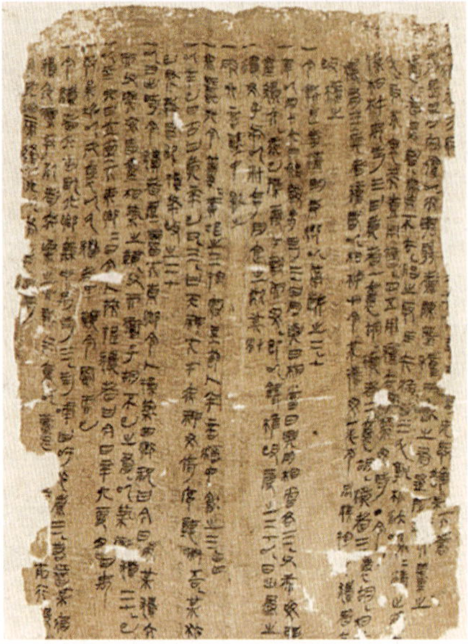

图2-9 帛书（五十二病方）

马王堆一号汉墓出土实物及312枚遣策中记录的随葬食品，一半以上都是记载食物的，其中主要有肉食类、调味品、饮料、主食、果品菜肴等六类，有150种之多，烹饪方法有炙、羹、蒸、煮濯、煎、熬、脍、脯、腊、醢、炮等十数种之多，调味品则有橘皮、花椒、茱萸、豆豉、葱、姜等，此外还有繁复的原料。据遣册中所载，仅菜肴品种即多达77款，完全可以视为湘菜一系历经夏、商、周三代发展衍变的总结。主食主要为饭和粥，用稻、麦、粟烹成，还有未烹的粮食和酒曲等盛在麻袋中。饭分熟饭、黏饭，熟饭有稻米饭、麦米饭、黍米饭、黄粟饭、白粟饭，遣册的“食”“粢食”；黏饭为添加其他食物烹制的饭食，有黍枣黏饭等。小食即点心、糕点，有糗精七种即枣糗、蜜糗、荸荠糗、白糗、稻蜜糗、稻糗、黄糗等。还有粔籹一笥（图2-10），用蜜和米面煎成；餢飳一笥，当指油煎饼。糕点有白米、稻米、麦米、蜜糖稻米、蜜糖荸荠米糕、蜜米饼、油饼、鸡蛋小米饼等，以粮食为主料，配以瓜果、糖、肉等。果品有枣、梨、梅李、梅、笋、元梅、杨梅等。腊脯制品，汉墓的竹笥木牌和遣册记载了很多食品储存和保鲜方法，有腊、脯、菹等，随葬食品中有大量的熏腊制品和风干肉脯。说明汉初长沙国的人们嗜好风腊腌制食品。肉食类馔品有各种羹、脯、脍、炙。羹24鼎：肉羹类有5大类24种，即大羹、白羹、巾羹、逢羹、苦羹，大羹为不调味的淡羹，原料分别为牛、羊、豕、狗、鹿、凫、雉、鸡等。用纯肉烧的叫大羹，是羹中最好的，有9种，均为浓汤。白羹用清炖方法煮的清汤即用米粉调和的肉羹或称为“椹”，有牛白羹、鹿肉鲍鱼笋白羹、鹿肉芋白羹、小菽鹿肋白羹、鸡瓠菜白羹、鲼白羹、鲜鳠藕鲍白羹等7种，主料为肉鱼，配有笋、芋、豆、瓠、藕等素菜。加芹菜烧的肉羹叫巾羹，有狗巾羹、雁巾羹、鲼藕巾羹等3种，“巾”之意不甚明了。用蒿烧的肉羹叫逢羹，有牛逢羹、羊逢羹、豕逢羹；用苦菜烧的肉羹叫苦羹，有狗苦羹和牛苦羹两种。鱼肤1笥。鱼肤是未经盐腌的鱼干。另外还有鲤、鲼、杂鱼制成串的干鱼，脯腊5笥：脯、腊均为干肉。有牛脯、鹿脯、羊腊、兔腊等。炙8品：炙即烤肉，原料为牛、

图2-10 “熬兔笥”竹笥

犬、豕、鹿、牛肋、牛乘、犬肝、鸡。烧烤类有牛炙（烤牛肉）、牛胁炙（烤牛胁肉）、烤牛乘、炙豕（烤猪肉）、鹿炙（烤鹿肉）、炙鸡（烤鸡肉）、犬胁炙（烤狗胁肉）、犬肝炙（烤狗肝）、炙鮠（烤鮠鱼）、串烤鲫鱼、串烤鲤鱼、裹烧烤甘薯或山芋、裹烧烤动物小腿肉等。煎炸类有煎焖乳猪、煎焖兔、煎焖鹄、煎焖鹤、煎焖凫、煎焖雁、煎焖雉、煎焖鷓鸪、煎焖鹌鹑、煎焖鸡、煎焖小雀、煎焖泥鳅、煎炸鱼、煎焖鲫鱼等。濯5种：食料分别为牛胃、脾、肺及豚、鸡。濯即鬻，是将肉菜放入汤锅涮一下即食用的方法。与现代火锅食法近似。涮火锅有牛濯胃（涮牛肚）、牛濯脾含心肺（涮牛脾和心肺）、濯豚（涮小猪肉）、濯鸡（涮鸡肉片）、濯藕（涮藕片）等。蒸菜类有蒸泥鳅、蒸鳜鱼、蒸鮠鱼等。脍4品：原料为牛、羊、鹿、鱼。火腿8种：分别用牛、犬、羊、豕的前后腿制作。熬11品：原料为豚、兔、鹄。调味品主要有脂、鱿、酱、饧、豉、醢、盐、菹和齑，共9类19种，以成味为主，五味俱全。饮料有酒4种：白酒、温酒、肋酒、米酒。温酒指多次反复精酿之酒，肋酒当指滤精清酒，米酒指醪糟。

沅陵县虎溪山一号汉墓（墓主人为长沙王吴臣之子、汉初所封沅陵侯昊阳）中发掘出竹简千余支，计3万余字，其中有300多支关于饮食的竹简，有“为中粲饭方为中黄饭主”“为稻黍方”“为狗荠茨酸羔方”等等，被命名为《美食方》，人称湘菜第一食谱。《美食方》约100枚竹简，记载了148份饭菜谱，总字数2000字，有5个菜名和2款菜的做法。5个菜名为豚胾、鸡胾、牛膲、豚彘、狗荠茨酸羔等。牛膲做法：“取牛肩掌肉……肉酱汁。”豚彘做法：“先刺杀乃烧其毛以手逆指之挦。”《美食方》中的美馔佳肴名称有近百种，仅仅羹品就有30余种，如牛白羹、鸡白羹、鹿肉三白羹等。此外，还有干煎兔、清蒸子鸡等，并附有炙、煎、熬多种烹调方法。

汉末，长沙太守、名医张仲景在他的《金匮要略》卷下有禽兽鱼蟹禁忌并治，云：“所食之味，有与病相宜，有与身为害，若得宜则益体，害则成疾。以此致危，例皆难疗。”提出了营养不当引起的各种疾病。还开始了食疗，其“当归生姜羊肉汤”由当归三两、生姜五两、羊肉一斤组成。具有温中补虚，祛寒止痛之功效。治寒疝腹中痛及胁痛里急者；产后腹痛，腹中寒疝，虚劳不足。

第三节　湖湘饮食文化丰富发展

湖湘饮食文化的发展经三国、两晋及六朝之南朝的宋、齐、梁、陈等，在隋、唐、五代各代的漫长岁月里逐渐完善。在魏晋南北朝时期，湖湘饮食文化主要在凸显自己的优势，特别是丰盛的物产，稻谷、酃酒。进入唐五代时期，湖湘成为南蛮之地，中原士子的贬迁之所，成为文人墨客“不到潇湘岂有诗”的精神圣地，湖湘那些纯天然的食物才被中原士子所认知，他们把中原、皇家的烹饪技术应用到湖湘饮食，烹调技术不断创新，菜式品种更加丰富。

一、三国时期湖湘饮食

三国时湖湘属吴国荆州，为荆南五郡。刘备借荆州，诸葛亮亲自统领零陵、桂阳、长沙三郡。赵云为桂阳太守，庞统在耒阳任县令；关羽进兵益阳，以湘江为界，长沙、桂阳、江夏、荆州归孙权，武陵、零陵、南郡归刘备，湖湘大地流行吴地和蜀地的饮食习俗。

孙吴采取薄税政策，长沙走马楼出土的大批简牍可为印证。如一佃田租税券书记载，某农民种官田21亩，其中旱田15亩免税，熟田6亩，每亩仅收米2斛，税率甚低。湖南是武陵蛮、莫徭蛮分布的地区，农业开发的历史悠久，《隋书·地理志》载，“长沙郡又杂有夷蜒，名曰莫徭，自云其先祖有功，常免徭役，故以为名”。魏文帝曹丕在给友人的信中盛赞长沙米饭“五里闻香”。《与朝臣书》云：“江表惟闻长沙名，有好米，上风炊之，五里闻香。”长沙米质优，产量大。萧梁时庾肩吾《谢湘东王赉米启》云：“味重新城，香逾涝水，连舟入浦，似彦伯之南归；积地为山，疑马援之西至。”由于产量大，长沙所产的大米是当时军粮的主要来源之一。

二、晋代时期湖湘饮食

西晋时期，将荆州的长沙郡、衡阳郡、湘东郡、邵陵郡、零陵郡、营阳郡、建昌郡和江州的桂阳郡组成湘州。酃酒在《晋书》有记载，被当做贡品荐于司马氏太庙。张载有专门歌颂酃酒的《酃酒赋》。云：“若乃中山冬启，醇酎秋发，长安春御，乐浪夏设，漂蚁萍布，芬香酷烈……设金樽于南楹，酌浮觞以施流。备鲜肴以绮进，错进膳食之珍羞。”

东晋官至长沙相的耒阳人罗含热心史地研究，有代表作《湘中山水记》论述湖湘山川、特产、民俗、古迹。《说郛》《汉唐地理书钞》《麓山精舍辑本》等典籍都注入部分内容。《补晋书艺文志》《隋书经籍志考证》《直斋书录解题》等对《湘中山水记》作过考述。庾阐到永州任零陵太守，把中原饮食文化传播到湘南。

三、南北朝时期湖湘饮食

六朝时，长沙的粮食产量相当大，已大量外调，成为全国重要的粮食生产地和供应地。南齐时，豫章王萧嶷都督八州军事、领荆湘二州刺史，湘州是其资费的主要来源地，《南齐书·豫章王传》载，萧嶷曾“以江、湘二州米十万斛给镇府，湘州资费岁七百万，布三千匹，米五万斛。”东昏、西台争斗，西台以刘坦为辅国长史、长沙太守，行湘州事。为筹集军粮，刘坦派遣使者到湘州十郡“悉发人丁运租米三十余万斛”，使“荆雍之军粮不乏”。萧梁时“湘州七郡，大艑所出，皆受万斛”。牛耕已普遍推广，长沙晋墓出土的随葬品有陶牛、陶牛圈等。“匹马丘牛，居则以耕，出则以战，非如猪羊类也”。萧梁宗懔《荆梦岁时记》载“投粪扫土，云令如愿久，取菊为灰，以止麦蠹。”说明南朝荆楚地区已广泛使用施肥、治虫等生产技术。孙吴在湖南开设屯田，兴修水利，以农养兵。《三国志》载：“黄龙三年（231）以南土清定，吕岱还屯长沙沤口。”屯田的战士“不给他役，使春惟如农；秋惟收稻。”南北朝兴建溉田万顷的著名水利工程——长沙龟塘。盛弘之《荆州记》对一这宏大工程有所记载：长沙郡东“有龟塘，周围四十五里。有灵龟出其中，故塘因名焉”。其他粮食作物如粟的产量也大大提高。陈元嘉年间，陈将侯与北周贺若敦战于湘州，当地土人用船“载米粟鸡鸭”，供给陈军粮饷。由于农业发展，粮食增多，促进了牲畜饲养业的发展。长沙六朝墓所出土大量陶制牛、马、狗、猪、鸭、羊圈、鸭、鸡、鹅圈等，表明长沙有相当兴旺的牲畜饲养业。柑橘栽培较为普遍，鲍照《咏橘》诗：“橘生湘水侧，菲陋人莫传；逢君金华宴，得在玉几前。”不仅说明六朝时长沙种橘风之盛，还说明橘是当时宴请宾客的最佳果品。酿酒业得到大力发展，由于米好，水好，还出美酒。《晋书·武帝纪》载“‘荐渌于太庙’，即今衡州府所出之酒，渌则今长沙府醴陵县所出之酒也。”

北魏末年贾思勰的农书《齐民要术》内容十分丰富，涉及农作物栽培，畜牧兽医、食物加工、烹饪技术等各个方面，其卷八至卷十之第六十四至八十九篇，专述酿造、烹饪、食谱等，在素菜篇中，记述了11种素菜的烹调方法，其中对湖南地区的饮食烹饪也有不少记述。其中最突出的是长沙鱼鲊法、脯腊、酃酒等。郦道元的《水经注》记述了洞庭湖和湘、资、沅、澧四大水域的山川景物及民俗风情、特产，包括酃酒的具体情况。谢灵运流放广州，途经湖南，记录了湖湘山水和饮食。阴铿在衡山任梁朝湘东王法曹参军，留有“洞庭春溜满，平湖锦帆张，沅水桃花色，湘流杜若香。”《荆楚岁时记》载：“仲冬之月，采撷霜芜、菁、葵等杂菜干之，家家并为咸菹，有得其和者，并作金钗色。今南人作咸菹，以糯米熬捣为末，并研胡麻汁和酿之，石笮令熟。菹既甜脆，汁亦酸美，呼其茎为金钗股，醒酒所宜也。”甜脆酸美的咸菹是湖湘用植物腌制的酸菜。

四、隋唐时期湖湘饮食

唐代，长沙已经成为文化名城。岳阳楼、橘子洲、爱晚亭、洞庭湖、君山等地常是名人雅士、权臣大贾宴游之所。如前所述，他们把情思放入诗词、酒肴，他们带来了中原饮食文化，结合湖湘饮食文化，倡导自己的口味。一方面促进湖湘文化的繁荣和发展，另一方面丰富和活跃了湖湘饮食行业，使湖湘的烹饪技术有了长足的进步。

唐代经济繁荣，交通便利，文人墨客畅游天下，湖湘成为他们理想的旅游目的地。

唐代初年，水芹菜最流行，价格低廉，他们用坛子里的酸水即古水醋制作成美味的醋芹，为魏征等清贫的士大夫所酷爱。永州东安芦洪市附近的村民，用自己养的三黄鸡加古水醋烹制了陈醋鸡即现在的东安鸡。

唐中宗时，李峤有《橘》：“万里盘根植，千秋布叶繁。既荣潘子赋，方重陆生言。玉花含霜动，金衣逐吹翻。愿辞湘水曲，长茂上林园。”歌颂湖湘柑橘之美。唐玄宗开元年间，东安人开始烹制东安鸡，造型美观，色泽鲜艳，营养丰富，具有香、辣、麻、酸、甜、脆、嫩等特点。开元四年（716），张说贬官岳州，修建岳阳南楼，即现在的岳阳楼，与文人登楼吟咏。《岳州守岁》“除夕清樽满，寒庭燎火多。舞衣连臂拂，醉坐合声歌。至乐都忘我，冥心自委和。今年只如此，来岁知如何。”天宝七年（748），王昌龄贬到龙标县任龙标尉，有《龙标野宴》：“沅溪夏晚足凉风，春酒相携就竹丛。莫道弦歌愁远谪，青山明月不曾空。”唐肃宗乾元二年（759）春，李白在岳阳遇到族叔刑部侍郎李晔，两人泛舟洞庭湖，开怀畅饮，享受岳阳从汉代以来有名的美酒，题有《陪侍郎叔游洞庭醉后》：“今日竹林宴，我家贤侍郎。三杯容小阮，醉后发清狂。船上齐桡乐，湖心泛月归。白鸥闲不去，争拂酒筵飞。划却君山好，平铺湘水流。巴陵无限酒，醉杀洞庭秋。”《与夏十二岳阳楼》“楼观岳阳尽，川迥洞庭开。雁引愁心去，山衔好月来。云间连下榻，天上接行杯。醉后凉风起，吹人舞袖回。”大历三年（768）冬，杜甫乘舟从湖北公安来到岳阳城下，溯湘水南去，经晚州、乔口、铜官渚，大历四年（769）正月抵潭州（长沙）。作《岁晏行》：“岁云暮矣多北风，潇湘洞庭白雪中。渔父天寒网罟冻，莫徭射雁鸣桑弓。去年米贵阙军食，今年米贱大伤农。高马达官厌酒肉，此辈杼轴茅茨空。楚人重鱼不重鸟，汝休枉杀南飞鸿。况闻处处鬻男女，割慈忍爱还租庸。往日用钱捉私铸，今许铅锡和青铜。刻泥为之最易得，好恶不合长相蒙。万国城头吹画角，此曲哀怨何时终。”在长沙以舟为家，数次游览岳麓山寺、道林寺，在长沙城小西门外的湘江边租佃了一个简陋的楼房栖住，自取名“江阁”。有《江阁卧病走笔寄呈崔、卢两侍御》：“客子庖厨薄，江楼枕席清。衰年病祇瘦，长夏想为情。滑忆雕胡饭，香闻锦带羹。溜匙兼暖腹，谁欲致杯罂?”杜甫虽然处境艰难，却也钟情湖南山水，吟诗会友，作诗近百首。《赠韦七赞善》：“乡里衣冠不乏贤，杜陵韦曲未央前。尔家最近魁三象，时论同归尺五天。北走关山开雨雪，南游花柳塞云烟。洞庭春色悲公子，虾菜忘归范蠡船。”《发潭州》：“夜醉长沙酒，晓行湘水春。岸花飞送客，樯燕语留人。贾傅才未有，褚公书绝伦。高名前后事，回首一伤神。”后到衡阳，夏天返长沙。大历五年（770），长沙发生兵变，又乘船逃难到衡阳。最后，杜甫病逝在长沙至岳阳的船上，客死湖南，据说与吃青草牛肉有关，在平江、耒阳均有杜甫墓。杜甫在湖南生活了两个年头，写下不少诗篇记述湖湘饮食。长沙人怀素流落到永州天绿庵出家做和尚，食性不改，奢吃肉和鱼，移居西安，留有《食鱼帖》传世。“老僧在长沙食鱼，及来长安城中，多食肉，又为常流所笑，深为不便。故久病不能多书，实疏还报。诸君欲兴善之会，当得扶羸也。怀素

图2-11　岳州青瓷茶器

藏真白。”李群玉长期住洞庭湖畔，有《沅江渔者》：“倚棹汀洲沙日晚，江鲜野菜桃花饭。长歌一曲烟霭深，归去沧江绿波远。”李商隐《洞庭鱼》载：“洞庭鱼可拾，不假更垂罾。闹若雨前蚊，多如秋后蝇”。岳阳市的鱼肴已负盛名，才有后来的“洞庭天下水，巴陵天下鱼”的美誉，也慢慢演变为今天的巴陵全鱼席。杜牧《送薛种游湖南》：“贾傅松醪酒，秋来美更香。怜君片云思，一棹去潇湘。”

唐代，湖湘地区的瓷器已经达到了全国最高水平。

岳州窑的茶器（图2-11），陆羽《茶经》有：“越州瓷、岳瓷皆青，青则益茶。”唐代六大名窑的茶碗岳州窑排名第四位。岳州窑地处湘阴县城关镇堤院一带，北起水门，南至洞庭庙旧址，出土了大量汉、晋、隋、唐青瓷器及青瓷片、窑具，它烧造时间可上溯至汉代、三国。岳州窑瓷胎在唐五代时较为轻薄，胎色早期呈红或米黄色，晚期为灰白色，釉色以青绿色居多，也有青黄色的。釉薄而质细，釉泡较小，玻璃质感很强，有不规则的细小冰裂纹，有流釉现象。有碗、盘、瓶、高足盘、四系罐、八棱短流壶等。

东汉时期，岳州窑早期青瓷就已向铜官窑区扩展，在《晋书》《魏书》已有记载，唐代制瓷名窑林立，以彩瓷崛起，独步名窑之林，与浙江越窑、河北邢窑齐名，为唐代三大出口瓷窑之一，产品覆盖面广，有壶、瓶、杯、盘、碗、碟、砚、盂、坛、熏炉、脉枕等70余种。远销东亚、南亚、西亚，最远抵达非洲。铜官窑在岳州窑的基础上受唐三彩和波斯、大食、伊斯兰教、佛教艺术的影响逐渐创造成一种独具特色的釉下彩陶瓷工艺，成为世界釉下多彩陶瓷发源地。还有模印粘花、刻划花、印花和镂空等装饰技法。绘画丰富多彩，以花草树木、飞禽走兽、山水人物为主。纹饰除花草、树木、鸟兽、鱼虫、人物、园林景观外，还有诗文书法，《全唐诗补：长沙窑唐诗遗存》整理有百余首，开创了诗文书法装饰瓷器的先河。利用还原焰的原理成功创烧铜红釉瓷，更为宋钧、元明清釉显红及祭红、郎窑红的发展打下坚实的基础。安史之乱后从北方迁来的窑工大量聚集于此，与当地居民共同烧造陶瓷，称为石渚窑。湘籍诗人李群玉有《石潴》：“古岸陶为器，高林尽一焚。焰红湘浦口，烟浊洞庭云。迥野煤飞乱，遥空爆响闻。地形穿凿势，恐到祝融坟。”描述其烧造盛况。杜甫有诗《铜官渚守风》云：“不夜楚帆落，避风湘渚间。水耕先浸草，春火更烧山。早泊云物晦，逆行波浪悭。飞来双白鹤，过去杳难攀。”铜官烧窑的情形就像大火烧山一样，红透了半边天，可见场面之大，窑口之多。铜官窑衰落后，其装饰技法则为磁州窑所传承，而饰于枕。

医学家、药王孙思邈长期居住在龙山，撰写《千金要方》，也有不少药膳。

五代十国时期，马殷统治湖南，廖融隐居衡山，张观、王元、杨徽之、王正巳、翁宏、伍彬等一批诗人友善，互相赠答诗歌和来往。张观为楚国人；王元为广西桂林人，隐居在湖南不仕；狄仁杰后裔狄焕寄居南岳，爱林泉。他们都带来了外地的饮食，与湖湘饮食结合。

第四节 湖湘饮食文化走向成熟

宋、元、明时期，湖湘的经济得到了一定的发展，烹饪技艺有很大发展和进步，烹饪原料的增多，饮食行业的兴隆，烹饪科学的日益丰富，烹饪著作的增加，让湖湘饮食文化进入了一个新的水平，迈入了黄金时代。湘菜在官府衙门颇为盛行，达官显贵雇佣高级烹调师精制湘菜供其食用。湘菜质量迅速提高和饮食业迅猛发展，湘菜的独特风格初步形成。

一、宋代时期湖湘饮食

北宋和南宋，湖湘地区有充足的烹饪原料为饮食业和烹饪技艺的发展提供了有利条件。粮食除了原有的稻谷之外，还引进越南的占城稻进行种植，产量有明显的提高。家畜有猪、牛、羊、狗等，家禽有鸡、鸭、鹅等，鱼有鲤鱼、鲢鱼、鲫鱼、银鱼、白鱼等，河鲜有虾、蟹、鳅、鳝、蛙等，蔬菜有萝卜、胡萝卜、莴笋、芋头、山药、荸荠、笋、藕、白菜、芥菜、菠菜、苋菜、茼蒿、茄子、菌类等，调味料有葱、蒜、姜、韭菜、香菜等，植物油料有芝麻、菜油、花生、茶油等，瓜类有丝瓜、瓠瓜、西瓜、甜瓜等，果类有银杏、杨梅、板栗、樱桃、桃子、梨子、李子、橘子、甘子、荔枝、龙眼、柑、柚子、莲子等。

宋神宗年间，朝廷派大军围剿大梅山，大梅山归附朝廷，蚩尤部落后裔保留下来的原始饮食走出梅山，在宝庆、衡阳、长沙、武陵等地流传；梅山的茶叶也成为朝廷的军需物资，并建立茶马司等机构进行管理。

著名文学家欧阳修、黄庭坚、秦观、范成大、张孝祥等贬官南蛮，途经长沙、衡阳、郴州，都留下了不少湖湘饮食诗词和逸事。寇准贬为道州刺史，对道州饮食多有品尝。滕子京知岳州，邀范仲淹作《岳阳楼记》，岳阳的饮食得到外来食客的认可。刘挚贬官衡阳，监衡阳盐仓，对衡阳饮食多有诗词记述。南宋的陆游、胡寅、胡宏、张栻、陈与义、姜夔、戴复古、张浚流落湖湘，对湖湘的饮食、食俗、节庆等多有诗词文赋描写。湖湘本土文士陈田夫、乐雷发等编辑《南岳总胜集》等，记录南岳及湖湘的物产、风俗、饮食习惯。理学家周敦颐一生喜爱荷花，自奉廉洁，《爱莲说》闻名于世，在郴州、永州、邵州等地为官，开办濂溪书院，开办学生食堂。朱熹、赵藩、刘克庄监潭州南岳庙，到衡山访问张栻，与张栻、林用中同游南岳，品茶赋诗。后任潭州知府，与张栻论学岳麓书院，并游历潭州，尝遍潭州饮食。

二、元代时期湖湘饮食

元代主要是宫廷菜、少数民族菜有了发展。严重的民族压迫政策，文人旅游活动减少，戏剧家白朴、散曲作家张可久、李伯瞻来湖南旅游过。梅山饮食结合游牧民族的马牛羊，制作自己的食物。

金代诗人张辑在尝到“心清犹带小荷香”的新白莲后，曾发出“口腹累人良可笑，此身便欲老湖湘”的感叹。

三、明代时期湖湘饮食

明代湖湘的政治、经济、文化、交通发展，市场繁荣，湖南的烹饪技术进入黄金时代。湘菜在官府衙门内颇为盛行，一些达官显贵雇佣高级烹调师精制湘菜供其食用。这客观上促进了湘菜质量的提高和饮食业的发展，湘菜的独特风格也在这时初步形成。明代中叶以降，商品经济出现了前所未有的活跃。旅游业包括民间旅馆、车船交通、园林建筑得到很大的发展。

李东阳辞官回到故乡，钟情于诗书、旅游，写有大量诗作，《茶陵竹枝歌》：“杨柳深深桑叶新，田家儿女乐芳春。刲羊击豕禳瘟鬼，击鼓焚香赛土神。银烛金杯映绮堂，呼儿击鼓脍肥羊。青衫黄帽插花去。知是东家新妇郎。”袁宏道偕其弟袁中道及友人游常德德山、桃花源，有《游德山记》《游桃源记》，编入他的人文地理学专著《广游志》《广志绎》。旅游家徐霞客从江苏出发，经浙江、江西来到湖南，在茶陵考察了麻叶洞、灵岩，在郴州游苏仙岭。然后溯潇水而上，考查游览了九嶷山、三分石、香炉石，《徐霞客游记》对湖南的风土人情作了详细的描写。

沿海人民把鲨鱼皮、鱼翅、海蜇充分加以利用供食，把海参、鲍鱼、鱿鱼制干。湖湘人们开始从沿海的福建、广东引进这些干货，用于湖湘饮食，并在餐饮业里形成一个专门的工种叫干货涨发。

第五节　湖湘饮食文化全盛发展

清代、民国、新中国成立以后及改革开放四个时期都是湖湘饮食飞速发展的全盛时期，也是湖湘饮食文化与湘菜迅速崛起的发力时期，并且一步一个台阶从明代刚形成的湘菜菜系到全国有影响、世界有影响的独特菜系，发展迅速，终于成为一个在国内和世界与川菜并驾齐驱的江湖菜系。

一、清代时期湖湘饮食

清代，资本主义萌芽有了新的增长，商业较繁荣，湖湘的饮食文化发展非常旺盛。湖南旅游活动仍然以文人墨客为主。许多饮食文化著作都收录有关湖湘饮食文化的内容。湘菜发展进入全盛时期，逐步形成全国八大菜系中一支具有鲜明特色的湘菜系。制作精致的菜肴必须具有一定的经济实力和物质条件，还要有食客品尝的闲情雅致，湘菜品味质量的高度发展、烹饪技术的长足发展是在富裕之家以及官宦衙门中兴起的。官府衙门有着对京城大臣及官宦要员迎来送往的需要，商人贾客的贸易交往以及士大夫文人之间的唱酬往来要以饮宴的形式来联络感情，身处湖湘，当然用湖湘地方风味的特色菜肴款待宾客，这客观上推动了湘菜的发展。食客对湘菜品质的高水平要求以及社会对湘菜烹饪专业人才的大量需求，促使人们注意到对湘菜烹饪专业人才的培养，最早的湘菜厨师大都是官衙贵族的内厨中培养出来的。不久，这些厨师便携带着他们所掌握的烹饪技术和所熟知的湘菜菜品走向社会、走向民间，从而推动整个社会湘菜制作品质的飞跃提升。

长沙作为湖南的首府，湘菜发展状况尤其具有代表性。清代中叶，长沙城内陆续出现了轩帮和堂帮两种湘菜馆。轩帮以经营菜担为主，出挑民家，承制酒宴；堂帮以经营堂菜为主，装饰门庭，开市招客，逐渐形成了长沙的十大菜馆，称为“十柱”，有式宴堂、旨阶堂、先垣堂、菜香圃、菜根香、嘉宾乐、庆星园、同春堂、六香园、烧香居等。随着社会政治、经济、文化、交通的不断发展，南来北往的官宦商贾、文人墨客日益增多，堂帮菜馆的生意日益兴隆，更多的湘菜堂馆应运而生，又陆续开设了天居乐、天然台、玉楼东（玉楼春）、挹爽楼、曲园、燕琼园、登瀛台、裕湘阁等菜馆酒家。

自康熙开始大力奖励垦荒，康熙四年（1665），长沙、衡州等属垦田3133顷至康熙二十四年（1685），湖南田地共13万顷，乾隆三十一年（1692）增为31万顷。乾隆时，有“湖南熟，天下足”的说法，当时包括长沙在内的整个湘北地区已是全国重要的粮食产地。长途贩运粮食量剧增，全国各地之间形成了固定的粮食供应关系，出现了许多著名的粮食市场，长沙便是著称于全国的米市，长沙府储谷量达62359石，定额为12000石，溢额率达400%，是湖南省最高的。长沙府所辖各县储谷也达4.1～7.8万石，在县级常平仓中也是最多的。

辣椒又称番椒（图2-12），原产于南美洲圭亚那卡晏岛，后在墨西哥驯化成栽培种，从16世纪下半叶由下南洋的商人从马尼拉传入中国，并在沿海的浙江登陆，开始以花卉流传，万历二十六年（1598）汤显祖所著的《牡丹亭》有辣椒花。也少有人食用，成书于乾隆五十七年（1792）的袁枚《随园食单》有辣椒菜肴的记载。明末传入湖南，康熙二十三年（1684）《宝庆府志》和《邵阳县志》称为海椒。也称斑椒、秦椒、艽、茄椒、地胡椒、辣子等。乾隆《楚南苗志》云："辣子，即海椒。"乾隆《泸溪县志》云："海椒，……俗名辣子。"乾隆《辰州府志》称："茄椒，一名海椒……辰人呼为辣子，用以代胡椒，取之者多青红皆并其壳，切以和食品。"这时候辣椒已被列入"蔬谱"。湘西地区清初已经正式吃辣椒，湘东和湘南在嘉庆年间食用辣椒。辣椒在慈利、长沙、湘潭、湘阴、宁乡、攸县、通道等地登上餐桌。左宗棠时候，湘阴家家户户种辣椒，他还把辣椒带到新疆。湖南人终年吃辣，三餐吃辣，无菜不辣，几乎达到没有辣就吃不下饭的程度。

图2-12　辣椒

清代末叶，堂帮的经营范围越来越广，从业人员越来越多，一些商贾和官衙的厨师相继开设菜馆，各自以拿手的招牌菜招揽生意、招徕食客。餐饮业的同行们为了交流并研究烹饪技术，便组织同业人员筹集资金在长沙城内的永庆街兴建厨业祖师的庙宇——詹王宫，作为结帮聚会的场所。在聚会中他们不断交流经验、相互切磋烹饪技艺，收徒传艺，研制出一些特色名菜，经研讨初步形成湘菜烹饪技术理论。

瞿鸿禨瞿宣颖父子的《燕都览古诗话》《长沙瞿氏家乘》等有湖湘饮食的记载。光绪三十四年（1908），身为军机大臣的瞿鸿禨被罢官回到长沙，在湘江边筑超览楼，呼朋引伴，饮酒赋诗，登临岳麓山。瞿鸿禨亲自制定长沙瞿氏祭祖的全套规约，涵盖祭祀的顺序、时间、祭品、供品等，更详细记载晚清湘菜诸多名菜，有七次祭祀的菜单。《长沙瞿氏家乘》卷六有份祭品菜单，包含冬至、中元节两个节日的祭品单目，其中冬至祭单一天，中元节的祭单则从七月十日一直到七月十五，近1500字，涵盖菜品近200种。冬至供全席菜单：十六碟：蒸火腿、酱鸭、卤鸡、酥鲫鱼、红虾、焯冬笋、拌韭菜、皮蛋、蜜青梅、山楂糕、杏仁、瓜子、青菜、金橘、橘红、甘蔗；八大盘：红煨鱼翅、黄焖鳜鱼、八宝果饭、冬菜肥鸭、鱿鱼片、糟鸡、清炖羊肉、酱汁肘子；八中碗：红煨刺参、虎皮鸽蛋、干炒虾仁、红烧野鸭、红煨鲍鱼、金钱鸡、熘荸荠饼、酿羊肚菌；点心四盘：炸春卷、炸汤圆、大包子、烧麦。中元节菜单：初十日晚供：十六碟：酒蒸火腿、酥鲫鱼、红虾、熏鸡、蜇皮、皮蛋、拌韭花、炒荸荠、杏仁、瓜子、蜜金橘、蜜枣、苹果、石榴、玉带糕、太史饼；六小碗：桂花鱼翅、熘鱼片、绣球海参、熘子鸡、脍竹蔬、脍黄木耳；点心：卤子面九碗。十一日供：早供八碗：蛋饺海参、清蒸鲫鱼、虾仁豆苗、姜芽炒子鸡、瑶柱芥蓝、火腿冬瓜、韭花炒墨鱼丝、白菜木耳烧肉丸；午供八碗：酱汁鸭、炖鱿鱼片、荷叶蒸肉、椒盐烧鳜鱼、清炖羊肉、炒鸡鸭杂、菱耳小炒肉、绍兴豆腐；晚供十六碟：酱肘、香肠、熏鱼、炒鸡丁、海虾、炒盐蛋、香干、拌豆角、烘青豆、糖核桃、佛手片、冬瓜饯、菱角、藕、藕粉糕、玉露霜；点心：饺子。十二日供：早供八碗：大脍海参、菱角焖鸡、金钩鱿鱼丝、黄焖鳊鱼、蛏干煨萝卜、虾仁炒蛋、口蘑烧面筋、韭花烧豆腐。午供全席，十六碟：蒸火腿、烧鸭、红虾、酥鱼、真挑瑶柱、盐醋鸡、熘冬菰、韭花香干、杏仁、五香瓜子、蜜樱桃、青梅、苹果、石榴、佛手柑、大柿子（无则或用大桃、香橼、橘子、葡萄）；八大碗：清炖鱼翅、川冬菜炖鸭、糖醋熘鲫鱼、八宝果饭、清炖羊肉、红炖肘子、海参、扣鸡；八小碗：银耳、鸽蛋、炒虾仁、洋鳆鱼、熘子鸡、脍菱瓜、锅贴鱼、酿羊肚；点心两（四）道：枣泥包子、蛋糕、酥合子、烫面饺。晚供十六碟：肉松、炸鸡肫肝、金钩虾姜芽、拌海带丝、糟鱼、卤蛋、糖醋萝卜、炒扁豆、大红袍花生、炒梧桐子、桂圆、荔枝、莲蓬、花红、鸡蛋饼、核桃酥；点心：煮百合。十三日供：早供八碗：虾仁海参、芙蓉鲫鱼、兰花菇肉片汤、熏鸡、萝卜炒猪肝（或白片肉）、小炒羊肉、木槿花蛋汤、金钩虾白菜；午供八碗：八宝鸭子、清蒸白鱼、清炖鱼肚、红烧甲鱼、炒腰花、芋头炖肉、虾子烧豆腐、香干红辣椒肉丁；晚供十六碟：甜酒糟火腿、排骨、炒蜇头、糟鱼、卤鸡肫、炸银鱼、麻辣白菜、炒山药、兰花豆、乌梅丁、菠萝蜜、白葡萄干、玫瑰饼、金钱饼、荸荠、甘蔗；点心：馄饨。十四日供：早供八碗：脂麻酱拌海参、炮肚尖、蛏干煨百合、鳝鱼片、鸡绒芋头泥、虾子腐乳蒸蛋、瑶柱烧萝卜、橄榄肉丸粉条；午供八碗：蝴蝶海参、酱油蒸肘子、红烧鱼皮、淡菜炖肉、炒连壳虾、鲫鱼豆腐、炸荸荠丸、虾子烧川笋；晚供十六碟：卤肉、鸭舌、炒蛏干、熘鱼片、韭花炒蛋皮丝、金钩虾拌薹丝、油炒黄豆、焯花生、蜜枇杷、柿饼、豆油卷、青笋、月饼、蛋糕、凉枣、黄梨；点心：汤圆（无则用大包子）。十五日供：早供八碗：红烧海参、青带丝、火腿夹肉、香糟蒸鸡、椒盐鳜鱼、虾仁丸子、口蘑冬苋菜肉汤、金针木耳荷包蛋；午供八碗：一品海参、鲞鱼炖肉、白片鸡、酱汁鸭子、红烧鱼唇、清蒸鱼、荔枝鱿鱼、红烧面筋；晚供十六碟：蜜制火腿、盐醋鸡（或炒鸡片）、鱼松、油虾、糟蟹（无则用腌鸭、香肠等味）、炒墨鱼丝、笋脯、腌香椿、油炸杏仁（或松子仁）、五香瓜子、南枣、桂圆（或果脯）、橘饼、香橼条、橘子、葡萄；六小碗：清脍鱼翅、海参丝、熘鸽蛋、虾糕、桂花木耳、炒鱼片；点心：三丝清汤面。供酒：陈绍酒十五斤，三次沽；桑椹酒、冰梅酒、砂仁酒、薄荷酒（或汾酒），各一斤；常用绍酒，间用他酒。期间，七月十二日："清晨上香毕，适有渔人到门卖鲥鱼，得一尾，甚新鲜，恐久留变味，因于正祭之前蒸好先供。十四日有馈鲥鱼者，亦如之，以后可照此办。"

晚清时期，湘菜走出湖南。太平天国时，从广西打到湖南，曾国藩的湘军出现，他们南征北战，大批湘籍官宦遍布全国，他们无法改变自己的生活习惯，随行的厨师将湘菜带到所到之处，湘菜盛名远播；同时，湘菜厨师吸收其他地区菜肴的烹制技艺，丰富湘菜的内涵和品味，这些厨师有些留在当地开设湘菜菜馆酒家，有的回到湖南，将其他菜系的美味佳肴、烹饪技巧及其优秀的文化内涵反馈到家乡，促进湘菜进一步发展。

二、民国时期湖湘饮食

民国之前，湘菜作为一大菜系成名。民国初期，长沙的餐饮企业承袭清代末年的繁荣，各名企都有自己的特色菜。马明德堂的红烧肘子、李合盛酒家的奶汤生蹄筋、花菇无黄蛋等。民间还流传着“麻辣子鸡汤泡肚，令人常忆玉楼东”，玉楼东酒家的麻辣子鸡、汤肚对顾客的吸引力非常大。孙中山的《三民主义》《建国方略》对国人影响较大，华兴会、同盟会的会员湖湘最多，他在《建国方略》里有关中国饮食、医学、卫生类论述对湖湘餐饮业影响较大，湖湘饮食开始科学化发展。

湘菜烹饪技术的迅速发展，导致大师辈出，各种流派的菜式争奇斗艳，异彩纷呈。民国早年著名的流派有戴明扬派、盛善斋派、萧麓松派和以湖南军阀谭延闿（字祖庵）的家厨曹敬臣创立的祖庵菜派等。流派各擅其长，戴派博采众长，稳健充实，集湘菜之大成。盛派改革宴席餐具，率先采用长筷、大盘，使桌面的气势更为舒朗美观。萧派不拘泥师古，着意创新。祖庵菜派以雄厚的经济实力和宽裕的时间精力为后盾，广纳天下奇珍，别出心裁地推陈出新，研制出一道又一道品味全新的名菜佳肴，祖庵鱼翅饮誉三湘，成为高级宴会必备的佳肴。

1938年，长沙沦陷，餐饮从业人员迁往重庆、贵阳、云南等地，开设曲园、潇湘、盟华园等湘菜馆，既服务了迁徙他乡的湘籍人士，又使当地的食客品尝到了正宗湖湘风味的菜肴，弘扬了湖湘的饮食文化，致使湘菜闻名遐迩。抗战胜利后，湘菜名馆的厨师纷纷返乡，重振家业，迅速将湖南的餐饮行业恢复起来。为了开拓湘菜市场，应湘籍在外人士和非湘籍人士对湘菜的品尝需求，有些从业人员到南京、上海、北京等大城市开设曲园、新曲园、奇珍阁、潇湘等酒家菜馆。湘菜风味独特，食客趋之若鹜，以致门庭若市，湘菜声誉大振，驰名全国。

三、改革开放以后湖湘饮食

20世纪80年代初，年逾70的舒桂卿、周子云、袁国卿等经典湘菜传人，虽然已至暮年，依然壮心不已。云集玉楼东恢复时的前身实验餐厅中带徒传艺，这一蓬勃向上的学习氛围中，长沙全市餐饮界掀起学技术热潮。许菊云、王墨泉、谭添三、张力行、聂厚忠等湘厨群雄而起，成为复兴湘菜的中坚力量。传统湘菜在他们身上得到了继承、发展和传播。1985年，为了扩大经营，振兴湘菜，终于更改实验餐厅这一名号，恢复玉楼东这一老字号。与老辈湘菜不同的是，玉楼东不墨守成规，既对历史文化有考究，对现代社会又有观察，在继承传统优秀湘菜文化的基础上加入现代元素，在继承中创新，除了供应麻辣仔鸡、汤泡肚尖等传统名菜数百种，保留玉楼东的传统风味，同时也采取外部移植、内部创新的办法，推出海味、汽锅、火锅、罐焖、铁板、牛百叶、甜菜、素菜八大系列160多个品种。仅火锅一项，就有白玉藏珠、银针穿翅、仙掌明珠、翡翠三丝、发财有余、大海捞针、霸王别姬等。在众多的名菜中，无不以技艺精湛和风味独特著称。

随着改革开放的进程，20世纪90年代，湖湘饮食文化开始发生裂变，迅速形成酒店餐饮、社会餐饮及快餐与家常饮食，并开始了全国范围的连锁经营和品牌经营。从长沙出发，一是向外省扩展，在北、上、广、深密集开花，在全国30多个省份同时铺开；二是在省内的长沙周边城市和经济、旅游基础好的城市发力，强化湘人食湘的意识。也形成了菜品挖掘、菜品研发、菜品提升、菜品预制、菜品推广的有序进行，湘菜厨师开始流动性作战，实行学习本土、集中输送、回顾湖湘、带出湘菜的战略，在全国树立了大批湘菜名店、湘菜名菜的典型，形成了大家耳熟能详的湘菜效应。

思考题

1. 湖湘饮食文化从什么时候开始走向成熟?
2. 先秦时期湖湘饮食文化的载体和宴席有哪些类型?
3. 考古发掘中汉代湖湘饮食文化在哪些墓葬中表现突出？有哪些文献资料?
4. 湖湘饮食文化的全盛时期有哪些表现形式?
5. 辣椒对湖湘饮食文化有什么影响?

第三章

湖湘肴馔文化

湖湘肴馔种类繁多，体系庞杂，特色鲜明，是中国肴馔的重要组成部分，也是长江流域的主要味型，是千百年来湖湘人民的生活结晶和智慧结晶。这章主要从选料、刀工、调味、制熟等方面揭示湖湘肴馔制作的特色，从美食与美器的关系阐述湖湘肴馔的美化，同时，就湖湘菜肴的地域组成和历史构成、湖湘民族菜肴的特色等方面对湖湘肴馔文化进行系统全面的阐述。

肴馔泛指饭菜。《楚辞·招魂》和《礼记》中均有对肴馔的记录。曹植《七启》云："可以和神，可以娱肠，此肴馔之妙也。"《现代汉语词典》解释为"宴席上的或比较丰盛的菜和饭。"总体而言，肴馔是指人们通过一定的技法制作的可供食用的饭菜。肴馔文化是指人们在制作肴馔过程中形成的一些相对稳定又具有一定地域和历史特征的文化现象。湖湘肴馔是指湖湘区域所创造的饭与菜。民以食为天，从这个意义上说，湖湘肴馔文化是湖湘文化的重要组成部分，是湖湘民众卓越创造力的体现。

第一节　湖湘肴馔的制作技艺

湖湘肴馔是中国博大精深的肴馔的重要组成部分，湖湘地区独特的地理、气候和物产环境造就了富有特色的湖湘肴馔文化。《黄帝内经·素问·异法方宜论》云："南方者，天地之所长养，阳之所盛处也，其地下，水土弱，雾霾之所聚也，其民嗜酸而食胕"。早在2000多年前的战国时期，《楚辞》就有对湖湘肴馔特色的具体记载，《招魂》一篇里涉及的宴席就是十道菜肴和两道点心。湖湘肴馔文化经过几千年的发展，肴馔的制作技艺形成了鲜明的特色，肴馔制作早已超出了果腹之需的范畴，形成了一种独特的烹饪艺术，湖湘肴馔独特的制作技艺，主要表现在选料、刀工、调味和制熟等方面。

一、选料技艺

湖南地处长江中游南部，气候温和，雨量充沛，土质肥沃，物产丰富，素称"鱼米之乡"的美誉。优越的自然条件和富饶的物产为千姿百态的湘菜在选料方面提供了源源不断的食材，满足了湘菜所需求的物质条件。

（一）注重本土食材的选用

湖湘地区三面环山，一面环湖，相对封闭的地形特点使湖湘食材的选用颇具地方特色，湖湘肴馔大多取材于本土，如本地特有的辣椒、紫苏，还有一些全国知名的特色食材，如湘西的腊肉、湘东的黑山羊、宁乡花猪、临武鸭等均属于本土湘菜的食材。至于各类瓜果、时令蔬菜和各地的土特产品，更是取之不尽、用之不竭的湘菜食材资源。植物性原料，多选用光泽滑润、色泽鲜艳、质地细嫩、水分充足的蔬菜和色泽鲜艳、气味清香的瓜果等。除了注意动物性食材的新鲜外，还强调将动物性食材分档取料，做到物尽其用。如湖湘名菜剁椒蒸鱼头选用深水低温下生产的鳙鱼，这种鱼生长周期较长，肉质更为鲜美细嫩；本地的焖羊肉，羊多使用浏阳黑山羊，且喜搭配上好的冬笋；辣椒炒肉，湖湘地区最大众化的名肴，猪肉以宁乡花猪为宜；同时，湖湘肴馔在香料的使用上也独具特色，本地水产河鲜类去腥多用紫苏作为配料，达到去味的目的，本地的牛羊肉去腥膻味选用山胡椒油调味，达到“盖味不抢味”的目的。

（二）选料具有多样性

湖湘肴馔选料的多样性主要与湖湘地区特殊的地理气候有关，湖湘地区地形地貌多样，山地、丘陵、平原交错分布，河湖众多，造就了食材的多样性。远在周代，湖南就以“其畜宜鸟兽，其谷宜稻”（《周氏职方氏》）著称于世。汉代司马迁、《史记·货殖列传》记载：“楚地饭稻羹鱼，果隋螺蛤，下待贾而足。”后更以“湖广熟，天下足”闻名遐迩。山区盛产竹笋、蕈、蕨等山珍野味，江河湖泊盛产鱼、虾、龟、鳖、螺、蚌等水产和野鸡等禽鸟，星罗棋布的大小塘坝大都种有莲藕，此外尚有丰富的地方特产，如宝庆椒干，道州红瓜子，龙牙百合及柑橘等。湖南的畜牧养殖业历史悠久，著名的禽兽品种有武陵马头羊、武雪山羊、浏阳黑山羊（图3-1）、涟源黑山羊、湘潭沙子岭猪、宜章猪、桃园猪、浦源坪猪、黔邵花猪、长沙大围子猪、宁乡流沙河花猪（图3-2）、溆浦龙潭猪、东安猪、泸溪浦市猪，湘西黄牛、滨湖水牛，雪峰乌骨鸡、湘黄鸡、桃源鸡，鼎城湖鸭、宁乡灰汤

图3-1　浏阳黑山羊

图3-2　宁乡流沙河花猪

鸭、攸县麻鸭、钱粮湖鸭，道州灰鹅、武冈铜鹅、溆浦鹅、炎陵白鹅等无不品质优良。丰富的物产为湖湘多样性的选料提供了物质条件。同时，湖湘地区民族众多，人文底蕴深厚，民族间的交流融合使得湖湘肴馔品类众多，融合各民族饮食精华，食材的选择更加具有多样性。

（三）重视辣椒和熏腊原料和酸味原料的使用

湖湘肴馔的选料别具一格，湖湘民众喜爱辣味，在原料选择上偏爱辣椒，有“无辣不成席”之说，湖湘肴馔多用辣椒作为主料或者辅料，如辣椒炒肉、擂辣椒皮蛋等。同时，在味型选择的推动下，湖湘地区与辣椒有关的调味料的使用很广泛，如干辣椒粉、辣酱、剁辣椒酱等的使用频率较高。在湘西山区，独特的气候使熏腊制品品质优良，衍生出独具湖湘特色的熏腊风味制品，熏腊类的原料更是在湖湘地区广泛使用，鸡、鸭、鹅、鱼、猪肉等均可熏制，品类众多，风味独特；酸味原料是湖湘肴馔的重要调料，在侗、瑶等少数民族有“食不离酸”之说，其苞谷酸形成的酸鱼、酸肉具有独特的发酵风味。在湖湘全境，每家每户都有腌泡菜的习惯，酸菜、酸辣椒也是湖湘民众餐桌上不可缺少的美食。

（四）呈现明显的地域特征

根据湖南的地理、人文、物产等特点，湖湘食材的原料和菜品来自不同区域，长株潭地区选材广泛，制作精细，擅长制作名贵大宴，选料讲究；洞庭湖区选材多用河鲜，如巴陵全鱼席；湘西山区喜爱熏腊食材，靠山吃山，善于烹制山珍野味；湘中大梅山区选材地道，强调食材的鲜味，偏爱应季蔬菜，肉食讲究现宰现杀；湘南地区气候适宜，物产众多，选料多用本地名特食材，如永州血鸭、东江鱼、临武鸭等，均是驰名省内外的地标产品。

二、刀工技艺

所谓刀工是指切菜的技术，根据烹调与食用的需要将各种原料加工成一定形状，使之成为组配菜肴所需要的基本形体的操作技术。讲究整齐划一、干净利落、适应烹调方法的需要、适应原料的不同性质、合理使用原材料等。《论语》有云：“割不正，不食”。即是对刀工的要求。传统湖湘肴馔非常重视刀工，历代湘菜厨师非常注重刀工技艺，为丰富湖湘肴馔文化的内涵做出重要贡献。1976年出版的《湖南菜谱》对刀工有非常详细的记录，其中“烹饪基础知识”就有一章内容是“刀工技术”，从“刀工的作用和要求”“刀与墩的使用与保养”“刀法的种类”“混合刀法”等四个方面进行了表述。

（一）湖湘肴馔的基本刀功技艺

湘菜根据刀刃与菜砧、原料接触的角度分直刀法、平刀法、斜刀法、混合刀法、其他刀法等几种。湘菜食材成形有丁、丝、片、块、条、米、蓉、末、花等十余种基本刀工，组合变化为数十种。湖湘肴馔的刀工技艺主要目的是使原料更易于烹调、入味和食用，并美化原料的形态。具体而言，常见的刀法如下：

（1）直刀法　是刀刃与砧板或原料成直角的一种刀法。根据原料的特性和烹调的要求，直刀法又分切、剁、砍等几种。分别适合于不同类型原料的初加工处理。

（2）平刀法　又叫片刀法，是刀面与砧板的平面基本平行的一种刀法。这种刀法能把原料片成薄而整齐的片状，是一种比较细致的刀工，适用于无骨的韧性原料或煮熟回软的脆性原料，操作时应将刀横着或略微斜着向原料片进去。由于原料有脆、硬、韧、软、松之分，平刀法又有平刀片、推刀片、拉刀片和反刀片等几种。

（3）斜刀法　是刀面与砧面成小于90°的斜角的一种刀法。有正斜片和反斜片两种。正斜片的刀法是刀身倾斜，刀背向外，刀刃向里，适用于韧性原料，如肉片、鱼片、肚片、腰片等。反斜片是刀背向里、刀刃朝外、刀身内倾，适用于脆性易滑动的原料如茭白、黄瓜、鱿鱼等。

（4）混合刀法　是直刀法和斜刀法两种刀法的混合使用，也叫剞刀，即是将原料剞上各种花纹，但不切断或片断。剞有直刀剞、推刀剞、拉刀剞、斜刀剞和反刀剞等，各种剞法常综合使用。剞的深度，根据原料的性质和用途而定，一般为原料的五分之三或五分之四，剞的作用，一是使原料易于入味；二是使原料易于成熟而保持脆嫩；三是使原料在加热后形成各种花纹，增加菜肴的美观。

（二）湖湘肴馔用刀的基本要求

1．根据原料的不同性质，选择不同的刀法

湖湘烹饪原料品种繁多，性质各异。刀工应根据原料性质的不同灵活掌握，区别对待。如牛肉质地老而肌肉纤维粗，要顶着肌肉纹切丝（顶纹切）；鸡脯肉质地松嫩，易断裂，要顺着肌肉纹切丝（顺纹切）；猪肉质地介于二者之间，则要斜着肌肉纹切丝（斜纹切）。韧性较强的猪肉、牛肉丝可以切得细一点；质地松软、韧性较差的鱼肉就要切得粗一点，以防烹调时断、碎。

2．适应菜肴和烹调的要求

湖湘肴馔品种丰富，烹调方法繁多，有的用旺火短时间烹制，有的用小火长时间烹制，因此，原料的刀工处理要符合菜肴和烹调的要求。一般来说，对爆、炒等旺火速成的菜肴，原料一般该切丁、丝、片、米、蓉等形状，便于成熟，如肉末炒豆子、小炒黄牛肉、老姜炒仔鸡、攸县血鸭等；对焖、煨等需要小火或中小火长时间加热的菜肴，原料要切得大些、粗些、厚些。

3．原料成形要整齐划一，均匀一致

对原料进行刀工处理时，要做到成形大小均匀、厚薄一致、粗细相当、长短相等、

形状相似；否则，在加热调味过程中，过薄、过小、过细的原料先成熟、先入味，过厚、过大、过粗的原料后成熟、后入味，等到粗的、厚的原料成熟或入味时，细的、小的原料就早已过了火候。如湖湘特色的菜根香、茄子皮炒肉等，此外，将原料切成丝、片、条、丁、粒、末等形状时，相互之间要分开，不可连刀。如要连刀制花，则刀距及刀纹的深浅和倾斜角度要均匀一致；否则，既不利于烹调，也不美观，不便于食用。

4．合理用料，物尽其用

合理使用原料、减小损耗、降低成本，是烹调工艺的一条重要原则，刀工操作更应遵循这一原则。在加工处理原料时，要充分考虑原料的用途；下刀时要心中有数，合理用料，做到大材大用、小材小用、合理分用、充分利用：对刀工后的边角碎料，也应物尽其用、精打细算，充分发挥其经济效用。总之，一切可利用的原料，都要充分合理地加以利用，不应随意抛弃。

5．符合卫生要求，力求保持营养

刀工操作中，要注意生熟原料用不同的砧板分开，分刀操作，注意刀工操作环境及个人的卫生，养成干净、快捷、利落的操作习惯，刀、砧板及其周围的原料、物品要保持清洁整齐。

三、调味技艺

（一）湖湘肴馔的基本味型

湖湘肴馔口味众多，既吸取了其他菜系的一些味型，同时也结合自身的风土人情产生了一些独有的味型，湖湘肴馔味型的形成可以追溯到马王堆汉墓中出土的竹简菜谱，其中记录了很多不同的味型，其中光是羹类菜就有七大类，几十个品种，还有关于将煮熟的肉类蘸上各种酱料食用，酱料就是一种基本的味型，故此，湖湘肴馔的味型是历史遗留下来的宝贵财富，经过世世代代湘菜厨师的传承与创新，推动湖湘肴馔获得较大发展，在全国具有广泛的影响力。

湖湘肴馔的味型很丰富，既有《中国烹饪辞典》里归纳的一些味型，也有独具地方特色的一些味型，但以往从来没有系统整理过。石荫祥大师生前曾提出过湘菜的十多种味型，却没有进一步说明这些味型的特点和制作要点。湖湘肴馔的味型很丰富，涵盖了酸、甜、苦、辛、咸、鲜、香等七大类型，其中也存在一些复合味型，具体而言，湘菜热菜主要有35种基本味型，分别是：酸辣味型、咸酸味型、辣咸味型、腊香味型、豉香味型、酱辣味型、陈坛香味型、臭香味型、酢香味型、霉香味型、紫苏味型、蒜香味型、苦鲜味型、酱香味型、熏香味型、姜汁味型、药膳味型、五香味型、葱油味型、醋香味型、腐乳味型、麻辣味型、酸甜味型、咸甜味型、椒盐味型、焦酥味型、孜然味型、怪香味型、果香味型、太阳味型、芥末味型、山胡椒味型、糖醋味型、发酵味型、煳辣味型。

（二）湖湘肴馔的味型特点

与国内其他菜系比较，湘菜的味型可以用“和而不同”来概括。主要特征有几点：一是地域性强。其中的陈坛香味型、山胡椒味型、太阳味型等12种味型在全国众多菜系中独树一帜，具有鲜明的湖南地方地域特色，如湘菜的腊味也非常著名。二是本味鲜明。中国自古以来的饮食理论，都讲究“本味”，强调食材本来的味道，而湘菜和湖南人的性格一样，具有质朴、浓烈的个性，食材的“本味”特别鲜明。不论小笼还是大碗、大盘，一锅鲜货出来，一吃就知何物所制，能吃出本味之鲜。即使原材料形状发生变化，大隐之中也不失其原汁原味。三是包容性强。湖湘肴馔从来不是关起门来发展的，几千年来不断融和其他菜系的特点，不同风味的包容、互补，维系着湘菜的生命活力。凡能提升品位和口味的改良手段都能大胆一试，没有保守，也没有自卑，从不全盘否定。湘菜博采众长，吸收粤菜调味的精华，广泛采用了蒸鱼豉油、叉烧酱、XO酱等用于调味，借鉴川菜调味手法使用豆瓣酱等均体现了湘菜味型兼收并蓄的特点。

四、制熟技艺

湖湘肴馔的制熟技艺的关键是烹饪中火的使用，湖湘大地早在千百年前就与火结下不解之缘，据载，炎帝部落南迁时，祝融部落的部分成员也南下进入湖南，逐步从炎帝集团中分离出来，转而投靠黄帝部落。司马迁《史记·楚世家》载：“祝融，名重黎（简称黎），又称祝通、祝和。相传帝高辛氏时，在有熊氏之担任火正之官，能昭显天地之光明，生柔五谷材木，为民造福。帝命曰祝融，后世尊为火神。”所谓“火正”，主要管理三件事：一是观天象，以确定春耕秋收的时间。二是管火源，春天“出火”，即放火烧荒，刀耕火种；秋天“内火”，保留火种以备寒冬；三是在祭祀时“燃燎”，即燃起火炬，用以祭天。湖湘菜肴的制熟技艺源于火神祝融对火的传播，同时也获得较大发展，从马王堆汉墓出土的竹简菜谱中记载来看，湖湘肴馔的熟制技艺已经包括了蒸、煎、炒、煨、烧、炸、腊等十多种，湖湘肴馔经过千百年的发展，制熟技艺进一步完善成熟。

湖湘肴馔的熟制技艺具体而言，包括焯水、过油、走红、制汤、挂糊、上浆、勾芡等几种主要的工序，以及烧、炒、煨、炖、烹、烩、蒸、卤、熏等几种。

湖湘肴馔的制熟技艺历史悠久，经过历代厨师的不断演化、总结和创新，到现在已经形成几十种烹调方法，在热烹、冷制、甜调三大类烹调技法中，每类技法少则几种，多的有几十种。相对而言，湘菜所有烹调技法中，炒、焖、煨等技法的运用更胜一筹，几乎达到炉火纯青的地步。湘菜技法早在西汉初期就有羹、炙、脍、濯、熬、腊、濡、脯、菹等多种技艺，经过长期的繁衍变化，到现代，技艺更为精湛的则是炒，炉火一起，热锅落油，食材在炒勺周围快速翻滚，干净利落地成就了湖湘小炒的盛名。

五、点心制作技艺

点心是湖湘肴馔的重要组成部分，湖湘点心亦简称湘点，湘点具有用料广博、面团调制讲究、制作工艺多变、馅心口味丰富、品种繁多的特点，这些特点的形成一方面是受湖湘地区特有的物产人文情况的影响。另一方面也与独有的口味偏好相关，如湖湘名点银丝卷（图3-3）、盐菜包等，运用大量的动物油脂进行制作，与湖湘人民的口味密切相关。

图3-3　银丝卷

（一）湘点的品种特色

1. 善用米制品

湖湘是著名的“鱼米之乡”，受气候和地形的影响，湖湘地区盛产大米，故此湖湘点心大量使用米粉为原料，这与北方点心多使用小麦面粉具有很大的区别。湖湘地区的米制品面食在全国都具有较大的影响力，如每个湖南人早餐必吃的米粉，具有品种繁多，口味多变的特点，比较著名的有株洲攸县米粉、衡阳的筒骨粉、岳阳的津市牛肉粉、郴州的鱼粉等。另外，在湖湘的一些岁时年节的节日点心中也广泛使用米制品，如清明时节的艾蒿粑粑、青团，春节吃的糍粑，元宵节食用的汤圆，等等，米制品在湘点中的广泛使用反映了湖湘民众善于就地取材、物尽其用的博大智慧。

2. 重视糖、油等原料的使用

重油重糖是湖湘点心的另一个突出特色，湖湘地区长期处于内地，经济发展水平与沿海地区有一定的差距，相对匮乏的物资供应使得湖湘民众对含热量和脂肪高的糖和油脂情有独钟，特别是动物油脂，因其营养价值高受到了湖湘民众的喜爱，在很多湖湘特色点心中均体现了这一现象，如长株潭地区民众喜爱的银丝卷，用猪板油制作伏油馅进行制作，使得成品丝条松散，具有浓郁的动物油脂的芳香，又如长沙火宫殿的知名小吃品种糖油粑粑，用糖作为传热介质促使点心成熟，软糯香甜的口感、金黄的色泽让人回味无穷，重油重糖这一湘点特色，成就了湖湘点心独有的品格，形成了鲜明的地方特色。

3. 馅心口味丰富

“凡能入馔者均可制馅”，这是湖湘点心师傅的独到体会，在这一观点的影响下，湖湘点心馅心口味丰富，具有不拘一格的特色，湖湘点心的馅心变化多端，一点一味，随形定馅，随质定位，同形不同馅。除了常见的馅心，湖湘点心广泛吸收湖湘物产之精华，咸菜（盐菜）、腊肉、鱼等特色物产均可入馅，极大地丰富了湘点的品种，体现了湖湘点心师傅的高超创造力。

4．具有极强的包容性

湖湘点心的包容性主要体现在湘点品种和口味的包容和湘点制作技艺的融合上，湘点除了湖湘传统的特色米制品点心外，还广泛吸收了北方的麦制品点心的精华，如面条、包子、馒头等，也在民众的饮食结构中占有重要地位。同时，湘点的制作技艺还吸收了周边地区特别是广式点心的技法，湘粤之间的交流频繁，在湘点制作技艺上有较好的体现，一是将大量的海产品运用在传统湘点中，如湖湘地区地道的春卷馅心加入鱿鱼丝提鲜增味，金钩、瑶柱等海产干货被广泛运用于高级湘点的馅心，椰蓉、榴莲等热带水果及制品运用也在湘点中有较多的运用。二是部分湘点的制作技法吸收了外来点心的制作技艺，如湘式叉烧包取材于广式点心，湖湘精致酥点运用了苏式点心的开酥技术等。湖湘点心的包容性使得湖湘点心的发展步伐更快，同时，湖湘点心文化与外来文化的交流融合，使得湖湘点心的未来具有更多的可能性。

（二）湘点的品种构成

湘点按照品种工艺特点可以概括为子、发、烫、酥等四大类，按照应用场景，湘点的品种主要概括为三类，一是大众化的主食面点；二是规格较高的宴席面点；三是富有湖湘特色的地方风味小吃。此种分类囊括了湘点的精髓，也从一个侧面反映了湖湘点心品种丰富，类别众多。

大众化的主食面点指的是湖湘民众日常正餐食用的面点，湖湘地区民众早餐一般会以面食为主食，故大众化主食面点是湘点最重要的组成部分，湖湘地区大众化的主食面点按照主料可分为米类面食、麦类面食和杂粮类面食，其中，湖湘地区盛产稻米的区域特点决定了湖湘大众化的主食面点应以米制品为主，如湖湘地区民众喜食的米粉，品种繁多，基本上形成了“一城一品，百城百味”的格局。湖湘麦类面食如发酵类的面食、面条、水饺等面点的发展也较为迅速，也是民众日常主食中重要的补充内容。因湖湘地区杂粮的产量不高，故杂粮类面食在湖湘地区的分布较少，以一些山区和民族地区食用较多。

宴席面点指的是在规格较高的宴请及宴会中食用的面点，此类面点的特点是用料精细、制作考究、价格较高。其自身特点决定了此类面点的传播面较小，但宴席面点的制作能具体反映湖湘点心制作技艺的水平。湖湘宴席面点的主要品种有两大类，一是湖湘特色面点，如蕨根粑粑、米饺、米粑、米发糕、金钩萝卜饼等；二是外来品种，主要包括广式点心和苏式点心，如广式的榴莲酥、叉烧酥、虾饺等，苏式的明酥制品如枇杷酥、菊花酥饼、盘丝饼等。宴席点心的制作虽不能反映湖湘点心的整体风貌，但是制作精良的宴席点心是点心制作技艺的体现，也是面点师必须掌握的重要内容。

地方风味小吃点心指的是一地特色与知名度兼具的点心，一个点心是不是地方风味

图3-4 糖油粑粑

图3-5 糯米糖饺

主要是通过原料的独有和工艺的独特来体现，湖湘地区历史悠久，人文生活气息浓厚，具有丰富的地方风味面食，如长沙的姊妹团子、糖油粑粑（图3-4），湘潭的灯芯糕，长株潭地区的艾蒿粑粑，湘西的青团、姜糖，株洲的攸县米粉，郴州的风陵渡鱼粉，邵阳的武冈空饼以及风行整个湖湘地区的糍粑、糯米糖饺（图3-5）等。

第二节　湖湘肴馔的审美

湖湘肴馔审美包括造型、色彩、器形、环境等四方面内容，它要求重视美观，突出饮食文化审美色彩，具有鲜明的湖湘时代气息和民族风格。

一、肴馔造型

肴馔造型即菜点的形态美，它可以分为三种：自然形态、几何形态和象形形态。

（一）自然形态

因受到加热等因素的影响，菜肴出锅后以自然形态呈现。一是散碎形态，通过将丁、丝、片等原料用炒、爆等方式烹制，在装盘时自然堆积在食器中。菜肴数量过多时，可以堆放，周边适当留出空白。数量少时，可以平铺等方式，减少周围空隙，以求摆盘均匀得体。如经典湘菜小炒肉、湘西外婆菜（图3-6）等；二是整块形态，保留食材的整形原始特征，与特定食具配合、摆放平稳，尽可能展示形态特点，并注意上菜时把最美的一面展示给主要宾客。如精品湘菜柴把鳜鱼、奶汤霸王鱼翅（图3-7）等。

图3-6　湘西外婆菜

图3-7　奶汤霸王鱼翅

（二）几何形态

在菜肴造型中，几何形态运用较多。这类形态属于有规律的组合形态，常适合于餐具的造型，构成圆形、椭圆形、扇形、半圆形、方形、梯形、锥形或多种形状的综合形，且常用中心对称和轴对称的表现手法。有时也采用重点点缀和均衡表现手法。围边装饰与几何主体装饰在艺术效果上有许多共同之处，不同的菜肴有随形或图案装饰等。如湖南传统名菜发丝牛百叶（图3-8），将牛百叶切得如发丝般细，配合少许稍短的冬笋、红椒、香葱等细丝组合而成，主体呈圆形形态，搭配色彩鲜艳的雕花与绿叶原料作为围边装饰。如精品湘菜生鱼裙边（图3-9），以圆形黑鱼丝/裙边（甲鱼的软边）为主体，周围用菜苞随形组成圆形围边点缀，给人以对称素雅之感。

图3-8　发丝牛百叶

图3-9　生鱼裙边

（三）象形形态

这类形态的绘画性与雕塑性较强，常见的形态多模拟动物、花卉等。如湖南面点常用造型有兔、猪、刺猬、菊花、兰花、寿桃等，有的冷盘拼成燕子、鱼、蝴蝶、孔雀、荷花等，有的食品雕刻成牡丹、月季、凤凰、龙等。这是食品造型中难度最高的一种。此类动物形象，宜采用“似与不似之间”的手法，因材制宜、夸张变形，不仅富有趣味而且惹人喜爱。如精品湘菜金龙鳝段（图3-10）、开屏白鳝

图3-10　金龙鳝段

（图3-11），主菜均为鳝鱼，运用金龙、凤凰雕刻进行点缀。

二、肴馔色彩

（一）肴馔食材颜色

图3-11 开屏白鳝

烹饪食材皆有其色彩和光泽，充分运用固有色泽进行组合，便可以获得美的效果。如白色原料有特色湘莲，洁白粉嫩、营养丰富、汤清肉绵，利用得当会给菜肴以干净、纯洁之感。红色原料有特色红辣椒，大都鲜艳夺目，用作点缀尤佳，如经典湘菜剁椒鱼头（图3-12）。绿色原料有水芹菜、香菜等，绿色为中性色，平和而富有生气，在烹饪中易产生清爽舒适，利于清口与品味。此外黄色有黄花菜、黑色有木耳、豆豉等；在一些特殊情况下，固有色及其变化不够利用时，必须借助人工色彩，达到某种特殊效果。如湖南民俗中，生孩子喜染红鸡蛋。代表着喜庆、吉祥如意；另外调料的运用，也是取得理想色泽的手段。如酱、油、糖等，皆可使菜肴变成暖色，起到刺激食欲的作用。如经典湘菜腊味合蒸（图3-13），运用豆豉、酱油作为佐料。

图3-12 剁椒鱼头

图3-13 腊味合蒸

（二）肴馔色彩搭配

菜肴制作时，需要注意色彩与色彩的配合、食材面积大小比例等。即同类色、调和色、对比色的搭配。

1. 同类色搭配

同类色即色相相同的颜色，如橙黄、橙色、橙红，或是一种颜色由浅到深的色彩。如精品湘菜鸡汁素鲍鹿筋（图3-14），由鹿筋、百灵菇组成，辅以鸡汤、鸡油调料；三种材料都是黄色，颜色由浅到深呈现出层次美，使人感到温暖、清新、素雅。

2. 调和色搭配

调和色是类似色相所配合的颜色，色彩调和统一，具有明朗、质朴的感觉，此种搭配湘菜运用较多。如精品湘菜福寿千层肉（图3-15），由棕色带皮五花肉，盘边配上红白相

图3-14　鸡汁素鲍鹿筋

图3-15　福寿千层肉

图3-16　太极双素

间萝卜及绿色西蓝花组成，给人以色彩黄绿调和，棕色与红色统一，色调明快大方之感。

3．对比色搭配

运用对比色会使菜点有愉悦、热烈的氛围。运用对比色搭配，需抓住菜点的主色，次要颜色作为衬托。最常用的对比颜色为红与绿，白与黑，黄与绿等。如名品湘菜太极双素（图3-16），由黑白分明岩耳与笋丝为主色调，盘边配以黄绿相间蛋白膏，给人以热烈与雅致效果。

三、肴馔器形

（一）常用肴馔食具

在烹饪菜肴的食器上，湖湘先民先后设计出了造型奇特，制作精美的青铜器、漆器和陶瓷餐具。现代湘菜餐具，包括瓷、陶、漆、木、竹、玻璃等名目繁多、造形各异的种类，大小花色不同的碟、盘、碗、钵、勺，甚至竹筒、荷叶，这些给湘菜增添精雅、质朴、粗犷、古朴、自然、大方的无限魅力和品位。当菜肴与恰如其分的餐具相配，方可产生大小相间、高低错落、形质协调、色泽互衬、完整气派的效果。如精品湘菜竹筒水鱼（图3-17），竹筒、荷叶这两种盛器，其本身就带有一种天然的清香。将菜肴装在这类容器里，可以取得容器天然的清香气味，给用餐者以清香扑鼻，舒适美味之感。

（二）肴馔食具形态

现在餐具造型有方盘、方碗、长方盘、圆盘、花形盘、花形碗、叶形碗、旋纹碗、各种品锅、炖盅、椭圆盘、八角盘、也有一些斜口盘、心形盘等之类的异型盘。相对来说，规则型的餐具运用较多，因其使用方便、易于清洗、适合摞叠拼合，视觉上整体性较强；对于湘菜，依形配器方可达到对比协调之效果。如球面菜多配圆盘，鱼菜则多用长条盘；盛器力求多样，使之参错成趣。根据菜品的不同要求选择不同的盛器，形态各异，参差对比，相映成趣。如湖南醴陵的现代创意餐具（图3-18），给人以简洁素净、造型层次丰富之感。

图3-17　竹筒水鱼

图3-18　湖南醴陵艺术之铭餐具

（三）食具颜色搭配

图3-19　丰收有余

菜肴盛器的颜色讲究对比协调，浅色菜配深色餐具，而深色菜配浅色餐具。比如红色或酱红色的食物放置在以红为主色调的餐具中，色彩就会被埋没，不仅美食失去特色，食具的纹饰也无法展示出美感。绿色的菜放置在白色的餐具中，会给人一种清新自然的感觉，达到清新爽目的艺术效果。冷菜和夏令菜宜用冷色食器；热菜、冬令菜和喜庆菜宜用暖色食器。如精品湘菜丰收有余（图3-19），主体菜肴为明亮暖色调，选择搭配的器型为长方形的深棕色盛器。

四、肴馔环境

湖湘最具代表的环境艺术作品以岳麓书院、衡山大庙、湘西吊脚楼建筑最具湖湘特色。建筑材料多采用木材、竹材、青砖、黑瓦、夯土、石材，再加上近代文人领袖众多，因此湖南最具代表餐厅充分体现其建筑元素与文人精神。如长沙坡子街火宫殿（图3-20）餐饮空间，入口隐于院内，进院的廊道左侧墙面雕刻着一些民间故事，右侧以外是一座毛主席的全身雕像。廊道运用的是红漆木质柱式，喜庆的感觉扑面而来。从整个的装修上来看，突出的特点不多，但是细看后会发现，青砖、木质窗花这些湖湘元素都被运用于其中。顶面的处理是粗木条的横竖搭配，再配以些许窗花的元素。相较一层和二层，三层的包厢空间显得独具特色。三层的包厢以湖湘地区相关的人、物来命名，分别为长沙王府、韶山冲、燕琼园、中南海和左公馆。过厅、过道和普通包房采用了湖湘文化中典型的石雕漏窗、青砖门罩、木雕楹柱，集中反映湘人古朴的美饰倾向，融古雅、简洁与富丽于一身，尽显独特的艺术风采。中南海厅和韶山厅在设计概念上注重强调与毛主席生活、工作过的地域环境联系起来，中南海厅在装饰风格上引入“丰泽园”的建筑符号和相关的美学元素，突出古典庄重与唯美的环境氛围，并设置陈列毛主席诗词作品、工作照片、雕像等可视物品加强该厅的主题性和对毛主席的缅怀敬仰之情。而韶山厅的设计风格倾向于采用湖湘民居元素，强调原木、青砖漏窗、屏障等典型民间饰材元素的搭配，突出古雅、庄重的就餐氛围。

图3-20　长沙坡子街火宫殿

第三节　湖湘肴馔的构成

湖湘肴馔文化历史悠久、博大精深，历代湘菜厨工创造了数量庞大种类丰富的各式菜点，每一种菜点产生于不同的渠道和不同的社会背景。从这一层面讲，研究湖湘肴馔的历史构成对深入了解湖湘肴馔的厚重文化具有重要意义。具体而言，湖湘肴馔根据不同的社会背景，可以分为家常菜、官府菜、侯府菜、民族菜和寺院菜。

一、家常菜

家常菜又称民间菜，指的是广大城乡居民祖祖辈辈日常制作和食用的肴馔，湖湘家常菜源于民间，具有取材方便、操作易行、调味适口、朴实无华的特点，它是湖湘肴馔的根源与基础。湖湘家常菜主要分布于洞庭湖区和湘江流域，其主要原因在于这些地方物产丰富，经济发展水平较高，饮食业较为繁荣。具体而言，湖湘家常菜主要包括衡阳土菜（图3-21）、常德钵子菜（图3-22）、岳阳全鱼席、湘潭毛家菜等内容。

衡阳土菜是湖湘家常菜的代表，其中衡东县更是有中国土菜之乡的美称，衡阳土菜味重、色浓，讲究原汁原味，擅长炒、烧、蒸、煮、炖。装盘喜用大盘大碗，富有浓厚的生活气息。

常德钵子菜也称为炖钵菜，常德钵子菜既是水乡渔民的创造，也是远古先民列鼎而食的真实写照，钵子菜最重要特点在于其原料就地取材，且原料均采用简便易行的做法，流行于洞庭湖区的常德、益阳等地。

图3-21　衡阳土菜

图3-22　常德钵子菜

图3-23　巴陵全鱼席

岳阳全鱼席又称巴陵全鱼席，湖南岳阳古称“巴陵”，自古至今，巴陵全鱼席（图3-23）乃洞庭水乡的著名佳肴。相传乾隆皇帝游江南之时，路经巴陵，品尝全鱼席后，赞不绝口，赐名“巴陵全鱼席”。巴陵全鱼席采用新鲜鱼做主料，以本地出产的藕、莲、笋、蘑菇、百合等为辅助原料，佐以生姜、葱、蒜、辣椒、胡椒等可烹制出不同风味的菜点，斑斓多彩，风味飘香。巴陵全鱼席每席需名贵鱼和小水产27种之多，每席少则12个菜肴，多则32个。其中的清蒸水鱼（又名甲鱼）不仅味道鲜美，汤清肉嫩，有滋阴补肾的功能，而且鱼形完整，色泽不变，鱼头伸出，四腿平展，栩栩如生，被誉为鱼席上的头菜。目前，岳阳市有4家餐馆能烹制出150余道鱼味菜点，深受中外游客喜爱。“未尝巴陵全鱼席，不算真正到岳阳；登上君山不食鱼，人生少得三分意。”鱼米之乡的人特别器重鱼，民间就不“无鱼不成席”的说法。

毛家菜作为湘菜地方菜中的一个重要支柱，以土特为主，以时鲜为先，以清纯为妙，以香辣为要，以腊熏为助。原生态地传承着《黄帝内经》上记载的中国人的传统经典饮食结构原理：“五谷为养、五果为助、五畜为益、五菜为充。”土中见特，俗中见雅，素菜相宜，为世人所爱。宋代名人范仲淹对中国饮食说过一句很精彩的话：家常饭好吃。毛家菜正是韶山民间老百姓常吃的家常饭菜。湖南民风的强悍与豪放，浓缩在刺激的口味之中。

二、官府菜

官府菜是指封建社会官宦人家制作并食用的肴馔，湖湘官府菜是湖湘肴馔的重要组成部分，湖湘肴馔中的官府菜依靠名人的推动，其中影响力最大的当属祖庵菜。

辛亥革命后，清政府对一些官僚机构进行精减清除，官厨霍云渠失业回到长沙。民国二年（1913），他和黄翰林合股，在位于小四方塘的黄翰林公馆开设曲园酒家。霍云渠邀请当时长沙的湘菜名厨雷银生、丁云峰、史玉和、袁善诚掌勺。名厨手艺轰动长沙，成为长沙达官贵人巨贾云集之处，一时名声大噪。

长沙南门外麻园湾刘铏公馆商余俱乐部，走出了湘菜名厨宋善斋，成为当时长沙市的四大名厨之一。1938年，宋善斋离开商余俱乐部，与长沙市筵席业同业公会理事长何锡贤、湘阴任氏兄弟合资，在东茅街陈光中公馆开设潇湘酒家，盛况空前。

晚清宣统元年，衡阳府台谭布仁解职回长沙，和他的家厨集资开设挹爽楼，地点在北门红墙巷侧沙帽塘的谭氏公馆内。民国二年（1913），他们拆掉围墙扩大经营，增加澡堂、菜馆、理发、照相等业务，生意红火，成为长沙北门一带的著名酒家，以胡辉元为首的名厨荟萃于此。北伐胜利后，唐生智（湖南东安人）在南京曲园设宴庆贺宴请政要名流，上了家乡的醋鸡，吃得津津有味的客人们问这是什么菜，唐说这是东安仔鸡。此后唐生智在长沙水陆洲（即橘子洲）建公馆。郭沫若在《洪波曲》中叙述，抗战期间，唐在长沙水陆洲公馆里设宴招待了他，其中东安仔鸡味道最佳。这道来自湘南的菜，后来走向国宴。1972年3月，美国总统尼克松访华，周恩来设宴招待，席上即有东安仔鸡。

更重要的是，从长沙市局关祠茅亭子谭延闿公馆里走出了谭家菜，也叫祖庵菜。谭家菜在制作方面是很讲究的，有人称之为“豪华型的文人菜”，其实叫“文人菜”并不合适，因为谭延闿虽然是文人，但主要是大官僚，叫“奢华型的官府菜”才更准确。当时有一位烹调技术极好的厨师叫曹荩臣，人称曹四，在清朝衙门里当过官厨，后纳为谭延闿的私人厨师。曹摸透谭的口味，每次宴请都讨教谭本人，做菜花样翻新，深得谭延闿的喜爱。据说，谭家每到用餐时，都是宾客满座。为此还专门定制启用了大碗、大盘、长筷、大匙勺等大型餐具，后来成了湖南的饮食特点。1930年谭延闿去世之后，曹荩臣回到长沙，在坡子街开设“健乐园”餐馆，将谭延平时所喜爱的菜推向市面，号称“祖庵菜”。“祖庵菜”把官府湘菜推向了顶峰，使湘菜名震四方，成为湘菜历史上的一座丰碑。

祖庵菜在湘菜中自成一系，其特点可以概括为精和奢，祖庵菜的用料以山珍和海味为主，如祖庵鱼翅、红煨熊掌、透汁鹿筋等，非常人可以食用，同时祖庵菜的部分菜式用料考究，造成极大浪费，如祖庵菜胆，一担白菜刚好出一碟成品，其奢靡程度可见一斑。

祖庵菜属于名人菜，在烹饪方面，祖庵菜也很有特点。

第一，对于食材的挑选非常考究，追求极致，只用上等之料、珍品之料、时鲜之料。

第二，刀工精妙。菜肴制作按照不同的要求，食材切割也很讲究，“发丝百叶”细如银发，“梳子百叶”形似梳齿，“熘牛里脊”片同薄纸，“鳝丝蒜薹”细如火柴梗。

第三，擅长调味。上等的食材，有其独特的滋味，厨师要善于发挥食材的滋味，既保持本源滋味，又有所变化和提升，这就是厨师创造出的新滋味。祖庵菜注重食材主味的突出，加入调料烹饪之后，锁住原味，却又不同于原味，味感的调摄精细入微。祖庵菜口味独特，其他人想模仿，可以得其形，却难以得其味。

第四，技法多样。根据菜肴的设计，组合羹、炙、脍、濯、熬、腊、濡、脯、菹等多种烹饪技法，急火起味用“熘”，慢火浸味用“煨”，调味用“㸆”，边入味边烹制用“蒸”等。祖庵菜的煨也不是一成不变的，在色泽变化上分为“红煨”“白煨”，在调味上则分为“清汤煨”“浓汤煨”“奶汤煨”，采用小火慢焖，保持汤的原汁原味。

知识延伸：祖庵菜单

四冷碟：云威火腿、油酥银杏、软酥鲫鱼、口蘑素丝

四热碟：糖心鲍脯、番茄虾仁、金钱鸡饼、鸡油冬菇

八大菜：祖庵鱼翅、羔汤鹿筋、麻仁鸽蛋、鸭淋粉松、清蒸鲫鱼、祖庵豆腐、冰糖山药、鸡片芥蓝汤

席面菜：叉烧乳猪（双麻饼、荷叶夹随上）

四随菜：辣椒金钩肉丁、烧菜心、醋熘红菜薹、虾仁蒸蛋

点心：鸳鸯酥盒

席尾：水果四色

三、侯府菜

湘菜中的侯府菜是一个新的概念，是湖湘近代以来在曾国藩、左宗棠为代表的“中兴名臣”的推动下形成了富有特色的派别，因他们大多封侯拜相，从而将与其有关的饮食和菜肴称为侯府菜。

湖湘侯府菜的历史悠久，最早可以追溯到春秋战国时期，湖湘地区分属于楚国，是西周王朝的分封国，故楚国王侯的饮食当属湖湘侯府菜的雏形。当时楚地的饮食从《楚辞》的记载中可以领略，据不完全统计，《楚辞·大招》《楚辞·招魂》中记录的肉食有20余种，包括家禽、家畜五种，野味十种，还记录了多种当时流行的肴馔，款款工艺繁复，显示了当时楚地高超的烹饪水平和鲜明的风味特色。西汉初年，湖湘地区始置长沙郡，西汉政府分封长沙王辖制湖湘，从马王堆汉墓出土的竹简菜谱中可以得知，早在千年前，湖湘地区的侯府菜已经形成了一定的规模，其菜谱和菜肴展示了湖湘侯府菜初步形成时期的风貌。近代以来，以曾国藩、左宗棠为代表的湖湘将才的崛起，将湖湘侯府菜的发展推向了高

峰。曾国藩出身农家，是一个典型的素食主义者，主张饮食清淡，每餐荤菜多则一样，少则没有，如有客人来，才会添一道荤菜，时人称其为“一品宰相”。研究侯府菜，可以从曾国藩家书中窥探一二，曾国藩在其家书中经常谈及食疗，开列许多具体的“菜谱”。在致父母信中. 他写道：“乡间鸡肉、猪肉最为养人，若用黄芪、当归等类蒸之，略带药性而无药气，堂上五位大人食之，甚有益也。”致沅浦九弟信说：“羞饵滋补较善于药。如滋阴则海参炖鸭而加以益智仁，补阳则丽参乌鸡或精肉之类”。致儿子曾纪泽信说：“后辈则夜饭不荤，专食蔬菜而不用肉汤，亦养生之宜，且崇俭之道也。”“尔少时亦极脾亏，后用老米炒黄，熬成极酽之稀饭，服之半年，乃有转机。”他对自制菜肴更念念不忘，“余现在调养之法，饭必精凿，蔬菜以肉汤煮之，鸡鸭鱼羊豕炖得极烂，又多办酱菜腌菜之属，以为天下之至味，大补莫过于此。”孟子及《礼记》所载养老之法、事亲之道皆不出乎此。从上述“菜谱”中，可知曾国藩重视饮食的荤素搭配，以简单平淡为主，对家制酱菜情有独钟。

双峰县永丰镇出品的五味豆腐干是当地名产，为曾国藩所深爱，不仅居家常备还带到京城馈赠师友。永丰镇“福音堂”有一位德国传教士马某，也很喜爱这里的豆腐干，每年圣诞节前必大量采购，寄往德国给亲友品尝。在与太平军相持相斗十年多的时间里，他的中军大帐有早饭粥会的习惯。天天都是陈米白粥、农家咸菜，被邀请的将领、幕僚却感到是莫大的荣耀。同他一起吃过早粥的，后来出任督抚的不下10人。有人说这些督抚都是曾国藩用咸菜白粥喂大的。

左宗棠的饮食从《左宗棠逸事汇编》中可见一斑，其中提到了左帅喜食牛炙，最嗜莼羹等记载。

四、民族菜

湖湘境内的少数民族主要有湘西的土家族和苗族，湘南怀化、永州境内的侗族和瑶族，这些民族在湖南境内都具有“小聚居”的特点，同时，在张家界市保靖、桑植两县境内还散居若干个成建制的白族乡，从饮食上来看，湖湘土家族和苗族的饮食文化比较趋同，南部的瑶族、侗族的饮食文化也具有异曲同工之妙，这些民族的饮食精华，是研究少数民族民俗的重要内容，同时也是丰富湖湘饮食文化的题中之义。

（一）苗族

（1）食品原料种类多野生原料突出　湘西苗族的主食以水稻、玉米为主，红、黄豆为辅，并且擅长于大米、玉米、黄豆的加工，如将大米加工做成米粉、米豆腐、米酒、糍粑、“油香”等系列食品；黄豆加工成豆腐皮、豆腐乳、菜豆腐、臭豆腐等系列菜肴。蔬菜主要有白菜、青菜、萝卜、莴苣、豌豆、红萝卜等。水果有黄李、红李、牛李、黄梨、青梨、枇杷等。肉食多来自猪、羊、牛、狗等家畜和饲养的鸡、鸭、鹅等家禽。湘西苗家的食用油除动物油外，多是茶油和菜油。值得一提的是由于湘西地处山区，野生资源丰富，素有“取山所产、吃山所长”的饮食习惯，喜欢随不同季节采集、捕猎、打捞各种野生动植物作为食物来源，如蕨菜、椿木尖、竹笋、野紫菜、野荠菜、野蘑菇、八月瓜、野猕猴桃、虫蛹、蛇、虾、鱼、野兔、田鸡、河虫、黄鳝、泥鳅、蚌蛙等，其中有许多是湘西所特有的。

图3-24　酸汤鱼

（2）餐饮器具古朴原始取材源于自然　湘西苗族主要餐饮器具有竹筒、粽叶、芭蕉叶、铁三角、土陶罐、瓷器、鼎罐等，大多就地取材，古朴典雅。另外，在食物加工器具中，湘西苗族多用石材和木材制作，如石碾、水碾、镭钵、石槽、木槽等。由此加工出来的饭菜大多能够做到原汁原味、味道纯真、香气宜人，这一点很符合当前所倡导的“绿色”内涵。

（3）烹饪加工方法多样突现民族特色　湘西苗族食物的烹饪加工方法较多、以蒸、炒、炸、煎、煮、冻、焖、腌、熏等为主，其中最具民族特色的是喜欢采用腌制法和熏制法来保存食物，如腊肉，烟熏的腊肉颜色深红，滋味香醇，肉质硬结，咸而入味，防腐耐贮很具其代表性；湘西苗族把腌制食品的方法称为“酢”，几乎家家都有腌制食品的坛子，统称酸坛。另油炸食品以油炸粑粑、油炸油香最为常见；冻的食品主要有冻米豆腐、冻米粉、红薯粉等。调味品主要有辣椒、生姜、葱、蒜、山花椒、山胡椒等。

（4）饮食风味特色鲜明酸辣香型为主　湘西传统名菜很多，菜肴讲究“酸、辣、香”。主要原因是湘西苗族食五谷杂粮，而杂粮粗涩难咽，配以“酸、辣、香”三味，益于开胃，有助于消化。另外，由于长期居住于丛岩深谷之中，泉水冷冽，加上交通闭塞，经济落后，也是“酸、辣、香”型占主导地位的原因。因腌酸制品，能够以酸代盐、以酸代味、消暑解渴、开胃助消、杀菌防病，常见的酸制品有青菜酸、酸肉、酸鱼、酸汤鱼（图3-24）等。除酸外，苗族人还偏好辣椒，有“无椒不成菜”之说，常见以辣椒加工的有泡辣椒、酸辣子、糯米酸辣子、玉米酸辣子、剁辣子、酱辣子等。此外，以香为代表的名菜有五香鱼、桃花、臭豆渣、菜豆腐等。

（二）土家族

（1）讲究节日饮食　湘西土家族士分讲究节日的饮食，不同的节序、饮食品种和方式各有不同的特色。土家族民间十分注重传统节日，尤其以过年最为隆重。土家族团聚过年，有其独特的习俗。若腊月大则二十九过年；腊月小则二十八过年。土家人把提前一天过年称之为“赶年”。届时家家户户都要杀年猪、做绿豆粉、煮米酒或咂酒等。猪肉合菜是土家族民间过年过节必不可少的大菜。土家人团年相当讲究，家庭成员（已经成家立业且与父母分住的不算在内）必须全部到齐，儿女们不管在多远的地方工作或是念书，都得赶回家一起吃团圆饭。团年分早晚两次，团早年即吃早饭，团晚年即吃晚饭，一般下午三点左右就开始了。酒席特别丰盛，要吃上两三个小时。此外正月十五闹元宵，食粉团、汤圆，称之为吃元宵；社日，切猪豚和糯米、蒿菜为饭，称之为社饭，彼此馈赠。四月十八日为牛王节，“宰豕为大脔糁，糯米蒸之，祭祖先兼延客”。端午节食角黍（即用竹叶裹粽）、盐蛋，饮菖蒲雄黄酒，小儿辈则以酒涂额。中秋节，以月饼、枣、梨胡桃相馈送，家人具酒设肴，陈果饴月饼赏月。

（2）注重饮食的养生保健和礼仪习俗　湘西土家族十分重视饮食习惯与养生保健的关系。冬春之际，喜吃炉子菜（火锅），无论荤素，这样可以温中元、驱寒气并煮死病气之物，起防病延年的功效。在凉拌食品中拌加酒滴，以健肚肠；冬令时节喜食狗肉，以补肾壮阳；平日喜饮米酒，以解渴爽心、生津养神、驱寒健体。土家族人善于利用食物的冷热偏性来调节人体气血精的内外平衡。寒体寒病忌食生冷食物；热体热病忌食大热大辛。火旺便结宜服蜂糖、核桃以润肠滑便；吃鱼腥草，有利尿消炎之功。喜用花椒叶、柑橘树叶、辣椒等作佐料，起到增加香味和开胃消化的作用。

知识延伸：土家擂茶赋

凤凰灵秀，长熊希龄，产沈从文，出黄永玉，生土家擂茶，此湘西四杰：政、书、画、食，为人倾爱；凤凰的美丽和人文为世界所倾倒，土家擂茶的美味让人更加向往凤凰。天开图画，食出凤凰，土家擂茶。在湘西，在民俗，无书可观天，无画可阅山水，无歌可赏鸟鸣，唯土家擂茶不可替代。擂茶待客，擂茶致礼；醇厚民风，在土家擂茶里繁衍。宾朋相聚，款待宾客，唯擂茶不可缺，情感信仰，在土家擂茶中沉淀。在湘西，土家擂茶祖先，文人墨客，颂传千年；在湘西，擂茶擂钵，有迹可循，渊源历史，溯至东汉末年。土家擂茶，于湘西灵土，于湘西民风，于湘西文化，破土于斯，蕴万千机缘，成就一张古老的大湘西名片。土家擂茶，承湘西民间古秘，得湘西气候，承湘西美味，取湘西酉水，古法擂制、其酱香幽雅、口味醇甜、原料爽净、浓香带酱；兼具醇香与营养，酱型细腻，清型纯净，质地优雅！土家擂茶，源于自然，浑然而成，自成饮界一品，实乃湘西一绝，华夏美食之奇葩！

（三）侗族

湖南侗族聚居地区，山多平地少，粮食除了稻谷，还有包谷、大麦、小麦、番薯和马铃薯之类，提供了稻谷和杂粮搭配的自然条件。有些地方稻谷产量高，完全可以不吃杂粮，但杂粮在饮食中仍然占一定比例，一方面自然是出自节省的考虑；另一方面也认为有必要，通俗的说法是“经得饿”，或者是想吃。以杂粮制作的食物多种多样，如苞谷，鲜嫩时烧熟后吃，或磨成浆做团子；陈苞谷可磨成粉和大米一起煮成饭。大麦和小麦均可做饭，制成团子；马铃薯、番薯都可以烧熟后吃，可以蒸着吃，还可以放在侗族最喜爱吃的油茶里煮熟后食用，吃法很多，真可谓“层出不穷”。既不会重复，又保证摄入足够的碳水化合物。

在侗族地区，肉食没有任何忌讳，猪、牛、羊、鸡、鱼、鸭等都是餐桌上的美食。夏秋两季，还下河捉蟹捞虾。肉食的制作方法多种多样，炖、炒、煎、炸、煮、熏、腌、腊等均具一定烹调水平。最具特色的是大块白炖鲜肉，上置辣椒，味既美且不会因为切得过细致使食物营养被破坏。虽然一些地区受经济发展水平的限制，还不能比较合理地提供食肉和和蛋类，以保证蛋白质和脂肪的足量摄入，却也很注意设法补充。例如逢年过节，餐桌上必定有荤食，购买食肉不方便的地方，只要有可能，过年必定杀一头猪。除过年所需，余下的做成腊肉，备平时食用。同时，侗族很喜欢狩猎，因而，不时会有野鸡、野兔、野羊之类的野味补充。

侗族地区种植的蔬菜品种繁多，有白菜、青菜、萝卜、黄瓜、南瓜、番茄、辣椒以及豆类等30余种。只要种植得当，一年四季都可从菜园里摘到新鲜蔬菜，提供丰富的维生素和其他营养素，形成丰富多彩而富于变化的主副食结构。

侗族不仅注意熟食的种类、烹调、营养搭配，同时注意食用适量生食。在气温高的季节里，生食品种特别多。有黄瓜、笋、萝卜、番茄、葱、芫荽、春芽之类，洗净，切过，拌以佐料，清香可口，而且解渴。有新鲜蔬菜煮沸的水烫过，也可生吃。侗族地区水果虽说不多，却也有橘子、柚子、黄果、桃子、李子、柿子、杨梅、枇杷、甘蔗以及各种可食野果等数十种，和部分蔬菜一起，构成可观的生食系列。现代医学认为，人类需要适当地食用粗食、生食，才不至于因过多食用精食、熟食而降低机体免疫功能。可以说，侗族饮食是符合这一要求的。

酸食在侗族饮食中占有特殊地位。有谚语说：“三天不吃酸，走路打倒窜。”“倒窜”即走路不稳，身子打晃的意思。酸食对于人的机体究竟有什么作用，还难以说清楚，但从谚语看出，侗族对酸食是非常看重的。的确如此，酸食在侗族餐桌上几乎每餐必备。蔬菜类有用青菜腌制的老酸菜；有用萝卜、豇豆、辣椒、莲花白、黄瓜、白菜茎、胡寿瓜、莴笋、羊角菜、苦瓜、盐、酒、水为主要原料制作的泡菜；有用红辣椒、嫩姜、酒制作的糟辣椒；有用淘米水、黄瓜、豇豆、白菜茎、南瓜等制作的酸汤菜，肉类酸食有猪肉、鸭、鱼，即用糯米粉、辣椒制作的肉、腌鸭、腌鱼。烹调方法也多种多样，有蒸、炸、炒、烧烤、汤食等。糯食在侗族饮食中的地位与酸食并存，糯食的主要品科有糍粑、团子、饭、米菜混合饭等。原料主要使用糯米、籼米、糯苞谷、糯高粱、糯小米等。制作方法有煮、蒸、炒。嗜糯食的原因有二：一是不易饥饿；二是质软且有黏性，好吃。在侗族饮食中，只要有酸食，哪怕只一种，也可以不计较别的菜；如果有了糯食，又有了酸食，那就是美味佳肴了。酸食、糯食在侗族饮食中的特殊地位，还体现在节日饮食和礼仪交往中。只要是一些重大的节日，餐桌上必有各种酸食，酸汤鱼、鸭、酸菜肉之类系主菜，酸菜汤、炒酸菜、凉拌菜放醋系调味菜。要是缺了酸菜，就觉得没了胃口。无论菜多菜少，酸食是绝对不会剩余的。要是走亲访友，常常在礼篮里放上糍粑、糯米、腌鸭、腌鱼之类。尤其是酸食糯食的种种食品，几乎家家户户都能自己制作，无须到市场上购买，又足见酸糯食在侗族饮食中何等普遍何等重要了。

（四）瑶族

瑶族是由古代“长沙蛮”“五陵蛮”的一部分发展而形成，隋、唐时称“莫徭”，主要分布在两广、湖南境内，以从事农业生产为主，但处在刀耕火种、待雨而耕的阶段。宋代以后统称“瑶”，铁制农具和犁耕传入瑶族地区后，农业生产有所发展。在梅山地区（湖南新化、安化一带）瑶族人民开垦的农田达到26万多亩。元、明、清时期，瑶族的分布已遍及广西、广东以及湖南西南部和云南、贵州的部分地区。发展较快地区与汉族地区经济水平相当，而边远地区的瑶族则还有不事耕作，以猎山兽为生的。到了近代，随着民族间交流的增多和先进技术的影响，农业生产进一步发展，稻米逐渐成为瑶族的日常主食。

瑶族食物以玉米、大米、红薯为主，芋、粟、麦为辅助食物。常食蔬菜有白西瓜、冬瓜、南瓜、萝卜、白菜、芥菜、辣椒、茄子、豆角、番茄等。此外，还按季节采摘竹笋、蘑菇、木耳、香菌等作为菜食。瑶族喜欢自制豆腐，特别是湖南瑶族自制的“豆腐圆”，鲜嫩可口，是节日必备佳肴。瑶族制作腊肉、熏肉及酢肉也很有特色，尤其是广西金秀大瑶山瑶族腌制的“鸟酢”，是一种著名的风味小吃。糍粑亦是瑶族传统的风味小吃，是节日必备食品。瑶族有喝酒嗜好，不少地方男子饮酒用碗不用杯，特别是节日喜庆，终日痛饮。打油茶是瑶族一种饮食风俗。

五、寺院菜

在湘江流域的湘菜流派中，属于传统佛教斋食系列的南岳素食也因其独具特色而闻名遐迩。南岳衡山为中国佛教圣地，历代各寺庙对素食的制作格外讲究，其原料均为野生或者种植的植物瓜菜以及经过加工的豆类制品等，有些还仿制成鸡、鱼、肉、蛋等形状，办成与荤食同名的酒席，其形色几可以假乱真，为湘菜增添异彩。南岳素食形成系列的名品有：“一品香”（单盘素菜）、“二度梅”（“梅”“霉”同音，霉豆与腐乳）、“三鲜汤”（取时令三种鲜菜开汤）、“四季青”（四种不同时令青菜）、“五灯（炖）会”（五种炖品，佛教典籍中有《五灯会元》一书，此菜即以该书命名）、“六子连”（通常指烧茄子、炒笋子、炖菌子、油辣子、藕丸子等）、“七层楼”（假肉、丸子、馒头、面筋、菜心玉兰片、香菇等七种菜层叠而成，有如家常荤菜中的“全家福”或“狮子头”）、“八大碗”（八种素菜仿荤成席）、“九如意”（按不同时令、客人多寡配菜，使食者如愿满意）、“十样景”。其中以“十样景”为南岳素菜的代表作。“十样景”有两种：其一为“十景素烩”，由玉兰片、红萝卜、白萝卜、百合、白菜心、香菇、荸荠、马铃薯、豆笋皮、子面筋等烩焖而成，有的还雕成各种花形，素雅美观；其二为“大十样景”，有海生植物海带、紫菜及珍珠米、油捆鸡（素面筋制作）、油豆笋、冰糖湘莲、十景素烩、七层楼、八宝饭、烤菇汤与青菜等。

南岳素菜系列中的另一种地方传统名特风味佳肴是“南岳观音笋”。南岳山高多竹，山上寺庙宫观僧道多素食，对竹笋菜肴的制作甚为讲究，煎、炒、腌、煮，花样纷呈。其最具特色者为油笋，俗传观音娘娘生日（农历二月十九日）的前后，采摘山间鲜嫩肥壮小笋制成，故名。其制法为：将新鲜小笋去壳洗净，稍煮，取出晒干，置茶油内浸泡贮存，时愈久，质愈佳，味愈香；成品呈条状，形似凤尾，色泽淡黄油亮，肉质细嫩，松脆爽口，富有奇香；食时取出，略加盐椒，味美无比。也有用盐水煮过、几晒几蒸，入坛收贮之盐水小笋，也别有风味。还有称“满缸笋子”者，于竹笋破土时，用缸罩住，压上石头，待其他竹笋新叶长出时，即笋长满缸，色白嫩甜，可作笋片炒食；又可将笋煮熟，捣成笋泥，掺入配料，制成笋饼、笋块等，均各有风味。唐代诗人李商隐有《初食笋呈座中》诗，述及食笋后的美妙感受：“嫩箨香苞初出林，於陵论价重如金。皇都陆海应无数，忍剪凌云一片心。”

第四节　湖湘肴馔的地域构成

根据地域、物产与风格特色，湖湘肴馔派系大致可分为长株潭地区、大湘南地区、洞庭湖区、大湘西地区和大梅山地区。

一、长株潭地区

本派系以长沙、株洲、湘潭为中心，长沙为代表。这一地区因政治、经济、文化相对发达，加之交通便畅，物产富饶，饮食业较为发达，厨师中大师辈出，湘菜中的特色酒宴大菜，大都出自这一地域派系中。

这一派系的特点是用料广泛，制作精细，特别注重刀工火候，所烹制的菜肴浓淡分明，色彩清晰；烹饪常用煨、炖、腊、蒸、炒、熘、烤、爆等方法；口味则多以酸辣、软嫩、香鲜、清淡、浓香为主。代表性的菜肴有火方银鱼、松鼠鳜鱼、瑶柱蒜球、麻辣子鸡、鸭掌汤泡肚、砂锅炖狗肉、炒细牛百叶、红煨鲍鱼、清炖牛肉、酱汁肘子等。如创制于清代同治年间的“麻辣仔鸡”，以湖南特产的嫩仔鸡为原料，加上多种调料烹制而成，菜品色泽红亮，具有麻辣香鲜、外焦内嫩的独特风味，为佐餐下酒之佳肴。鸭掌汤泡肚（又名口蘑汤泡肚）以猪肚尖和鸭掌为主料，以口蘑、豆苗为配料用多种调料精心烹制而成，菜品肚尖脆嫩，汤清鲜美。这两种菜肴以长沙百年老店玉楼东烹制的最为有名，至今长沙还传诵着“麻辣仔鸡汤泡肚，令人常忆玉楼东”的民谣。红煨鲍鱼以水发干鲍鱼为主料，肥母鸡肉、猪五花肉、小白菜苞为配料，用多种调料精心炮制，菜品香酥浓厚，味道鲜美，为宴会大菜之一。此菜素为长沙传统湘菜，以20世纪20年代长沙名厨宋善斋（潇湘酒家创始人）所烹制的风味最佳而闻名遐迩。炒细牛百叶制作精细，切配讲究，细如发丝，白似银线，色泽鲜艳，品味香辣、脆嫩、微酸，极为爽口，常食不厌，为湖湘独具一格的风味菜肴。此菜与红烧蹄筋和牛脑髓并称“牛中三杰”，均为长沙百年清真老店“李合盛”酒家的当家名肴。“火方银鱼”以民国初年长沙享誉最盛的名厨萧荣华最擅制作。萧荣华在长沙理向街（后蔡锷中路奇峰阁酒家所在地）开设飞羽觞酒楼，因店堂雅致、菜肴味美而生意兴隆。当时湖南省长赵恒惕办省宪，竞选省议员者，无不竞相在此订座、请客拉票，人人都以品尝到萧荣华亲手烹制的火方银鱼、锅巴海参、奶汤蹄筋、鲜花菇无黄蛋等名菜为最佳口福。松鼠鳜鱼为长沙走马楼曲园厨师陈胖子（佚其名）的拿手菜目之一，陈氏为萧荣华的得意门人，尽得其衣钵之传且有发展，除擅长萧荣华传承的诸多菜品外，最拿手的就是瑶柱蒜球和松鼠鳜鱼，这两道菜肴现在都成为了湖湘各宾馆酒家的当家菜目。

二、洞庭湖区

洞庭湖区以常德、益阳、岳阳等地为中心，素称“鱼米之乡”，水产品资源特别丰富。唐代诗人李商隐《洞庭鱼》一诗咏叹到：“洞庭鱼可拾，不假更垂罾。闹若雨前蚁，多如秋后蝇。岂思鳞作簟，仍计腹为灯。浩荡天池路，翱翔化为鹏。”水产资源的丰富，导致这些地区的鱼馔源远流长，民间以鱼待客蔚为风俗，故以烹制家（水）禽、野味、河（湖）鲜最为拿手。以致方志中留下了“湖湘间宾客燕集，供鱼清羹”（见《岳州府志》）的记载，民间也素有“无鱼不成席”的俗谚。全鱼入馔古称“屠龙之技”，三国时期，就有吴国专诸在太湖从太和公学习“全鱼炙”。唐代诗人杜甫曾有“青青竹笋迎船出，日日江鱼入馔来”的诗句，对鱼馔倍加赞赏。宋代著名文豪苏轼也经常亲自“煮鱼羹以待客，客未尝不称善”。人文历史文化的熏染，无疑促进了湖湘鱼馔的发展，并进一步丰富了其深厚的内涵。滨湖菜肴的烹制惯用炖、烧、腊、煨、蒸、氽（烫）的方法；菜品往往色重、芡大、油厚，口感则以咸辣香软为主。代表性的菜肴有潇湘五元龟、武陵水鱼（甲鱼）裙腿、洞庭野鸭、莲蓬虾蓉、青龙戏珠、蝴蝶漂海等。其中最有特色的是蝴蝶漂海。蝴蝶漂海又名才鱼漂海，是岳阳传统的大众化名肴。氽片涮食之法源于洞庭渔家，后因其风味独特，给人以美的享受，而成为“巴陵全鱼席”上不可缺少的一道佳肴。此菜是由炖钵烹煮鱼鲜的民间传统演变发展而来的。洞庭湖区历来有用七星炉——民间俗称“蒸钵炉子”——烹煮鱼鲜的习惯，常常一家人或者亲朋好友围坐炉旁，边吃、边煮、边下料、边饮酒、边聊天，亲情友谊伴随着熊熊炉火、腾腾热气而加深。当地为此还有“不愿皇宫当驸马，只要炖钵炉子咕咕嘎”的民谣。菜馆酒楼煮制此菜则多用火锅。此菜主料为洞庭湖特产的才鱼（又名“乌鱼”“黑鱼”），剔除皮、内脏、鳍、刺、头、骨，留下身段的净肉，采用横刀法切成薄片，鱼片便自然形成蝴蝶状；再将所剔除之皮、头、骨、刺等煨汤，然后取精汤入炖钵，再放入豆芽（或菠菜）、香菇、火腿片、银鱼等及姜米、酱油、精盐、味精、香油、葱花、辣椒等调味品，置小火炉上煮沸，将生鱼片从一边投入，稍涮后再从另一边迅速捞出，好似蝴蝶双双漂洋过海，故名。菜名风雅别致，汤清肉白，鲜嫩无比，为席上佳珍，冬令美食，既是当地人日常食用的传统小吃，也为游客来岳阳必尝的风味菜肴。

三、大湘西山区

大湘西山区以湘西州、怀化、张家界等地为中心。这些地区的物产多为山珍野味，又汉族与少数民族杂居，民间习惯制作各种烟熏腊和腌制肉品，烹制的菜肴大都也以此为主。主要的烹调方式为蒸、炖、煨、煮、炒、炸等。例如腊味合蒸（图3-25）、重阳寒菌炖五花肉、焦炸鳅鱼（泥鳅）、麻辣泥蛙腿等，口味咸香酸辣，佐以山区民间传统特酿的米酒，令人回味无穷。重阳寒菌炖肉是一道时令菜肴，主料寒菌为湖南山区特产，每年农历九月气温渐寒期间，林间肥嫩的蘑菇纷纷出土，因民间有所谓“九月重阳，移火进房”的谚语，故名“寒菌”，又称“重阳寒菌”；又因正值北方大雁南飞之际，又称“雁鹅菌”。此时的菌子肉质嫩滑，鲜美异常，无论红烧或者炖汤无不适宜，是湘菜中风味独具而为他地所无之特产美味佳肴。“腊味合蒸”虽然后来成为湖湘各地区、各流派菜系的普通特色菜肴之一，但其产生的时空源头，应在远古的山区。处于亚热带气候的湖南，空气湿度非常大，一般的食物如果不及时予以加工处理，则容易发霉变质；又在自然经济的农业社会条件下商品经济极不发达，人们的日常食物大都靠自给自足，多在年底杀猪，俗称“杀年猪”，宰杀后的禽畜往往要吃上一年，因而必须迅速进行处理以利保存。最常用的处理加工方法就是：对于宰杀的禽兽或者捕获的野生禽兽及捕捞的鱼虾等，将其用盐或者酒糟等进行腌制；再进一步加工，便是经烟熏而成为腊制品。以腊月初八制作的品质最为优良而得名。因腊月时入寒冬，气温较低，空气的湿度相对较小，此时腌熏制作肉食，在加工的过程中不易腐败，且熏制后的成品也可保存经年而不变质，故在腊月，家家

图3-25 腊味合蒸

杀猪宰羊腌鸡熏鱼，好不热闹，成为山区民间年节风俗的一大景观。“腊味合蒸”就是这一社会文化的产物。腊肉多于“冬至”节前后熏制，产地遍及三湘四水。传统制作方法为取鲜猪肉用盐腌渍后，以锯木屑、谷壳、花生壳、芝麻壳秆等燃料，利用炉灶余热冷烟熏制；成品表皮黄黑，肥肉似蜡，瘦肉橙红，组织结实，肉松皮脆，熏香浓郁，风味独特，可与“金华火腿”“云南火腿”媲美。在民间，“腊味合蒸”所配用的肉类并无一定，而是根据自家现有的肉类进行搭配，一般腊猪肉是不可缺少的，再配以腊鱼、腊鸡、腊鸭等，加上豆豉、辣椒等一道同蒸，多种肉类腊制品的香味串合在一起，菜色深红，柔软不腻，腊香浓郁，咸甜可口，为家常酒宴兼宜的湖湘传统风味名菜。此外，湖湘山区还有许多传统特色风味菜肴，尤其是少数民族的家常风味佳肴，如“红烧全狗”“砂锅炖狗肉”等，在当今回归自然、贴近乡土之社会思潮的冲击下，引进这些特色风味乡土佳肴以招徕食客，成为大、中城市饮食业中一道亮丽的新风景。

最能够全面反映山区风味特色的是大型地方风味宴席“湖南熏烤腊全席”，席面包括了湖南山区（少部分其他地区）的主要风味菜肴美点，以熏、烤、腊特色著称。其中包括一彩碟：“洞庭君山”；八围碟：“熏腊肚片”“金银炙肝”“酸瓣藠子”“焦麻炸胗”“盐焗牛肉”“五香熏鱼”“葱烤斑鸠”“芝麻腐竹”；四甜果：“蜜汁菱角”“无核湘橘”“酸甜莲藕”“挂霜杨梅”；四热炒：“韭黄鸡丝”“嫩姜鸭条”“芹菜腊肠”“腊肉冬笋”；六大菜：“腊味合蒸”“笔筒鱿鱼”“虾仁参丁”“红煨腊羊”“腊肠菜菇”“红烧全狗”；一汤菜：“雪山藏宝”；二咸点：“鸳鸯酥盒”“珍珠油饼”。二甜点：“双喜蛋糕”“芙蓉糍粑”；一茶食：“姜盐黄豆芝麻茶”。

四、大湘南地区

大湘南地区主要包括郴州、永州、衡阳，大湘南地区位于湖南省的南端，气候宜人，光照充足，主要以山地地形为主，得天独厚的气候地理环境造就了该区域物产丰盈，也是湖湘肴馔的重要组成部分。

大湘南地区的饮食具有鲜明的就地取材的特点，其中，永州历史悠久，文化底蕴深厚，盛产湖湘名菜，如永州东安子鸡，发源于东安县芦洪市镇，得益于民国湘军将领唐生智的推崇，一直都是最受世人认可的湖湘肴馔，同时东安县还有著名的“东安八大碗”，除了东安子鸡外，还包括潇湘猪手、东安血鸭、水岭羊肉、酸辣狗肉、紫云腊肉、魔芋豆腐、猪血丸子、东安米粉等。永州地区的饮食还有一个独具特色的永州血鸭，是传统湘菜的经典菜式，且该菜品入乡随俗、因地制宜，不同的地方具有不同的风味，宁远的肉馅豆腐也是永州菜的一绝，制作手法独特，是湘菜的经典菜品。

郴州北受楚湘的熏染，南有粤北的影响，地处亚热带，气候温和，四季分明，雨水充沛，土地肥沃。南岭诸山横向东西，骑田岭分湘、珠、赣水，山地盛产山珍野味。境内有明媚秀画的盆地，绵延起伏的丘陵和高山。得天独厚的自然条件，使得郴州的物产特别丰盈。饮食的原料来源于丰富的物产。数以千计的湘菜品种就是建立在郴州丰富的物产基础上的。“四黄仔鸡”“酒酿豆腐”“红曲鱼肉”“臭豆豉絮辣子”“汝城板鸭”“临武麻鸭”“栖风渡鱼粉”“桂阳米饺”“桂阳坛子肉”“桂东红烧黄菌”等一大批湖湘肴馔珍品，都是以郴州名优特产作原料制作而成的。

衡阳也称雁城，以辣为主，酸味为辅。衡东土菜是衡东县的地方传统名肴，以本地所产土、畜产品为主、副料，采用民间传统的烹饪方法制作而成。有石湾脆肚、杨桥麸子肉、地皮子炒瘦肉、紫苏田螺、新塘削骨肉、黄鳝炒蛋、子姜炒仔鸡、泥鳅炖丝瓜等菜品。香色俱佳，美味可口，具有鲜、辣、美、方便的特点。耒阳坛子菜是用坛子腌制的咸菜，不同于泡菜、酱菜等腌菜，坛子年代越久腌出来的菜越香。加工非常讲究，几乎所有的蔬菜都可以用来制作坛子菜，主要食材有豇豆、辣椒、茄子、豆腐乳、萝卜、黄豆、生姜、洋姜、刀豆、榨菜等，品种多样，风味独特，有香、脆、咸、辣、酸、甜等特点。衡阳名菜有玉麟香腰、鱼头豆腐、衡阳荷叶包饭、南岳素菜、假羊肉、麻辣肚丝、耒阳红薯粉皮、鱼丸子、观音笋、糯香黄金骨、香酥冬瓜烙、奇味香醋骨、荷折皮焖血杂、雁城福地、中环鸡、东洲浪鳞、金玉满堂、石鼓赤玉、湘女多情、不可思议（冬瓜扣肉）、麻姑寿羹、太后吉祥、青纱翠竹、朱陵来福、南岳素食豆腐、南岳雁鹅菌等。小吃有衡阳嗦螺、耒阳粉皮、衡阳米粉、常宁凉粉、排楼汤圆、渣江米粉、米豆腐、鼓酥薄月饼、奶油菠萝冻。酒有张飞酒、湖之酒。特产有乌莲、祁东黄花菜、祁东槟榔芋、南岳云雾茶、南岳霉豆腐等。

五、大梅山地区

梅山区域主要包括娄底、邵阳、益阳等地市，俗话说，靠山吃山，近水吃水。梅山区域内崇山峻岭，江河纵横，田陌交错，光照充分，雨水充沛，四季分明，适宜多种禽畜水产、瓜果蔬菜栽培生长，为梅山菜提供了源源不断、丰富多样、具有季候特征的原材料。如禽兽类有鸡鸭鹅鸽、猪羊牛兔；水产类有鱼鳖虾蟹；蔬果类有萝卜白菜、辣椒茄子、南瓜冬瓜、黄花菜、豆角丝瓜、蘑菇青菜、南粉豆腐等；野菜类有地木耳、香椿、蕨菜、小笋子、野芹菜、野蘑菇等；野味类有野猪、野鸡、野兔、麂子、蛇等；调味品类有姜葱蒜，辣椒胡椒、老酒陈醋和甜酒等。

梅山菜注重一个“鲜”字，对鸡、鸭、鱼等原料，都要求现宰现做，民间也有“猪吃叫，鱼吃跳”的说法，并且要大火大灶烹制。如新化三合汤（图3-26）、大片牛肉、铁板牛肉、红烧牛尾巴、珠梅土鸡、炒野鸭、水煮活鱼等，这样，菜肴才能入味出味，鲜嫩爽口。同时，也是反映厨师对火候的把握、体现厨艺高低的重要方面。梅山菜种类繁多，技艺多样，长于调味，酸辣味重。同时能做到土菜精做、粗菜细做，色香味形俱全。炒菜

图3-26　新化三合汤

类有发丝牛百叶、珠梅土鸡、农家小炒肉、辣椒炒牛肉丝、红烧鲤鱼、爆炒田鸡、豆豉辣椒、白辣椒炒田鱼、红烧冬瓜、小炒羊肉，口味蛇等，色相齐全、酸辣爽口。汤菜类有新化三合汤、大片牛肉、野蘑菇肉片汤、全家福、三鲜汤、山珍煲、山药炖土鸡、天麻炖乳鸽、涟源米豆腐、盐菜汤、猪血汤等，原汁原味、香气诱人。蒸菜类有涟源雪花丸子、山粉丸子，腊味合蒸、清蒸鱼、剁椒蒸鱼、香芋扣肉、小米蒸排骨、粉蒸肉、盐菜蒸肘子、红枣蒸南瓜等，香热适中、口味鲜明。火锅类有牛肉火锅、羊肉火锅、狗肉火锅、鱼杂火锅、牛杂火锅、三鲜火锅、南粉火锅、鸡肉火锅、鸳鸯火锅、野味干锅、腊味干锅、香干火锅等，热气腾腾、香味四溢。民间有“冬令进补，明春打虎”的说法，以前是用木炭作燃料，现都改用液化气或用电火锅了。凉菜类有卤水拼盘、白切鸡、香干咸蛋、酸萝卜皮、酸豆角、豆刀、酸辣椒生姜、酸藠头紫苏、水煮花生、油炸花生、乳腐等，形美味鲜，能生津开胃。还有涟源南粉合菜、新化擂打鸭、冻鱼米粉茄子等特色菜，及桐叶粑、荞麦粑、穇籽粑、小笼包、杯子糕、红汤牛肉米粉、酸辣肉丝面等花样繁多的风味小吃，款款特色鲜明，酸甜咸辣，令人百吃不厌，唇齿留芳。

梅山饮食经历上千年的代代传承和不断创新发展，形成了自己独有的、个性鲜明的菜肴特性和饮食文化特色，“食在新山”不胫而走，代代相传。于是，就有了大批新化厨师别刀背勺、背井离乡传播梅山饮食文化，深受广大食客青睐。双峰辣酱是历朝贡品，畅销海外，双峰走马街豆腐因正德皇帝食后赞不绝口，走失御马而得名，曾国藩曾把新化三合汤视为军菜，行遍大江南北，三合汤还入选了2008年北京奥运会运动食谱，为世人了解梅山饮食文化提供了重要窗口。

思考题

1. 湘菜的选料特点有哪些？
2. 湘菜菜品的主要特点是什么？
3. 祖庵菜的制作特点是什么？
4. 湖湘境内的少数民族菜有哪些？各有什么特色？
5. 湘菜地域菜的构成是什么？

第四章

湖湘酒文化

中国酒文化博大精深、源远流长，可以追溯到远古时期。史书和出土文物表明，自中国有历史记载以来，酒或以成礼、或以养老、或以治病、或以抒怀，在人们的政治、经济、文化及社会生活中发挥着十分重要的作用，渗透到整个中华民族五千年的文明史中，并逐渐形成了一个包罗万象、特色鲜明的中国酒文化体系。在中国酒文化体系中，湖南也属酒文化资源相对丰富的一个。从酒的历史溯源来说，生活在湖南境内的远古人类就已经掌握了人工培植稻谷并以之酿酒的技术；从酒风酒俗来说，湖南自古以来各民族人们都有自己独特的饮酒习俗；从酒品来说，湖南衡阳酒自古以来就是皇室贡品，酒鬼酒是目前中国白酒企业中兼具“泸型之芳香、茅型之细腻、清香之纯净和米香之优雅”的馥郁香型代表；从酒器酒具来说，湖南宁乡出土的商代四羊方尊酒器（图4-1）是国家博物馆的镇馆之宝，古长沙窑在酒器、酒具的生产工艺上曾创造三个中国第一和中国古陶瓷器的十四个“之最”。至于与酒有关的历史传说、名人轶事、诗词歌赋、谣联令谚则更是数不胜数了。可以说，不论是从纵向的深度还是横向的宽度来说，湖南都有着取之不尽、用之不竭的酒文化资源。

图4-1　商代四羊方尊

第一节　湖湘酒文化的起源与发展

酒的起源几乎与人类生活同源，《诗经·豳风·七月》即有“为此春酒，以介眉寿”“称彼兕觥，万寿无疆”的诗句，《史记·殷本纪》中载商纣王时“以酒为池，悬肉为林，使男女裸相逐其间，为长夜之饮”，到周朝时，据《周礼·天官》记载，周王朝还设置了“酒正、酒人、浆人”等专门的酒官来掌供五斋三酒和执掌与酒相关的典礼。

湖湘酒文化同样历史久远。1988年，在湖南省澧县彭头山新石器时代遗址的发掘中，从红烧土块及支座残断面中观察到了稻谷壳的痕迹。据文物普查采集陶片的碳素年代测定，彭头山遗址距今为8250～9100年。这里的古稻比河姆渡早出1000多年。另外，在1993年和1995年在湖南永州道县玉蟾岩的新石器时代遗址中，发现了至今世界上最早的古栽培稻，经北京大学C14实验室及美国哈佛大学先后用质谱加速器测定，确定这些稻谷距今约有1万2千年至1万4千年，由此证明湖南是世界稻作文明的发源地之一，同时，在发现古代栽培稻谷的彭头山遗址和玉蟾岩新石器时代遗址中，同时还出土了大量的动植物化石和众多陶制酒器，这些发现，更使人仿佛嗅到了酒的醇香。由此证明，湖南省（包括三苗、瑶族、彝族等少数民族）古代早已能酿酒、喝酒、行酒令，酒文化源远流长。

一、酒文化内涵

1. 相关概念

酒——用粮食、水果等含淀粉或糖的物质经发酵制成的含乙醇的饮料。

文化——人类在社会发展过程中所创造的物质财富和精神财富的总和，特指精神财富。

酒文化——由我国著名经济学家于光远先生于1987年率先提出来的。他说："广义的文化，包括酒文化的发展，在一定程度上对我国的经济建设以及人民生活有影响。"关于"酒文化"这一概念的内涵和外延，经济学家萧家成在1994年提出：酒文化就是指围绕着酒这个中心所产生的一系列物质的、技艺的、精神的、习俗的、心理的、行为的现象的总和。

酒事千年、酒香万代，显示了酒寓于文化、寓于生活的价值。自从世界上有了酒，也便有了酒文化，酒文化与其他文化一样成为人们生活中一种普遍的文化现象，其发展必有历史的阶段性、连续性和继承性，是人类物质生活和精神生活的催化剂。

2. 酒文化内涵

酒文化是与酒有关的物质的（含生产技术）、精神的（包括社会学、心理学）以及习俗等行为的现象的总和；有关酒的起源、生产、流通、消费，尤其是酒的社会文化功能，以及酒所带来的社会问题等方面所形成的一切现象，也均属于酒文化及其相关的范畴。

二、湖湘酒文化的起源与发展

在历史文献中，古人对湖湘酒史有丰富的记载。如屈原在《楚辞》中就提到过衡阳古酒"酃酒"，并称其为"楚源酃"，他还在《招魂》中，对楚地湖南宴席上的美食和美酒均做了详尽而生动的描述。《战国策・魏策》载"昔者，帝女令仪狄作酒而美，进之禹。"据专家考证，仪狄为女性酿酒官，极有可能是古武陵地域的部落先民。特别是古武陵文化圈的"酉水""澧水"，就与酒文化有着相当密切的联系。《辞源》中写道："古文酒与酉同"。

按湖南民间说法，酉水河以前又叫酒河。而《酉水・禹贡》说酉水就出自今沅陵，酉水流域分属湘、黔、渝、鄂边区的武陵山地，为古酉人的世居地，酉水古称酉溪，是武陵五溪之一。"远在唐虞，为三苗地。""楚、秦为黔中地，汉以降，先后设有酉阳县、酉阳州、酉阳军、澧县、澧阳县等"。古代酉、酒、醴、礼都是相通用的，醇酒也叫醴酒，甲骨文中此字正像以陶豆盛醇酒祭神之状，后人加酉旁为醴，《华阳国志·卷三》《蜀志》载："始立宗庙，以酒曰醴"，上古时善于酿酒的部落所居之水为澧水。另外，楚国一地盛产菁茅（也称之为苞茅），《禹贡》《汉书·地理志》等就有"包匦菁茅"的记载。这种茅草同样也盛产属于楚国的湖南湘北和湘西一带。周天子让楚人上缴的贡品，就有这种茅草，主要用于缩酒祭祀。另外《论语》《楚辞》《吕氏春秋·本味》《齐民要术》《艺文类聚》《北山酒经》等文献对湖湘酒史均有记载。

湖湘大地酒文化灿烂无比、熠熠生辉，尽管历史变迁、朝代更迭，也未能遮掩其光芒。以下依据历史发展进程对湖湘酒文化的起源与发展作详尽介绍。

1．春秋战国时期

楚人大量移居湖南。楚人不仅与湖南的土著民族共同创造了灿烂的物质文化，也创造了新兴的封建制度文化与充满着神奇色彩的精神文化。据考古发现，湖南在远古时期、古代移民之前，就已生产水稻，已开始酿酒了，再加上春秋中晚期楚国大量移民至湖南垦殖，给湘水流域一带带来了先进的酿造等生产技术，生产发展水平已相当高。当时的长沙已成为楚国的重要粮食生产基地。由于工农业生产迅速发展，水运交通相当发达，常来往于湘、资、沅、澧四水，与江汉各地进行贸易。

在春秋时期就已是实行封建郡县制的国家，设立黔中郡，即在湖南设县住尹，统辖湖南全境。在这一时期，冰拔冷酒是楚国时期的名酒，楚人为湖南不仅带来了文字、文献、典籍，还带来了包含酿酒和饮宴在内的先进礼仪习尚和文化思想。在湖南，武陵崔家酒和鼎州白玉泉酒等相继问世。

2．两汉时期

朝廷对湖南采取了一系列的招抗和羁縻的措施，湖南当时的科学技术十分发达。桂阳郡耒阳人蔡伦发明了造纸术、造出"蔡侯纸"，为世界文明作出了重大贡献。当时的湖南医学、天文与地理学也已有较大程度的发展，长沙太守张仲景以酒治病并著成了医学名著《伤寒杂病论》，该著奠定了中医治疗学的基础。这一时期出土的文物涉及大批帛书、哲学、历史、天文、医学、酿酒、科学技术等各个领域的各个方面，马王堆汉墓的出土文物便是典型明证。当时在湖南有了闻名的松醪酒和椒酒、柏酒，用肉桂浸制的桂酒也很有名，屈原在《九歌·东皇太一》中说"蕙肴蒸兮兰藉，奠桂酒兮椒浆"（东汉王逸注："桂酒，切桂置酒中也"）。宋玉在《招魂》中说"挫糟冻饮，酎清凉些"是为了使酒不致酸败，同时也为解暑纳凉而制成的一种酒，也从另一个角度说明此时在酿酒技术上很有特点。汉代酿酒已很出色，对酿酒的工具和程序颇为讲究，特别是1972年从长沙马王堆西汉古墓中出土的两缸酒，经研究考证为果酒，距今已有2100多年的历史。而在马王堆西汉古墓中出土的帛书《养生方》和《杂疗》中，更是可以看到我国迄今为止发现的最早的酿酒工艺记载，也是我国最早的一个较为完整的酿酒工艺技术文字记载。这是湖南酒业先民为世人所作的伟大贡献，其中有一例"醪利中"的酒的制法共包括了10道工序，具有很高的研究价值。

东汉末年出现了“九酝春酒法”。这是酿酒史上，甚至可以说是发酵史上具有重大意义的补料发酵法，现代称为“喂饭法”。后来补料发酵法成为我国黄酒酿造的最主要的加料方法。

3. 三国两晋南北朝时期

此时国家不再统一，长达400年的分裂与战乱，使得全国人口大幅度减少，湖南也由原来的281万减少到97万。但湖南因远离战争中心，经济仍然向前发展。湖南在当时已开始发展成为全国大米的重要产地和供应地，农业的发展带动了工商业的繁荣。湖南当时的酿酒业、青瓷制造业、造纸业在商业领域已十分活跃。北魏贾思勰的《齐民要术》可谓世界上最早的酿酒工艺学著作，书中所述“起自耕农，终于醯醢”选录了北魏及其以前百余种古籍中的相关部分，保存了不少珍贵的饮食史料，其中对酿造、烹饪和食谱等的专述对后世影响很大，其素食部分对湖南地区饮食有不少记述，如对长沙蒲酢法和衡州酃酒法等的述说较为详备，具有很高的史料价值。

西晋文学家左思撰写的《吴都赋》描写了三国时期吴国统治下的长江以南地区（包括湖南）的山川、物产和风俗，其述豪饮的场面云：“置酒若淮泗，积肴若山丘。飞轻觞而酌绿酃，方双辔而赋珍馐。饮烽起，醉鼓震。士缱绻，众怀欣。”述及城市的饮食生活：“里宴巷饮，飞觞举白。翘关扛鼎，拚射壶博。”还述及包括湖南在内的南方各地的禽鱼水果等。此时湖南名酒辈出，醽醁酒、张飞酒、白醪酒、当归酒和竹叶浸酒已是当时非常著名的酒，特别是醽醁酒，它是中华一绝的传统古酒和贡酒，晋代道学家葛洪在文章中多次提到该酒，如《抱朴子·嘉遁》说“藜藿嘉于八珍，寒泉旨于醽醁”，能被道家著作引用可见在晋代醽醁酒是很出名的。

西晋太康元年（280）五月丁卯，开国皇帝司马炎“荐酃醁酒于太庙”（《晋书·帝纪第三》）祭祀司马氏的祖先和犒劳西晋的功臣、元勋。西晋辞赋家张载的《酃酒赋》载：“未闻珍酒，出于湘东。既丕显于皇者，乃潜沦于吴邦……造酿在秋，告成在春。备味滋和，体色淳清。”这是中国历史上第一篇有关酒的赋，也是现存最有名的酒赋，把酃酒的产地、制作、品质、味道都记述得非常清晰。西晋的小赋名家潘岳的《笙赋》云：“披黄包以授甘，倾缥瓷以酌酃。”在最显贵、最庄严的场合，当时的名流已经用高档的瓷器来喝酃酒，显示自己的身份和地位。

在南北朝时期的史书中，也不乏酃酒的影子。《魏书·列传第十三》卷二十五：“晋将刘裕之伐姚泓，太宗假嵩节，督山东诸军事，传旨平原，缘河北岸，列军次于畔城。军颇失利。诏假裕道，裕于舟中望嵩麾盖，遗以酃酒及江南食物，嵩皆送京师。诏嵩厚答之。”刘裕之平时应该是一个喜好喝酃酒的人，在打仗的时候都会由属下携带酃酒随行，而且数目不少，为了迷惑敌人，在船中留下酃酒，让他们停止追击。《宋书·列传第十三》卷五十三：“在尚书中，令奴酤酃酒，利其百十，亦是立台阁所无，不审少简圣听不？恐仰伤日月之明，臣窃为之叹息。”酃酒也成为官宦日常饮用的酒类，并且价格不便宜，就是连奴婢去买酒，都可以从中获利。

4．隋唐时期

隋唐时国泰民安，歌舞升平。湖南的文化也变得空前繁荣。但这些文化名人多是在唐太宗以后，被贬谪或流放到湖南的骚人墨客。如李白、杜甫、韩愈、柳宗元等，其文其名均显赫。至于大书法家欧阳询和怀素都是湖南人。欧阳询是长沙人，他在奉命编辑的《艺文类聚》的食物部中对食、饼、肉、酒等九类分别介绍了其制作和烹饪方法，对研究唐代以前湖南酿酒和饮食有重要参考价值。此时在湖南各地当时的地方特色酒很多，有玉薤、松醪春、松花春、花屿酒、椒酒、酃酒、湖上酒、武陵崔家酒、祁阳压酒、毛叶酒和菖蒲酒等。

唐朝初期，唐太宗李世民喝了大臣魏征按湖湘酃酒的酿造技术和方式酿造的酒，他非常兴奋，感叹魏征的心灵手巧和酃酒的魅力，当场赋诗一首《赐魏征诗》云：“酃醁胜兰生，翠涛过玉薤。千日醉不醒，十年味不败。”李世民不仅赞美了魏征酿造的酒，还歌颂了酃酒的优良品质，拿它与隋炀帝最喜欢的玉薤酒来进行比较，他认为比玉薤酒还要好，表达了李世民对酃酒的认可和钟爱。酃酒有了李世民的推荐和钟爱，也走进了李氏家族的殿堂，成为李氏皇朝的贡酒。

唐代名酒多以“春”命名，如松醪春就是当时长沙、湘潭一带一种用松膏酿制的酒，古代诗词述及此酒的还很多，如戎昱的《送张秀才之长沙》诗云：“君向长沙去，长沙忭旧谙……松醪能醉客，慎勿滞湘潭。”刘禹锡在《送王师鲁协律赴湖南使幕》诗中也有“橘树沙洲暗，松醪酒肆香”等，说明当时用松醪春待客很普遍，松醪春也是人们喜爱的美酒。此时期常德人，李群玉在其著作《折桂令·农》中说“想田家作苦区区，有斗酒豚蹄，畅饮歌呼”，反映了田家于劳动闲暇时饮酒的乐趣。鲜于必仁在其描述潇湘八景之一的《渔村落照》中的“渔家短蒲，酒盈小壶，饮尽重沽”则描述了在湖南沅江和洞庭湖一带渔夫们日常饮酒的情景。

5．宋元时期

宋代，湖南属荆州湖南路，长沙又为路的首府，社会较为稳定。此期的文献有宋代医学家朱肱所著的《北山酒经》。这是我国现存的最早论酒专著，也是继北魏《齐民要术》之后一部关于制曲和酿酒的专著。该书较详细地叙述了我国唐代的制酒方法和程序，所附神仙酒法（武陵桃源酒法）详细地记述了今常德地方的酿酒方法，是湖南地区酿酒史的珍贵资料。北宋李昉等编纂的《太平广记》和《太平御览·饮食部》对宋初南北各地（包含湖南）的酒、食等分62个类目从食物种类饮食习俗、酿制和烹饪方法等进行了较为全面的介绍。宋代李纲所著的《李纲全集》收录了作者任职湖南期间所作吟咏湖湘佳肴美食的诗篇。还有《食蟹》《食橘》等其他诗作，为研究宋代湖南饮食史的珍贵资料。

宋代不但名酒多，社会各阶层饮酒的轶事也多，湖南见于文献的宋代名酒有醽醁酒、武陵桃源酒、桃花酒、程酒、醇碧酒、黄柑酒、钩廉酒和曹婆酒等。王安石“自古楚有才，酃渌多美酒”就是对衡阳酃渌酒的赞美。辛弃疾任湖南转运使，在长沙、衡阳等地驻军，他品味了衡州的酃酒，记忆尤甚。《满江红》云：“倦客新丰，貂裘敝、征尘满目。弹短铗、青蛇三尺，浩歌谁续？不念英雄江左老，用之可以尊中国。叹诗书、万卷致君人，翻沉陆。休感慨，浇醽醁。人易老，欢难足。有玉人怜我，为簪黄菊。且置请缨封万户，竟须卖剑守黄犊。甚当年、寂寞贾长沙，伤时哭。”洞庭春色是用柑酿造的美酒，苏轼的《洞庭春色赋・引》云“安定郡王（赵世率）以黄柑酿酒，名之曰洞庭春”，这也是用柑需酿酒的最早记录。

元朝建立后，湖南属湖广行中书省。中国最早的营养学专著元饮膳太医忽思慧撰《饮膳正要》和元代人辑录历代饮食资料而成的《馔史》对江南（包括湖南）酒食营养及性味功能进行了较详细的介绍。湖南元代的酒多沿袭前代，由于蒸馏酒白酒的出现，相应地浸渍酒也得到了发展，广泛流传于湖南各地的艾酒就是用艾叶浸渍于酒中而成的供端午节饮用的酒，端午节饮艾酒之俗可能自此即逐步形成。在此时期少数民族酒与汉族酒得到交流与融合，使湖南酒业发展更全面。

6．明清时期

经过元末明初的扰乱，湖南人口锐减，经济衰败。洪武二年（1369），湖南隶属湖广布政使司。从明洪武年间起，邻省即大量向湖南移民。移民不仅使湖南地区居民的构成发生了重大变化，更重要的是带来了吃苦耐劳、勇于开拓的奋进精神以及一些先进的酿造生产技术，为湖南的酿酒等社会经济注入了新的活力，也为湖南人才的兴起带来了一片生机。故至明后期，以洞庭湖为中心的湖广地区已成为全国重要的粮食产地和供应基地，遂有“湖广熟，天下足”之称。

明末，湖南衡阳的爱国者和杰出思想家王夫之曾在永历朝廷供职，积极地为抗清斗争效力。后受排挤，被迫返回湖南，隐居于衡阳县石船山下，著书立说，写成100多种著作，对湖南的政治、经济和民间酒俗生活均有记载。明末桃源县人江盈科（1553—1605）所著的《江盈科集》收集作者吟咏湖南美酒及佳肴食物之作甚多，如《舟中小酌》诗云：“小艇烧灯坐，独斟情颇宜。子薑含淡辣，雌蟹抱浓脂。佛手柑能美，龙须菜亦奇。”《舟中独酌》诗云：“圆圆马蹄鳖，短短箭头鱼。桑落三年酿，韭芽二寸余。”这些诗都反映了晚明时期酒与湖南大地上的饮食习俗和特点。明代同为湖南武陵（今常德）人的龙膺（1560—1622）编著的《蒙史》和杨嗣昌（1588—1641）编著的《杨嗣昌集》对湖南茶酒饮食习俗及风土人情亦记述较丰；另还有明崇祯年间曾任长沙知府的雷起龙主修的《长沙府志》记述了明代长沙府辖区范围内的政治、经济、军事、文化及山川地理、风土人情等，对酿造和“今民间侑以羊酒”进行了较详的记述，堪称明代长沙的酒与食谱。明代时期的史书记载湖南酿酒作坊和烧锅作坊遍及城乡，除专业经营者外，农村的农家也多在丰年酿酒以供自家饮用，甚至有些做其他买卖的小本生意人也以造酒为辅助盈利手段。从文献记载上看，明代湖南的酒明显多于前几代，如饼子酒、姜酒、虎骨酒、桃花酒、桃源酒等名酒繁多。有一幅明代的名画，画的是湖南湖区渔人捕鱼完毕，泊舟芦荡柳岸而沽酒酣饮歇息之景，反映了饮酒与劳动生活的紧密联系。明代，烈性烧酒进一步发展，配制酒发展了一种熏制法。在酿酒原料和技术上也不断改进和提高，发酵酒也达到了较高水平。

清代时期，湖南酒类品种到了空前齐备的时代，传统的酿酒术在继承的基础上得以发展，蒸馏白酒的品种更加丰富，少数民族的酒也在清代传入三湘大地直至大江南北。此时，湖南名酒纷争竞出，李汝珍著《镜花缘》一书的第九十六回粉牌上列举的50余种酒，大致是清朝中期的名酒，涉及湖南的就有湖南衡酒、湖南浔酒、长沙洞庭春色酒等；另外，见于文献记载的还有君山酒、巴陵冬酒、汨罗小曲酒、益阳小曲酒等。清代湖南已有世代民间酿酒大姓，酿出的酒品质高超，闻名遐迩。在酿酒选料、用水上极其考究，酿造术也大幅提高，浸渍酒与配制酒得到发展。少数民族酒的发达也是清代湖湘酒文化的一个亮点。

第二节　湖湘酒的种类

关于湖南酒的记载，开始于北魏。郦道元在《水经注》中提到的中国最早的名酒，是湖南衡阳的酃酒。贾思勰的《齐民要术》中记载了酃酒的制作工艺，称作酃酒法，与现代的黄酒工艺大同小异。据考证，越王勾践与吴王夫差对饮的酒，有可能就是衡阳的酃酒。酃酒在古代的荣光，简直难以想象。历代以来，赞美酃酒的诗词多达300多篇。而从汉代开始，一直是历朝贡酒，就连入主中原的清朝，也很快将酃酒纳入贡品的行列，酃酒是典籍记载历史最悠久的贡品酒。

一、湖湘酒分类

1．蒸馏酒概述

人们所熟悉的蒸馏酒分为白酒（也称烧酒）、白兰地、威士忌、伏特加酒、朗姆酒等。白酒是中国所特有的，一般是粮食酿成后经蒸馏而成的。白兰地是葡萄酒蒸馏而成的，威士忌是大麦等谷物发酵酿制后经蒸馏而成的，朗姆酒则是甘蔗酒经蒸馏而成的。

在我国古代，由于历史悠久，地域不一，流传下的蒸馏酒的名称很多，但古代文献中所说的“白酒”这一名称却不是指蒸馏酒，它仅仅是一种酿造的米酒。只是到了现代，才用白酒代表经蒸馏的酒。

我国古代文献中蒸馏酒的称谓主要如下。

（1）烧酒、烧春，始用于唐代，但是唐代所说的烧酒、烧春是否指蒸馏酒还有争论，宋代以后，烧酒、烧春才是真正的蒸馏酒；

（2）阿剌吉酒（元代《饮膳正要》）；

（3）南番烧酒（元代《居家必用事类全集》，原注为“阿里乞”）；

（4）轧赖机（元代《轧赖机酒赋》）；

（5）法酒（明初《草木子》，原书又称为“哈剌基”）；

（6）汗酒、气酒（清代《浪迹丛谈续谈三谈》中引元代人李宗表诗）；

（7）火酒（明代《本草纲目》）；

（8）酒露（清代《滇海虞衡志》）；

（9）高粱酒、高粱滴烧（清代《随园食单》），在清代和民国时期，往往是蒸馏酒的统称；

（10）白酒和老白干，这是现代才启用的名称，糟烧或糟烧酒，是黄酒过滤后的酒糟经再次发酵，并经蒸馏得到的蒸馏酒，有的书将糟烧酒称为“酒汗”。

2. 蒸馏酒的起源

关于蒸馏酒的起源（图4-2），从古代起就有人关注过。历来众说纷纭。现代国内外学者对这个问题仍在进行资料收集及研究工作。随着考古资料的充实及对古代文献资料的查询，人们对蒸馏酒的起源的认识逐步深化。因为这不仅涉及酒的蒸馏，而且还涉及具有划时代意义的蒸馏器。经过多名学者的大量考证，认为宋代中国已出现蒸馏酒，理由如下：

（1）宋代史籍中已有蒸馏器的记载　宋代已有蒸馏器是支持这一观点的最重要的依据之一。南宋张世南在《游宦纪闻》卷五中记载了一例蒸馏器，用于蒸馏花露。宋代的《丹房须知》一书中还画有当时蒸馏器的图形。

（2）考古发现了金代的蒸馏器　20世纪70年代，考古工作者在河北青龙县发现了被认为是金世宗时期的铜制蒸馏烧锅。

（3）宋代文献中关于“烧酒”的记载更符合蒸馏酒的特征　宋代洪迈的《夷坚丁志》卷四的《镇江酒库》记有“一酒匠因蒸酒堕入火中”。这里的蒸酒并未注明是蒸煮米饭还是酒的蒸馏。但“蒸酒”一词清代却是表示蒸馏酒的。《宋史食货志》中关于“蒸酒”的记载较多。采用“蒸酒”操作而得到的一种“大酒”，也有人认为是烧酒。但宋代几部重要的酿酒专著（朱肱的《北山酒经》或苏轼的《酒经》等）及酒类百科全书《酒谱》中均未提到蒸馏的烧酒。北宋和南宋都实行酒的专卖，酒库大都由官府有关机构所控制。如果蒸馏酒确实出现的话，普及速度应是很快的。

图4-2　蒸馏酒的起源

3．湖湘酒分类

蒸馏酒是乙醇浓度高于原发酵产物的各种酒精饮料，大多是度数较高的烈性酒。制作过程为先经过酿造，后进行蒸馏后冷却，最终得到高度数的酒精溶液饮品。

根据前文提到的，宋朝已出现蒸馏酒，因此将湖湘酒分成两类：

（1）非蒸馏酒 例如前文中出现的鼎州白玉泉酒、玉薤、松醪春、松花春、花屿酒、椒酒、酃酒等。

（2）蒸馏酒 例如前文中出现的曹婆酒、巴陵冬酒、汨罗小曲酒、益阳小曲酒等。

二、湖湘特色酒

湖南古属荆州之域，楚湘文明之地，山水奇秀，五谷丰茂，独特的地理环境和温和湿润的气候，给湖南酒品酿造提供了丰厚的物质和环境基础。湖南又是产粮大省，优质的稻谷、小麦、高粱、包谷等杂粮和丰富的水果均为酒的酿造提供了优质的原料，因此湖南的酒品种齐全，百花齐放!元人宋伯仁所著的《酒小史》罗列了从春秋到元代的华夏历代名酒百余种，其中涉及湖南的有：崔家酒、魏征醽翠涛、安定郡王洞庭春色、段成式湘东美品酒等。北魏人郦道元在《水经注》中提到的中国最早的名酒，就是湖南衡阳的酃酒，因甚醇美，而对皇上“岁常贡之”。2003年7月31日《人民日报·海外版》报道称，深埋地下2100年之久、重达26千克的西汉凤鸟金钟美酒突然出土面世，该酒以碧绿清澈和香气扑鼻引起世人的关注。专家推测，此酒产于湖南衡阳的酃酒。经过几千多年的不断积累革新，特别是20世纪80年代以来的大力倡导和精研技艺，因而出现武陵酒、酒鬼酒、白沙液、浏阳河等名酒。

1．酃酒

酃酒（图4-3），即酃湖之酒，以其酿酒之水取自酃县（衡阳在西汉至东晋时期称酃县）湘江东岸耒水西岸的酃湖而得名。在北魏时就成为宫廷的贡酒，而且还被历代帝王祭祀祖先作为最佳的祭酒。中国古代十大贡酒之一，也是中国历史上最早的名酒，至今已有千年的历史。《后汉书》有记：“酃湖周回三里，取湖水为酒，酒极甘美”。

图4-3 酃酒

酃酒之最：

（1）诗赋记载最早的名酒 晋代大文学家张载为皇室贡品美酒——衡阳酃酒写下了400余字的《酃酒赋》，这是我国历史上诗赋记载名酒最早的文献资料。

（2）赞誉诗文最多的酒 赞誉衡阳酃酒的古诗文有300余篇之多，为国酒之绝无仅有。

（3）贡品历史最悠久的酒 衡阳酃酒列为贡品的历史

长达千余年，从西晋太康元年（280）起，历经南北朝、隋、唐、宋，酃酒一直列为皇室贡品酒。

（4）闻名时间最久的酒　《后汉书》记酃酒始，两晋、南北朝、隋、唐、宋史志皆有名，诗文有赞，清代民国时期衡阳八景之一的“青草桥头酒百家”，说的就是衡阳酃酒的盛况；现在，衡阳酃酒再度兴起，辉煌时代又将来临。

（5）酿酒原料最精的酒　衡阳酃酒酿酒原料采用糯稻中的精品大糯或麻矮糯（尤以麻矮糯为佳），此两种糯稻系人工抽穗选种培育，现已濒临绝种。

（6）用曲药最少的酒　我国黄酒生产一般用曲药达10%左右，而衡阳酃酒用曲药不到1‰，用曲药少，酒质相对较稳定。酿造酃酒所用的曲药，系采自衡阳当地的多种中草药精制而成。

（7）生产工艺最独特的酒　衡阳酃酒酿造过程共有39道工序，每一工序皆系手工完成，酃酒的生产工艺与我国其他黄酒比较有很多独特之处。

2. 君山酒

君山酒，西汉时湖南地方名酒。洞庭湖中的君山古代又称“酒香山”，宋人王象之《舆地纪胜》引《风土记》云：此山“每春时，径有酒香，寻之，莫见其处”；宋人范致明《岳阳风土记》则载：“君山有美酒数斗，得饮之即不死为仙。汉武帝闻之，斋居七日，遣栾巴将童男女数十人往求之。果得酒，进御，未饮。东方朔在旁，窃饮之。帝大怒，将杀之。朔曰：设酒有验，杀臣亦不死；无验，安用酒为？帝笑而释之。”庾穆之《湖州记》对此亦有记载。

汉武帝刘彻曾斋戒七日求取“仙酒”的故事给岳阳君山平添了几许传奇色彩，后人就煞有介事地在君山上建了一座亭子，起名“酒香亭”。诗人顾圣少作《酒香亭》以记之：千载相传有酒香，东方曼倩昔先尝。愚臣雅抱芹葵意，捧向君王夜未央。

3. 程酒

关于程乡美酒，从西汉开始的典籍就屡有记载。西汉邹阳的《酒赋》和刘向的《列仙传》都曾提到程乡美酒，但多语焉不详，不足为据。南北朝时期北魏人郦道元遍游全国山水，其所著《水经注》对资兴美酒有明确记载：“耒水出桂阳郴县南，又北过其县之西，县有渌水，出县东侯公山，西北流，而屈注于耒，谓之程乡溪。郡置酒官，酝于山下，名曰程酒，献同酃也。”侯公山即现蓼江镇之郴侯山，旧名郴侯寨或郴侯宅，因楚怀王（义帝）之孙熊畅在汉昭帝时受封为郴侯，建宅于此地而得名。渌水即程水、程乡溪，现在称为蓼江，发源于七宝山、回龙山，流经唐泾垄、桃源关、湘源桥，至蓼江市，会永兴延道水，下程江口，并入东江。程水澄清见底，与延道水有轻重之别，以之造酒，色碧味醇，久而愈香。

程酒也叫醁酒，是古代顶尖的美酒。西晋才子左思《吴都赋》曰：“飞轻觞而酌醽醁”，是把醽醁当作酒中极品来称颂的。也有人说，醽醁是古时资兴人用醽醁泉酿造的美酒。醽醁泉在蓼江上游，涌泉之处有一石碓臼，传说八仙之一的铁拐李路过本地，向人讨水喝，因穿得又脏又破，无人愿意舀水给他。而曹家一村民向来好心，给了他一碗米汤水。铁拐李感恩，用铁拐杖戳地穿井，喷涌而出的不是泉水，却是美酒，因而称为醽醁泉。醽醁美酒四时不绝，此后曹家村民便靠卖酒为生，丰衣足食。一日，铁拐李回访此地，又问此井如何。村民知是神仙，有人便答：好是好，就是没酒糟喂猪。这位李神仙平生最恨不知感恩、贪心不足之人，伸手一指，醽醁泉便不再产美酒了。但泉水依然甘甜，用来造酒，醇美无比。

与郦道元同一时期的南朝人刘杳更熟悉程酒。《梁书刘杳传》记载，刘杳少年好学，博览群书，过目不忘。当时的大学者如沈约、任昉等人，每有遗忘，往往求教于他。一日任昉谓刘杳曰："酒有千日醉，当是虚言?"杳曰："桂阳程乡有千里酒，饮之至家而醉，亦其例也。"醉酒千日，当然不可信。但程酒"酿可千日"，以此酒之醇厚，饮后返归千里之外家中，犹有醉意，犹有酒香，应不为虚言。

程酒造酒的主要工序是这样的：（1）选好糯米、高粱等原料蒸好，冷却后和酒药（酒曲）发酵。酒药很重要，要用自己做的土酒药，不能用市场上买的；酒药的用量非常讲究，得靠多年的经验积累。（2）发酵好以后用醅酒工具醅酒，醅出来的酒称烧酒。烧酒有几种，头道酒最浓，也最好。此外还有二道酒、三道酒。（3）用最浓的头道酒泡糯米糟酒后封坛，约一年时间酒糟全部化掉，就酿出了白露酒（一般白露节后酿制这种酒，故名）。平时一般喝烧酒，逢年过节就可享用白露酒了。（4）把白露酒放地窖，每年冬天（一定要冬天，否则会酸）开坛取出一小部分，再加头道烧酒和糯米酒糟后，封坛窖藏，让糯米酒糟化掉。如此反复，延续六七年以上的就叫"陈酒"或"老酒"。（5）时间越长的酒越好，越值钱，有十几二十年的，甚至三十年的。程酒是一种与白酒、红酒不同的酒。它最不同的工艺就是在烧酒里面加糯米酒糟，且不断地加，不断地化掉。酒的颜色由黄变红，由红变黑。酒香越来越浓郁，使这些精华不断地以十年、二十年，甚至更长的时间浓缩在酒里。

4．酒鬼酒

酒鬼酒为馥郁香型白酒，分38°、48°、54°三种，由湖南酒鬼酒股份有限公司生产。该酒传承湘西悠久的民间传统工艺，依托湘西独特的自然地理环境和地域文化资源，独创中国白酒"馥郁香型"。在中国白酒的12大香型中，馥郁香是酒鬼酒独创、独有的，所谓二者为兼，三者为复，馥郁香就是指酒鬼酒兼有浓、清、酱三大白酒基本香型的特征，一口三香，前浓、中清、后酱。

酒鬼酒的诞生近乎传奇。20世纪80年代中期，从不饮酒的著名画家黄永玉先生，在湘泉酒登上中国酒坛一展风采的时候，欣然对湘西著名酿酒人王锡炳说："你能否在酿造湘泉酒之后，再酿出一个更好的酒来，如能的话，到时我给设计包装和命名。"两年后，湘泉人终于酿造出了一种好酒。好酒要取个好名字，要有个好瓶子，恰在此时，黄永玉先生从香港回湘西凤凰老家来了。黄老得知湘泉酒厂酿出好酒，非常高兴。但是酒的包装和命名问题，黄老却只字未提。莫非黄老把两年前谈的话忘了？黄老似乎看出了客人们的心思，突然起身对朋友说："各位坐一下，我去外面一下。"约莫过了半个小时，只见黄老拿出了一只40厘米见方的内藏充实口颈束的小麻袋送到众人面前说："这就是新酿出好酒的瓶型。"面对这个未来酒瓶的模型，人们始而愕然：这像酒瓶吗？这能装酒吗？一阵琢磨，大家逐渐领悟到：最土的则是最雅的，最贱的则是最尊的，于是这只"小麻袋"就成了酒鬼酒包装创意蓝本。"这个酒的名字，就叫酒鬼酒。"黄老面对众人又发话了，酒鬼酒由此得名。

湘楚古文化的显著特点之一就是"巫鬼文化"色彩浓厚，尤其在湘西，这里是湘楚古文化积淀最深厚的地方，巫鬼文化氛围浓厚，鬼神崇拜的观念深植于民间。鬼文化在中国民间虽然具有存在的普遍性，但是从历史上来看，湘楚大地却曾经是巫鬼文化最发达，而且现今也保持最完整的地方。巫鬼文化的突出特点即非现实的虚幻、浪漫性。酒鬼酒的命名与湘楚浪漫色彩极浓的巫鬼文化的深厚积淀是分不开的。

酒鬼酒曾荣获法国波尔多世界酒类博览会金奖、比利时布鲁塞尔世界酒类博览会金奖、中国首届食品博览会金奖、全国轻工博览会金奖、北京国际经贸博览会金奖、中国国际新产品新技术博览会金奖和中国白酒典型风格金杯奖，曾荣获"中国十大文化名酒""国产精品""中国名牌消费品""世界名牌消费品"等称号。

5．武陵酒

武陵酒（图4-4）为中国十七大名酒之一、酱香型三大名酒之一。武陵酒以川南地区种植的糯红高粱为原料，用小麦醅制高温曲，以石壁泥窖底作发酵池，一年为一个生产周期，全年分两次投粮、九次蒸煮、八次发酵、七次取酒，以"四高三长"为生产工艺之精髓，采用固态发酵、固态蒸馏的生产方式，生产原酒按酱香、醇甜香和窖底香3种典型体和不同轮次酒分别长期贮存（3年以上）精心勾调而成。该酒酒质清澈透明，微呈黄色，酱香浓郁，酒体丰满，口感优雅细腻，入口柔和软润，余味绵延。常德古称"武陵"，武陵人酿酒的历史，源远流长。早在先秦时代，这里已有"元月元日饮春酒"的习俗。五代时，以崔氏酒家产的酒著称，有诗云："武陵城里崔家酒，地上应无天上有"。宋代此地又酿有"白玉泉"酒，并以"武陵桃源酒"闻名。相传，宋朝年间，武陵镇上，糟坊如林，处处酒家。山下住着一个姓崔的老婆婆，面善心慈，以卖酒营生，但酒一般，尽管崔婆人缘好，苦心经营，省吃俭用，日子也只能说是过得去。一天，镇上来了一位老道，见崔婆的为人好，就决定帮帮她。他领着崔婆围着宅院四下看了一遍，指着一块长满菊花的地方说，此

图4-4　武陵酒

地堪为井，可得甘泉。崔婆心知，这是遇着异人了，忙找人掘井，果得甘泉，用以酿酒，味道极佳。从此，崔婆家的酒因味道绵软甘洌，口味醇和，饮后舒畅而名声大振，销量大增，此酒则以“崔婆酒”之名流布天下。

1952年，武陵酒公司的前身——原常德市酒厂在崔婆酒酿造的旧酒坊上建成，1972年武陵酒的工程师在学习传统酱香白酒酿造工艺的基础上，自主创新研制出风格独特的幽雅酱香武陵酒，1989年在全国第五届评酒会上，与茅台、泸州老窖等一起荣获中国名酒称号并获得国家质量金奖，从此结束了湖南省没有“中国名酒”的历史。

图4-5　白沙液

6．白沙液

白沙液酒（图4-5）产于古城长沙，兼香型白酒，为湖南名酒之一。白沙液酒以优质高粱为原料，取古城名泉“白沙矿泉”之水精心酿制而成。白沙古井其水源出于古城地底处成岩5000万年的板岩隙缝，经过山石土壤层层浸润和地层的沙砾岩层层过滤，自沙石中涌出，其水的总硬度为5.27度，有“旱季不干，雨天不溢，终年不涸，常舀不竭”的特点，是实实在在的江南名泉。清代诗人唐仲冕对古井水赞咏为：清可“照见洁士心”！

白沙液酒液无色透明，曲香浓郁，味醇柔和，后味回甜。白沙液的酿造工艺沿用百年前长沙著名酒坊的独门酿艺，世袭传承至今。

三、湖湘酒器

饮酒须持器。古人云，“非酒器无以饮酒，饮酒之器大小有度”。说到饮酒之器，我们不禁想起文学作品中常出现的情景。从成语中的“觥筹交错”，直至江湖豪杰“以瓢沽酒”或“大碗筛酒”，从书圣王羲之借“曲水流觞”饮酒，诗仙李白“会须一饮三百杯”，到苏东坡“一樽还酹江月”，范仲淹“把酒临风，其喜洋洋者也”，再到李清照“三杯两盏淡酒，怎敌他、晚来风急”……诗文中“觥”“樽”“杯”“盏”等，皆是饮酒器具。酒器、酒具不仅是酒的载体也是重要的礼器及使用者身份的象征，更是历史文化的一个重要体现。

1．湖湘酒器发展阶段

湖湘饮酒用的器具最早究竟出现于何时，至今尚无确切记载，但在现已发掘的文物中，经考证发现，新石器时期的河姆渡文化、仰韶文化、大汶口文化均出土过陶制的酒具。在漫长的历史发展过程中，酒器在制作原料、形制、用途等方面历经了多次演变。按照各个朝代酒器的制造材质，湖湘酒器的发展可以分为以下五个阶段（表4-1）。

表 4-1 湖湘酒器的发展

阶 段	朝 代	特 点
第一阶段	新石器时期	以陶器为主
第二阶段	夏、商、西周	以青铜器为主，陶器依然存在
第三阶段	秦汉	以漆器为主，瓷器开始萌芽
第四阶段	魏晋南北朝、隋唐	瓷质酒器
第五阶段	宋元明清	瓷质酒器为主，伴随有玻璃器、木器、竹器

除上述各种材料制成的酒器外，湖南古代还有用玉石、金银、象牙、景泰蓝等名贵材料制成的酒器，自商代以来，多为富有阶层使用；另外，湖南古代还有用自然材料诸如动物的角、骨、蹄和植物的叶、花、皮等制成的酒器，例如：角杯、禽爪杯、荷叶盏、山樽等。

湖南为多民族省份，在历史的长河中各民族也有自己的特色酒器。例如彝族的鹰爪酒杯（图4-6）、皮质漆器酒碗，湘西一带少数民族的海螺杯等。

图4-6 鹰爪酒杯

2. 湖湘酒器介绍

古代湖南人心灵手巧，会酿酒还善于制作酒具酒器，近百年来在湖南各地出土的许多酒具酒器，很多成了国宝，在世界上也享有美誉。如在宁乡县月山铺出土的商代四羊方尊，是国家博物馆的镇馆之宝，在商代的青铜方尊中，此器形体的端庄典雅是无与伦比的。桃源出土的“皿天全方罍”有我国青铜器“方罍之王”的美称；醴陵出土的“象尊”是我国现存唯一的一只；还有长沙跳马涧出土的商代双羊尊、醴陵县仙霞乡狮子山出土的象形尊、衡阳出土的商代青铜牛形尊、湘潭县出土的商代青铜猪形尊、常德津市一座商代墓葬中还发掘出完整的一套青铜酒具等等。另外，长沙窑是我国历史上的一座名窑，因生产过许多流芳后代的酒具器皿而名扬天下，在工艺技术上还曾创造了三个中国第一和中国古陶瓷器的十四个之“最”。从古到今，湖湘大地上出土了许多精美的酒器（表4-2）。

表 4-2 湖湘地区出土的酒器

形制	名称	所处时代	出土地点	出土年代	用 途
陶质酒器	红陶鬶	新石器时代	湖南湘乡县岱子坪	1980 年	温酒器，也做炊器
	青釉褐彩诗文执壶	唐朝	长沙窑	1983 年	盛酒器，执壶、斟酒之用
	红陶瓮	新石器时代	湖南澧县	1974 年	盛酒器

续表

形制	名称	所处时代	出土地点	出土年代	用　途
青铜酒器	四羊方尊	商朝晚期	湖南宁乡县黄才乡月仙铺转耳仑山腰（炭河里遗址）	1938年	饮酒器
	人面纹方鼎	商朝	湖南宁乡	1959年	礼器、酒器
	青铜象尊	商朝	湖南醴陵县仙霞乡狮子山	1975年	盛酒器
	虎食人卣	商朝晚期	湖南安化、宁乡交界处		盛酒器（流落国外，一件藏于法国巴黎市立东方美术馆，一件藏于日本泉屋博物馆）
	青铜牛尊	商朝	衡阳包家台子	1977年	盛酒器
	青铜猪尊	商朝	湖南湘潭	1981年	盛酒器
	皿方罍	商朝晚期	湖南桃源		盛酒器（该器于1919年被发现，器盖于1956年由湖南省博物馆保存至今，器身流至国外。2014年3月19日经多方沟通和协议，6月14日回归湖南长沙）
	双羊尊	商朝	湖南长沙跳马涧		盛酒器（盛一种有香味的酒）
	凤鸟纹铜戈卣	商朝	宁乡黄材王家坟山	1970年	盛酒器
漆质酒器	“君幸酒”漆耳杯	西汉	湖南长沙马王堆一号汉墓	1972年	饮酒器
	凤漆羽觞		湖南长沙马王堆汉墓	1972年	饮酒器
瓷质酒器	青釉贴花舞蹈人物纹瓷壶	唐朝	湖南衡阳司前门	1973年	盛酒器
	青花玉壶春瓶	元朝	湖南常德	1956年	酒壶
	凤凰纹瓷执壶	晚唐	湖南望城县古城村	1983年	酒壶
	衡州高足杯、高足碗	唐朝	湖南衡州窑		饮酒器
	“对饮图”杯	清朝	湖南醴陵		饮酒器

3．湖湘酒器欣赏

（1）四羊方尊　四羊方尊是商朝晚期青铜礼器，祭祀用品。1938年出土于湖南宁乡县黄材镇月山铺转耳仑的山腰上，现属炭河里遗址。收藏于中国国家博物馆。

四羊方尊是中国仍存商代青铜方尊中最大的一件，其每边边长为52.4厘米，高58.3厘米，重量34.5千克，长颈，高圈足，颈部高耸，四边上装饰有蕉叶纹、三角夔纹和兽面纹，尊的中部是器的重心所在，尊四角各塑一羊，肩部四角是4个卷角羊头，羊头与羊颈伸出于器外，羊身与羊腿附着于尊腹部及圈足上。同时，方尊肩饰高浮雕蛇身而有爪的龙纹，尊四面正中即两羊比邻处，各一双角龙首探出器表，从方尊每边右肩蜿蜒于前居的中间。

据考古学者分析，四羊方尊是用两次分铸技术铸造的，即先将羊角与龙头单个铸好，然后将其分别配置在外范内，再进行整体浇铸。整个器物用块范法浇铸，一气呵成，鬼斧神工，显示了高超的铸造水平，被史学界称为“臻于极致的青铜典范”，位列十大传世国宝之一。

图4-7 象尊

四羊方尊以四羊、四龙相对的造型展示了酒礼器中的至尊气象。羊成为青铜重器着力表现的对象，有其独特的象征意义。

（2）青铜象尊　青铜象尊（图4-7）为商代酒器，1975年出土于湖南省醴陵市狮子山，现藏于湖南省博物馆，乃湖南出土的一件重要的青铜器。其高22.8厘米、长26.5厘米。尊盖已失，椭圆形尊口开于象背之上。象鼻长甩，鼻头前伸，鼻端有孔经鼻管与腹腔相通，象鼻实际上起着流的作用。象的整体形态是写实的，就像是一头在奔走中突然停下来的青年公象，但是象的身上之细部纹饰却是想象出来的。象的外表通体遍布云雷纹在底的动物纹饰：象鼻做出凤鸟形状，上伏一虎；象身各处饰有兽面、龙、虎以及龙头蛇身的神物。其纹饰做工细腻，至为美观。它是目前发现的唯一有明确出土地的商代象铜尊，也是造型最为生动、铸造最为精工的鸟兽尊之一。

唯一全器保留的，则是尊盖保存完好、现藏于美国华盛顿的弗利尔美术馆的“商夔纹象尊”。象形器高17.5厘米、长21.2厘米。其体态丰满，象鼻上翘再弯曲为流，象背开口，盖饰龙纹，并以其上方雕刻的一只小象为钮。象鼻饰鳞纹，象身布满龙纹、云雷纹和四瓣花纹，象腿饰兽面纹。

（3）青铜牛尊　1977年11月，这件殷商时期的青铜牛尊出土于衡阳市包家台子，长19厘米，高7.4厘米，重776克。出土时该牛尊的嘴部、鼻部和四个蹄子的底部均有不同程度的缺损，现收藏在湖南省博物馆的青铜牛尊是经过修复后展陈的，上海博物馆有一件与这件相似的牛尊，这件牛尊口部的缺损部分是依据上海博物馆的那件牛尊所修复的。

尊是盛酒器，湖南宁乡出土的四羊方尊即属于此类器物，但这件牛尊属于尊中的另一特殊形制，即牺尊，牺尊是采用象、羊、豕、牛、鸟等动物形象作为器物外形进行塑造，湖南省博物馆内收藏的著名牺尊有象尊、豕尊、牛尊等。

这件牺尊以牛为造型，整座尊共分为两个部分，以牛的头部、背部为一部分作为牛尊的盖子，而牛的四肢、腹部、颈部、臀部和尾部作为器物的主体部分即器身。器身大而盖小，盖子边缘呈曲线形依附并吻合于器身。器盖呈卧立的“S”形，“S”的两头分别被设计成两种动物的头部形象，位于水平线上较高的一端为牛头，牛的眼球圆鼓突出，上有一凹痕以示眼珠，并以阴刻线条表现眼眶。牛的两耳为小椭圆形，横向外撇，两耳之上，在牛头的顶部，是一支厚重、敦实的牛角，牛角从中间一分为二，角尖对称分布，直指后方，牛角素面光洁，仅有几条简单的竖向划痕用来表示牛角的肌理。另一端，处于“S”

形水平线上较低的一头为鱼头。

整座牛尊造型奇巧，构思独特，以牛作为设计原型，使用青铜铸造，将牛头与牛身分别作为器盖和器身，扣合后严丝合缝，毫不突兀。器表纹饰繁复，但是条理有序，将众多的不同纹饰集中组合展示，纹饰基本对称，并采用了“三重花”的装饰工艺，有主有次，层次分明。这座牛尊的颜色更是青碧如玉，温润厚重，于深绿中透出光泽来，色调浓郁而带有灵性。

（4）青铜猪尊　商代酒器青铜猪尊（图4-8），湘潭县出土，其整体造型如一威武有力略带野性的公猪。该尊是目前中国唯一的商代青铜器猪形尊。1981年年初，当时的湘潭县九华乡桂花村村民朱桂武盖新房时发现的。后来经过文物部门鉴定，专家确认这是一个商代猪尊，而且是当时出土时间最早的猪形尊。一直到现在，它仍然保持着在出土的猪尊中最古老的纪录。因为保存完好、装饰精美，青铜猪尊很快被视为国宝，并到海外展出。

该猪尊全长72厘米、通高40厘米，重19.75千克，实测容积26升，表面纹饰精美。头部阴刻兽面纹，腹背为鳞甲纹，四肢和臀部为倒悬的夔纹，并以云雷纹衬底。器物外观逼真，有栩栩如生之感。器身呈巧立姿势，整体比例关系与细部结构都比较精确，面比较长，猪嘴部的犬齿尖长，明显呈现野猪的特征，具有很强的写实性，追求形似。另外，猪尊最引人关注的要数它的盖子。这是个蓄势待飞的小鸟，静静地站在猪背上。鸟踩在猪的身上究竟有什么意义，对此，目前没有很清楚的解释。有专家说把尊做成猪的形状，很可能代表了当时人们的宗教观念，是人们接近神灵的媒介，起着巫术般的祈佑辟邪的作用。

图4-8　猪形尊

（5）皿方罍　商代晚期铸造的皿方罍（图4-9），属酒器中的盛酒器一类，因器盖铭文为“皿而全作父己尊彝”而得名，堪称“方罍之王”。该器于1919年被发现，器盖于1956年由湖南省博物馆保存至今，器身流至国外。2014年3月19日经多方沟通和协议，皿方罍于6月14日回归湖南长沙。

皿方罍器盖高28.9厘米、器身高63.6厘米。罍盖呈庑殿顶形，罍身作长方口，直颈，高圈足。全器以云雷纹为地，上饰兽面纹、夔龙纹、凤鸟纹。肩部两侧装饰双耳衔环，正面腹部下方置一兽首鋬。四面边角及各面中心均装饰突起的长条钩戟形扉棱。

这件距今3000多年的方罍，雄浑庄重，器形硕大，通体集立雕、浮雕、线雕于一身，是举世无双的“稀世珍宝”。

图4-9　皿方罍

（6）“君幸酒”漆耳杯　此漆耳杯（图4-10）1972年出土于湖南长沙马王堆一号汉墓中，马王堆一号汉墓中共出土90件形状相同、大小略异的漆耳杯。其中，有50件题款为“君幸食”，40件题写“君幸酒”。“君幸酒”杯均为木胎斫制，椭圆形，侈口，浅腹，月牙状双耳稍上翘，平底。内壁朱漆，外表黑漆，纹饰设在杯内及口沿和双耳上。这40件耳杯可分成大、中、小三种型号。中型杯有20件，杯内红漆衬地，上绘黑卷纹，中心书“君幸酒”，杯口及双耳以朱、赭二色绘几何云形纹，耳背朱书“一升”，器形线条圆柔，花纹流畅优美；大、小型杯各10件，大杯无花纹，小杯两耳及口沿朱绘几何纹，大小杯皆有“君幸酒”字样，大杯耳背朱书“四升”。

图4-10　漆耳杯

第三节　湖湘名人与酒

一、屈原

屈原（约公元前340—公元前278），战国时期楚国诗人、政治家。

屈原是中国历史上第一位伟大的爱国诗人，中国浪漫主义文学的奠基人，“楚辞”的创立者和代表作家，开辟了“香草美人”的传统，被誉为“辞赋之祖”“中华诗祖”。屈原作品的出现，标志着中国诗歌进入了一个由集体歌唱到个人独创的新时代。其主要作品有《离骚》《九歌》《九章》《天问》等。以屈原作品为主体的《楚辞》是中国浪漫主义文学的源头之一，与《诗经》并称“风骚”，对后世诗歌产生了深远影响。

屈原出身贵族家庭，一生经历了楚威王、楚怀王、顷襄王三个时期，从小受过良好的教育，精通辞令，又有善于治理的能力，所以在早年间深受楚怀王的信任。在那个七雄争霸的年代，屈原为了实现楚国的统一大业，积极督促怀王变法并建议联手其他国家对抗秦国，一度出现了“横则秦帝，纵则楚王”的格局，但屈原官场之路命运多舛，最终也没有逃过被贬流放的命运。

屈原流放经历与湘酒有不解之缘。流放期间曾借酒抒发自己的爱国情怀及心中的不忿，写下了“众人皆醉我独醒，举世皆浊我独清”千古名句。

二、怀素

怀素（737-799），俗姓钱，字藏真，永州零陵（今湖南零陵）人。唐代书法家，以“狂草”名世，史称“草圣”。

怀素从小喜欢书法，由于家贫买不起纸，他经常在寺院的墙壁上、衣服上、芭蕉叶上练习。他在20岁的时候拜访李白，李白也是爱酒之人，仿佛找到了知己般，又因看中其才华，特意为他写了一首《草书歌行》。他后来以“狂草”闻名于世（图4-11），史称“草圣”，他笔法劲瘦，灵动随性，但又法度俱备，与另一大书法家张旭合称“癫张狂素”，可谓是草书界的“泰山北斗”。怀素的一生只爱四件事“云游、草书、喝酒、吃肉”，甚至连睡觉都是因为喝醉才睡的。如果有人向他求字，必定先要奉上几盅好酒才行。

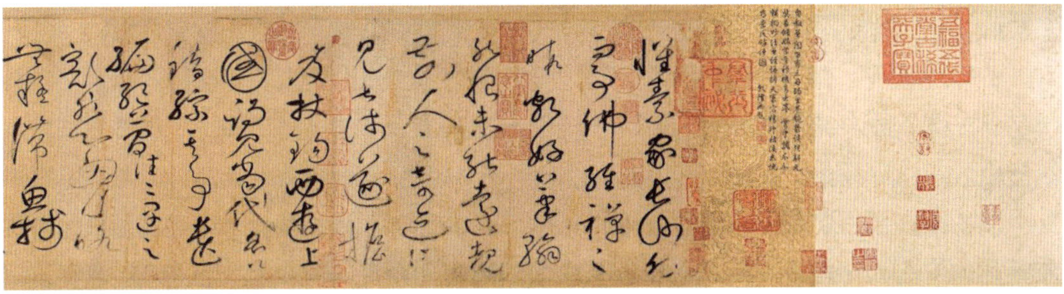

图4-11 怀素《自叙帖》局部

怀素写字前要喝酒，酒是他的兴奋剂，每当酒酣兴起，就提笔而出，无论墙壁、器具、衣物、或别人穿着在身的衣衫，碰到什么，挥笔就写。“其草书潇洒超逸，并无狂怪习风，行笔从容不迫，有如笔走龙蛇，平淡天真中枯润交错，似全无法度，却极具法度，挥洒从容，游刃有余，真个是人也逍遥，书也逍遥，其笔意只能领悟，却无法摹仿”。有人向他请教写字的秘诀时，他将书法真谛概括为一个“醉”字。

三、柳宗元

柳宗元（773—819），字子厚，汉族，河东（现山西运城永济一带）人，唐宋八大家之一，唐代文学家、哲学家、散文家和思想家。

柳宗元与湖南有着不解之缘，其《捕蛇者说》写的就是其被流放于湖南永州后在当地见闻。而永州奇山异水不可谓不多，其更是在游嬉永州山水时写下了《永州八记》，其中最有名的莫过于《小石潭记》了。

柳宗元也是喜爱饮酒之人，在流放永州时曾借酒赋诗《饮酒》《法华寺西亭夜饮》以抒怀。

饮酒

今夕少愉乐，起坐开清尊。举觞酹先酒，为我驱忧烦。
须臾心自殊，顿觉天地喧。连山变幽晦，绿水函晏温。
蔼蔼南郭门，树木一何繁。清阴可自庇，竟夕闻佳言。
尽醉无复辞，偃卧有芳荪。彼哉晋楚富，此道未必存。

法华寺西亭夜饮

祇树夕阳亭，共倾三昧酒。
雾暗水连阶，月明花覆牖。
莫厌尊前醉，相看未白首。

四、刘禹锡

刘禹锡（772—842），字梦得，河南洛阳人，自称“家本荥上，籍占洛阳”，又自言系出中山。其先为中山靖王刘胜。唐朝文学家、哲学家，有“诗豪”之称。

他的家庭是一个世代以儒学相传的书香门第。政治上主张革新，是王叔文派政治革新活动的中心人物之一。后来永贞革新失败被贬为朗州司马（今湖南常德）。据史料记载，刘禹锡对武陵文化的发展、影响是最深远的一个，其著作的《堤上行三首》《竹枝》写出了武陵当地饮酒之风的盛况；而以常德青年女子采菱为题所作的《采菱行》，更是借酒关怀民生，讴歌劳动。

堤上行三首（其一）

酒旗相望大堤头，堤下连樯堤上楼。日暮行人争渡急，桨声幽轧满中流。

竹枝

两岸山花似雪开，家家春酒满银杯。昭君坊中多女伴，永安宫外踏青来。

采菱行

白马湖平秋日光，紫菱如锦彩鸾翔。荡舟游女满中央，采菱不顾马上郎。
争多逐胜纷相向，时转兰桡破轻浪。长鬟弱袂动参差，钗影钏文浮荡漾。
笑语哇咬顾晚晖，蓼花绿岸扣舷归。归来共到市桥步，野蔓系船萍满衣。
家家竹楼临广陌，下有连樯多沽客。携觞荐芰夜经过，醉踏大堤相应歌。
屈平祠下沅江水，月照寒波白烟起。一曲南音此地闻，长安北望三千里。

思考题

1. 湖湘酒如何分类?
2. 湖湘特色酒有哪些?

第五章

湖湘茶文化

第一节 湖湘茶文化的形成与发展

湖南具有悠久的茶文化历史，就茶叶生产来说，从文字的记载到文物的证明，至晚开始于战国时代（公元前475—前221）。中国最古老的地理文献《尚书·禹贡》，有的学者认为出于周穆王时代（公元前9世纪），多数学者认定是战国时期的著作。在《禹贡》的荆州有“三帮底贡厥名”的记载，文中的“贡厥名”就是“贡厥茗"，贡茗即贡茶。《禹贡》荆州的位置是今湖南全境和湖北的大部分地域，这表明湖南在《禹贡》时代就有贡茶，贡茶是《五经》中最早的文化记载。在中国，关于茶的起源，来自于“神农尝百草”的传说，在茶圣陆羽《茶经》中记有“茶之为饮，发乎神农氏”。这个美丽的神话正是滋生在湖南这一中国古老的“茶乡”。

一、湖湘茶文化的形成

湖南产茶历史悠久，在200多年前，茶叶的种植、生产、饮用活动就已十分发达。自唐代湖南就是中国“海上丝绸之路”的起点之一，长沙窑陶瓷茶具即通过湘江、长江，至扬州出口海外，茶叶、茶具生产、销售和茶饮用活动，以及茶叶科研、文化、教育活动也十分发达。据《后汉书·郡国志》、晋皇甫谧《帝王世纪》等载，相传炎帝晚年巡游天下，积劳成疾谢世（有一说是误食断肠草去世）葬长沙茶乡之尾，“帝葬长沙茶乡之尾，是曰茶陵。炎帝神农氏陵在县西三十里。史记云帝葬长沙之茶乡”。“茶乡”即今日之茶陵县。清嘉庆十五年（1821）和光绪十一年（1885）的《湖南通志》对此也有同样的记载。茶陵在“辞书”中解释为：茶陵县在茶水南岸，古时称“茶王城”，也称“茶乡”。可知茶陵产茶历史久远。景阳山一名茶山，是景阳山产茶之证，从景阳流经茶陵的一条水，称洣江，又称“茶水”和“茶陵江”，并且还有“茶陵庙”，都证明茶陵在汉以前就有了茶叶生产。屈原放逐沅湘时作《九歌》，其《东皇太一》有“奠桂酒兮椒浆”之句，《东君》中有“援北斗兮酌桂浆”之句。经后人考证，椒浆和桂浆都是当时楚国的茶饮。

到汉初，茶陵县已成为中国重要的茶叶产区。西晋《荆州土地记》：“武陵七县通出茶，最好。”又南北朝《茶陵图经》中记载：“茶陵者，所谓陵谷生茗焉。”茶陵是中国最早用“茶”字命名的地名，至今仍是中国县名中唯一使用“茶”字的行政区。茶陵县置于汉初元封五年（前106），为长沙国22县之一，陆羽《茶经》有“茶陵者，所谓陵谷生茶茗焉”的记载。可见茶陵的得名与种茶有关。1954年在长沙魏家大院第四号汉墓中出土了一方石章，上书“荼陵”二字。汉以前“荼”“茶”完全不分，因此，“荼陵”也就是今天的茶陵。这方石章是西汉时期的随葬器印，呈长方形，规格为2.5厘米×1.8厘米×1.9厘米，鼻钮用滑石材质制成，凿刻精细，印面装饰感较强。由此推知，该印的主人应是茶陵的地方官。1972年至1973年发掘的长沙马王堆一、三号墓的出土文物中不仅有“茶陵”封泥印鉴，还4次发现有“槙一笥”或“槙一笥”的竹简和木牍。这里的“槙”，据考证就是《尔雅》“苦荼”中的异体字或楚文字。所谓“槙一笥”就是指“苦茶一箱”或“苦茶箱”，即茶叶包装。这是中国至今发现最早的茶叶随葬品。墓中还有一幅敬茶仕女帛画，是王室贵族之家烹用茶饮的写实。这就从考古发掘上证实了汉以前湖南已有种茶和饮茶活动。中唐以后，由于荆州一带人口大量南迁，加之长江中下游一带种茶风气的影响，湖南茶叶生产有了较大的发展。产茶区遍及湘、资、沅、澧四水流域。产茶县主要有岳阳、临湘、长沙、衡阳、茶陵、零陵、益阳、安化、新化、沅陵、常德、汉寿、永顺、龙山、古丈、保靖等县。每年仅贡茶就有12.5万千克，并且产生了阳团茶等比较出名的品牌。唐相裴休任湖南节度使时，在长沙立《税茶十二法》，实行“官茶”。据《新唐书·食货志》记载，裴休税茶法的主要内容，一为各地设有阁邸者，只收取邸值（堆栈费用），……四为砍伐茶园或伤害茶业者以纵私盐法论罪。唐代已出现“茶马互市”，从而促进了湖南茶叶生产贸易方式，即用茶叶去换回北方的马匹，以及纺织品等。《税茶十二法》鼓励茶农种茶、茶商贩运，政府则具体实施茶马交易。

唐代的茶叶用途已由药用广泛转向饮用，唐封演《封氏闻见记》卷六《伙茶》中记载，南人“到处煮饮，多开店铺煎茶卖之，不问道俗，投钱取饮”，以致“风俗贵茶”。据报道，长沙一带曾出土数以百计一模一样的唐代茶碗，其中一只碗内底部特别烧制“茶碗”两字，可见其时已有专门的饮茶用具，饮茶已成一种风尚。在日常生活中，送别友人甚至也以茶代酒。大历六年（771），潭州刺史张谓撰《长沙土风碑记》，作有《长沙失火后戏题莲花寺》等记写长沙的诗。其诗多以边塞生活为题材，颇具特色。

诗云：

何处堪留客，香林隔翠微。
薜萝通驿骑，山竹挂朝衣。
霜引台乌集，风惊塔雁飞。
饮茶胜饮酒，聊以送将归。

同时，长沙铜官窑生产的茶水壶等陶瓷茶具大量销往东南亚、中亚和西亚各地。

二、湖湘茶文化的发展

湘茶悠远绵长的历史，可以上溯到远古神农氏时代。神农尝百草，解毒之茶，就出自湖南的野生茶。

西汉时期，湖南茶叶已经应用于民间之饮，马王堆汉墓出土的茶叶、茶具可以为证。

西晋时代，湖南茶叶就很出名。《荆州土地记》载“武陵七县通出茶，最好。”

唐朝茶圣陆羽《茶经》卷八关于茶叶产地，湘茶产地就列有茶陵、辰州、溆浦、衡州、岳州等，称其“山多茶树”，证明湘茶种植在中唐以前就比较兴盛。

唐代名茶中的湘茶，载入史册就有岳州茶，潭州茶、永州茶、辰溪茶等。

宋代名茶有岳州小卷、开胜、大小巴陵、生黄、翎毛，潭州片金、灵草、岳麓茶、桃源鼠溪茶，又有石门茶等。

明《本草纲目》载：“楚之茶有岳州之巴陵，辰州之溆浦，湖南之宝庆、茶陵”，“楚之茶，则有荆州之仙人掌，湖南之白露，长沙之铁色，黔阳之都濡”。

明清时代湘茶的发展较快，名茶有岳阳北港茶、君山银针、宁乡祖塔甜茶、邵阳桂丁茶、城步茶、耒阳侯针山茶、善化乌川山茶、湘潭白莲茶、茶陵景阳山茶、溆浦顿家山茶、宁远九嶷山茶、慈利饭甑山茶、龙山茶、江华界牌茶、沅陵界亭茶等。特别是安化与临湘的黑茶制作，使湖南成为中国边销茶与出口俄罗斯砖茶的主要产地。

民国六年（1917）九月，湖南省政府设立茶叶讲习所于小吴门外，并拨给公山为种茶之用。民国十七年（1928）冬，政府将茶叶讲习所改为茶叶试验场，后又在长沙县高桥设立分场，开始采用机械制茶，高桥成为湖南茶叶之集散地，有茶庄48家。1942年《湖南之茶》载：湖南75县，有64县产茶，1936年，有茶园10万公顷，产茶近4万吨。

新中国成立以后，湖南茶业空前繁荣。一是加强了茶叶科学研究机构和教学体系的建设与专业人才的培养；二是茶叶品种不断改良，碧香早、槠叶齐、桃源大叶等优良品种大面积推广，湖南茶叶品质得到大幅度提高；三是茶叶基地不断扩大，茶园面积、茶叶产量不断增加；四是加工机械和加工技术水平不断提升；五是茶叶贸易规模不断扩大；六是茶文化建设不断增强。2001年，湖南省政府分析了茶业发展趋势，将茶业确定为五大农业支柱产业之一，明确了“质量兴茶、科技兴茶，再造湖南茶叶新优势”的方针，制定了“一二三四”的发展战略，即理清一条思路（做大做强茶产业，抓品种、攻品质、创品牌），突出两个调整（茶园布局、茶类结构），搞好三大改造（茶园、茶厂、企业），抓紧四项建设（经营管理、质量监管、出口体系、人才培养）。通过努力，2004年已经实现了五年目标。

第二节　湖湘茶的种类

2005年，湖南省茶叶学会进行了一次“湖南十大名茶”的评选活动。

2007年湖南茶叶学会综合品牌文化底蕴、生产现状、发展潜力、茶叶品质五项因素，评出了湖南省内的十大名优茶：君山银针、高桥银峰、古丈毛尖、金井毛尖、兰岭毛尖、东山秀峰、南岳云雾、石门银峰、安化松针和野针王。

2010年，湖南省农业厅和湖南省茶叶学会、湖南省茶业协会共同举行了“湖南十大茶品牌”的评比，评选出“十大企业茶品牌”和“四大茶叶区域公共品牌”。其中“湖南黑茶”入选2010年中国世博十大名茶。

2018年，湖南省茶叶学会、湖南省茶业协会、湖南省大湘西茶产业发展促进会进行了“湖南十大名茶”新一轮的评选，安化黑茶、古丈毛尖、黄金茶、石门银峰、碣滩茶、岳阳黄茶，桃源红茶、南岳云雾茶、新化红茶、桂东玲珑茶等当选为“湖南十大名茶”。

（一）黑茶

湖南黑茶始于明代嘉靖三年（1524）前后，《茶马志》云：“悉征黑茶，地产有限，仍第为上中二品，印烙篾上，茶商名而考之，每十斤蒸晒篾，运至茶司，官商对分，官茶易马，商茶给卖。”据是年《甘肃通志》载：“湖南安化仿四川乌茶制法并加改进，制成半发酵类黑茶。”这里指的改进，即现在常用的传统制法，灌浆杀青，趁热揉捻、堆积渥堆，松柴明火分层干燥的典型工艺。

中国黑茶始于何代，似难确立，历史上的茶马交易始于唐，盛于宋，止于清，上下千余年，原以汉川之茶走茶马古道、丝绸之路，运往新疆、西藏、青海、甘肃、内蒙古等省区。人背、船运、马驮，当时茶大多数为做篓装茶，即使压成砖茶亦是防潮不严、日晒雨淋，湿了再晒，晒了再湿，三五个月的行程，茶叶则是在后发酵的环境下，到达各销售区的。因此有人说“黑茶的品质是在船舱里、马背上形成的”。

湖南黑茶始于益阳市安化县，明代嘉靖前湖南有不少黑茶私贩在汉川参与茶马交易，自明代万历年间后，湖南黑茶大批官运至西北易马，后来逐步形成茶交易的主流系之一。以“甘引”与“陕引”的形式，大量发引为茶马交易，为稳定朝廷局势作出了巨大的贡献。

1. 茯砖茶

茯砖茶原产陕西省的泾阳县，是用湖南省安化“甘引”茶原料筑制而成的，称“泾阳砖”，简称“泾砖”。每块净重旧称五斤（当时每斤含596.82克，折合接近2984克，约3千克），用纸壳封装。又称“封砖”。因需要在三伏天筑制，也称“伏砖茶”，又因其功效与中药土茯苓相似，又称“茯茶”。茯砖茶的生产至今已有360年历史。

近代湖南安化白沙溪茶厂经过反复试验，1951年终于在安化就地加工茯砖茶获得成功。现在茯砖茶集中在湖南益阳和临湘两个茶厂加工压制，年产量约2万吨，产品名称改为湖南益阳茯砖。

茯砖茶压制要经过原料处理、蒸气沤堆、压制定形、发花干燥、成品包装等工序。

图5-1 茯砖茶

其压制程序与黑、花两砖基本相同，其不同之点是在砖形的厚度上。因为茯砖特有的“发花”工序，除需要很多条件外，一个重要的条件是要求砖体松紧适度，便于微生物的繁殖活动。茯砖与黑、花两砖另一个不同之点，是砖从砖模退出后，不直接送进烘房烘干，而是为促使“发花”，先包好商标纸，再送进烘房烘干。烘干的速度不求快干，整个烘期比黑、花两砖长，以求缓慢“发花”。

茯砖茶（图5-1）外形为长方砖形，规格为35厘米×18.5厘米×5厘米。特制茯砖砖面色泽黑褐，内质香气纯正，滋味醇厚，汤色红黄明亮，叶底黑亮嫩匀。普通茯砖砖面色泽黄褐，内质香气纯正，滋味醇和尚浓，汤色红黄尚明，叶底黑褐粗老。泡饮时汤红而不浊，耐冲泡。每片砖净重均为2千克。

一品茯茶技术含量高，是采用高级的有机黑茶特制发酵，发花是通过提高茶叶品质，采用传统生产工艺科学精制而成，是纯天然，高档次茯茶产品，具有金花普茂，形美，质佳，味香的特点。一品茯茶和金湘益特制礼品茯砖茶曾作为新疆民委庆祝新疆维吾尔自治区成立五十周年指定礼品用茶，属于大众型消费产品。通过改进生产工艺和技术设备研制开发而成，充分保持了传统茯茶的独特风味。袋泡茯茶是在引进国内先进的袋泡茶加工和包装技术后研制和开发的袋泡茶系列产品。袋泡茯茶保持了茯茶的独特品质和传统风味，是适合酒店、宾馆、办公室、家庭消费的健康饮品。

2．花砖茶和黑砖茶

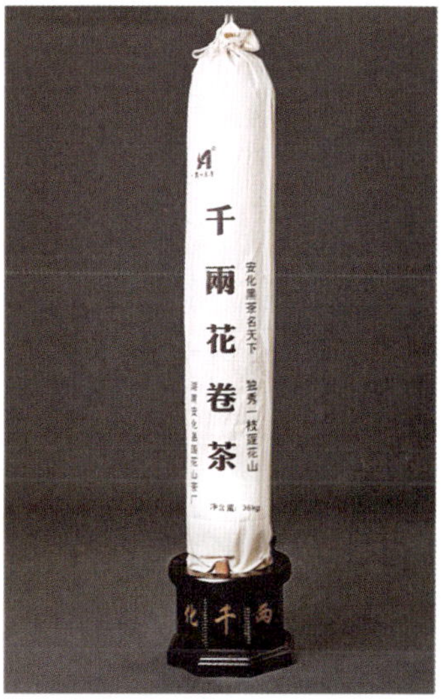

图5-2 千两茶

花砖茶的前身为花卷茶。始于清道光年间。道光元年（1821）以前陕西商人到安化采购黑茶，踩捆成包回陕。随后又改为“百两茶”，踩捆成柱形，每一卷（支）茶，净重合老秤（16两）一百两。清同治年间，晋商在“百两茶”的基础上，选购高马二溪优质黑茶原料，增加体积重量，用棕和篾捆压而成花卷，呈圆柱形，称为“千两茶”（图5-2），即一卷（支）茶，每支净重为老秤一千两。花卷茶加工，做工精良，技术性强，十分保密，有传子不传女及女婿的规矩。花卷茶以安化上等黑茶为原料，经筛制、拣剔、风选、整形、拼配等工序加工而成。每支茶加工可以分为蒸包灌篓、杠压紧形两个阶段。

黑砖茶是20世纪30年代安化创制新品，砖面压有“湖南省砖茶厂压制”八字，又称“八字砖”。因砖面用凸字字模，兰州市场称黑砖为“鼓字老牌安化黑砖”。黑砖茶于1935年试制成功，1939年湖南省茶叶管理处采用半机械化压制，产品呈长方砖形，规格为35厘米×18厘米×3.5厘米，砖面色泽黑褐，故名黑砖茶，沿用至今。过去黑砖茶分为“天、地、人、和”4个等级，1940～1942年运往新疆，与苏联交易。20世纪50年代后，主销西北，少量经香港转口外销。砖面端正，四角平整，模纹（商标字样）清晰。砖面色泽黑褐，内质香气纯正，滋味浓厚微涩，汤色红黄微暗，叶底嫩匀，每片砖净重2千克，近年有2千克、0.5千克、0.45千克3种规格。过去分为洒面茶和包心茶两种，洒面茶品质好，包心茶品质差。压制时把差的茶叶压在里面，较好的茶叶压在外面。这样做，内外品质不一，压制也较麻烦。20世纪70年代中期，安化白沙溪茶厂进行工艺改革，在提高洒面茶和包心茶质量的基础上将洒面茶和包心茶进行混合压制，不分面茶和里茶，做到了品质表里如一，同时又简化了手续，提高了工效。现在压制黑砖茶的原料成分为80%的三级黑毛茶和15%的四级黑毛茶，以及5%的其他茶，总含梗量不超过18%。这些不同级别的毛茶进场后，要进行筛分、风选、破碎、拼堆等工序，制成合乎规格的半成品，做到形态均匀、质量纯净。半成品再经过蒸压、烘焙、包装等工序，制成黑砖茶。1987年获商业部优质产品证书，1988年获全国首届食品博览会银奖。

（二）绿茶

1. 古丈毛尖

古丈种茶（图5-3）有近2000年的历史。最早文字记载见东汉《桐君录》：永顺之南（今古丈县境），列入全国产茶地之一。唐代溪州即以芽茶入贡。后列为清室皇家贡品。古丈种茶历史悠久，所产的“青云银峰”，紧细圆直，汤色碧绿，滋味醇爽，微苦而甘，性微寒。“青云银峰”茶产品属性的描述完全与其后的古丈毛尖相一致，这应当是古丈毛尖的源头。“青云银峰”后改称为“古丈毛尖”，有三大原因。其一，清雍正之际，朝廷实施了改土归流，古丈坪长官司改建为古丈坪厅，归新建的永顺府统辖。该厅境内产茶之处甚多，非止青云山一处。因而以古丈为商品名，更容易为外界所接受；其二，古丈所产的茶叶，表面布满了白色的毫毛，此前称为银峰，也是因此而来。称为古丈毛尖，意在凸显该地所产茶叶的外观特性；其三，古丈毛尖一名中的“尖”字，意在强调这种名茶是用初春萌发的茶芽制作而成。高标准的茶品通常都以“一枪一旗”茶芽为原料，制成的成品成针状。因而称之为“尖”，意在强调其外形。总而言之，在漫长的历史岁月中，无论是称为茅茶，称为茶芽，或者银峰，都可以视为古丈毛尖的前身，其制作工艺一脉相

图5-3　古丈毛尖

承，今天所能观察到的制茶工艺，乃是历史积淀的产物。

古丈毛尖茶的独特品质在于每年清明前采摘芽茶或一芽一叶初展的芽头，经摊青、杀青、揉条、炒坯、摊凉、整形、干燥、筛选等八道工序，一丝不苟，精制而成“明前茶”。其成茶条索紧细，锋苗挺秀，色泽翠润，白毫满披；清香馥郁，滋味醇爽，回味生津；汤色黄绿明亮，叶底绿嫩匀整。

1929年古丈毛尖获法国国际博览会国际名茶奖，1957年外经贸部送展莱比锡国际展览会，当年实现小批量出口西德；1982年被评为湖南省优质名茶第一名，入选中国十大名茶之列；1983年获外经贸部荣誉证书，被列为优质出口产品；1988年获北京首届食品博览会金奖；1999年获99中国国际农业博览会“名牌产品”称号，被评为“湖南名牌产品”“99湖南市场占有率最高品牌和99湖南消费者购买首选品牌”。

2. 石门银峰

1991年，在湖南农业大学朱先明教授的指导下，原石门县茶叶开发总公司研制并开发出“石门银峰”。

图5-4 石门银峰

石门银峰（图5-4）条索紧细匀直，满披银毫，色泽翠绿油润，香气清高持久，汤色亮绿，滋味醇厚爽口，回味甘甜，叶底嫩绿鲜活、完整，具有头泡清香，二泡味浓，三泡、四泡幽香犹存的独特品质。石门银峰茶的鲜叶采摘要求相当严格，于清明前后选择晴天采摘，严格做到不采雨水叶、露水叶、紫色芽叶、瘦弱异形叶，不带鱼叶、鳞片、蒂梗和杂物。鲜叶要求嫩、匀、净、齐。其加工制作分摊青、杀青、清风、炒坯、紧条、理条、摊凉、提毫、烘焙等九道工序。

1993年“石门银峰”被评为湖南省名茶；1994年荣获“中茶杯”二等奖；1994年获第五届亚洲及太平洋国际贸易博览会金奖；1998年获湖南省名优茶金牌杯金奖；1999年获国际名茶评比银奖；2000年获国际名茶评比金奖；2002年在“湘鄂黔渝”武陵山区茶叶评比中获金奖；2004年获中国湖南·星沙（首届）茶文化节名优绿茶评比金奖；2005年再获第六届“中茶杯”全国名优茶评比特等奖；2005年被评为“湖南十大名茶”。

（三）黄茶

君山银针

君山产茶历史悠久，唐代就已生产、出名，因茶叶满披茸毛，底色金黄，冲泡后如黄色羽毛一样根根竖立而一度被称为“黄翎毛”。相传文成公主出嫁西藏时就曾选带了君山茶。乾隆皇帝下江南时品尝到君山银针，十分赞许，将其列为贡茶。

湖南省洞庭湖的君山出产银针名茶，据说君山茶的第一颗种子还是4000多年前娥皇、女英播下的。后唐的第二个皇帝明宗李嗣源，第一回上朝的时候，侍臣为他捧杯沏茶，开水向杯里一倒，马上看到一团白雾腾空而起，慢慢地出现了一只白鹤。这只白鹤对明宗点了三下头，便朝蓝天翩翩飞去了。再往杯子里看，杯中的茶叶都齐崭崭地悬空竖了起来，就像一丛破土而出的春笋。过了一会，又慢慢下沉，就像是雪花坠落一般。明宗感到很奇怪，就问侍臣是什么原因。侍臣回答说“这是君山的白鹤泉（即柳毅井）水，泡黄翎毛（即银针茶）缘故。”明宗心里十分高兴，立即下旨把君山银针定为“贡茶”。君山银针冲泡时，棵棵茶芽立悬于杯中，极为美观的。

图5-5 君山银针

君山银针（图5-5）属黄茶类，以色、香、味、形俱佳而著称。银针茶在茶树刚冒出一个芽头时采摘，经十几道工序制成。其成品茶芽头茁壮，长短大小均匀，内呈橙黄色，外裹一层白毫，故得雅号“金镶玉”，又因茶芽外形很像一根根银针，故名君山银针。冲泡后，开始茶叶全部冲向上面，继而徐徐下沉，三起三落，浑然一体，确为茶中奇观，入口则清香沁人，齿颊留芳。1956年8月，在莱比锡国际博览会上，荣获金质奖章。

（四）红茶

1. 桃源红茶

桃源，地处湘西北，南枕莽莽雪峰、北倚巍巍武陵，一条最漂亮的清水之河——沅水自西向东穿越县境中部99千米。世界的名茶，没有哪一种茶能抛开地理条件，一方水土定了一种茶的品质。桃源大叶茶的出众，关键是它具有优良的品质，其“叶片硕大、叶质柔软、叶色翠绿、茸毛较多、汤色翡翠、气味芳香、余味悠长”。茶叶专家鉴定，此茶富含有益人体健康的硒、锌等微量元素与500多种酚类物质，茶多酚含量高达35%，氨基酸含量8.56%，高于常规茶品一倍以上。由于此茶树只开花、不结果以及千百年来的过度采摘，到20世纪60年代，桃源野茶寥寥无几。当时国内的不少茶叶专家学者慕名踏山寻觅。这时，从安化过来的品茶师廖玉兆就惊奇地发现了陆家冲悬崖上有两株与众不同的大叶茶。1969年，土生土长的卢万俊正好从湖南茶校毕业，便一心扑在大叶茶的开发上。为抢救这濒临绝迹的珍品，县委县政府选定在太平铺的卢家湾建立大叶茶良种繁育科研所，茶叶泰斗朱先民、唐明德、施兆鹏等亲临现场悉心指导，年轻的制茶世家吉光腾当时不仅加入了这个研发队伍，还担当起太平铺公社茶厂厂长的重任，在专家们的带领下，经过数以千计的实验，终于攻克了无性繁育的难关，不仅使野茶繁衍下来，而且保留了野生基因的完整，保持了桃源野茶的高贵品质。

桃源红茶（图5-6）始于清同治四年（1865）。当时，以沙坪为集散埠头，有江西、广东商人经汉口口岸转售，每年出口2万余箱。清末民初，红茶出口高达3万箱，每箱30千克，换银40两，利润颇丰。同时又将红茶梗皮捣成粉末，运往汉口销售给俄商压成砖茶（俗为金砖），远销西伯利亚、土耳其及巴基斯坦等国家。腾琼已开发成功顶级红茶。腾琼用大叶野茶制作的红茶，温婉如玉、明亮如水，弥漫出特有的华贵和雍容，为红茶珍品，注册“桃源红”。“桃源红”汤色红艳明亮，滋味浓醇鲜爽，有独特的花果清香，饮后明目清心、开胃健脾、润喉利咽、养颜护肤。

图5-6　桃源红茶

2. 新化红茶

新化茶叶始于唐，兴于清，盛于民，1915年在巴拿马万国博览会上新化红茶获优质产品奖，1930年在杨木州成立茶公所，建立了八大茶行，1950年中国茶叶进出口公司在杨木州组建了中国红茶厂，20世纪80年代新化功夫红茶，出口英、美、俄等国家。

（五）茉莉花茶

茉莉花茶就是茶中加入茉莉花朵窨制而成，因茶芳香鲜灵，饮后满口留香，因此有人说“在中国的花茶里，可闻春天的气味”。长沙产茶叶和茉莉花有悠久的历史，明嘉靖《长沙府志》即有“杂货之品曰茶，（贡）岁进茶芽六十二斤”的记载；清嘉庆《长沙县志》也有“茉莉夏开白色，清丽而芳”的记载。今日的猴王牌茉莉花茶产于湖南长沙茶厂。其条索紧结，茶叶浓醇，花香鲜灵，纯正持久。冲泡后汤色黄绿明亮，叶底匀嫩，耐冲泡，饮后满口留香，为花茶类的佼佼者。长沙茶厂成立于1950年，当时名为湖南省茶业公司长沙红茶厂。由于出口需要，长沙茶厂于1953年停止加工红茶，改产绿茶和茉莉花茶。20世纪60、70年代花茶产量一般在500吨左右，1982年为发展花茶生产，在总结过去窨制花茶经验的基础上，对原料与配方、工艺与机具以及包装作了改进，提高了产品质量。并利用1982年10月国务院和外贸部在北京同时举办“全国少数民族用品及土特产品展览会”与“全国出品包装展览会”的契机，从湘西调进一批优质绿茶，精心窨制了一批茉莉花茶，正式使用猴王牌注册商标。

猴王牌茉莉花茶制作时对原料十分讲究，首先是选取质地优良的茶坯，主要是选自湘西武陵山区石门、慈利、桑植、永定、古丈等县区及邻近的湖北鹤峰、五峰茶叶原料。这些茶区山高谷幽、森林茂密，鸟语花香，专家公认为世界最宜产茶地区。茶园又大多分布在海拔500～900米处，茶叶肥厚，内含物质丰富，香味独特。毛茶经筛分、切断、风选、拣剔等一系列精制工序，去除劣异成分后，严格分级配料，采用花朵洁白、丰润饱满的优质鲜花，以香气清雅悠长、质地最优的伏花（7～8月产）为主要花料。加春花（5～6月）、秋花（9～10月）季节窨制少量花茶，在成品拼配时，按级别拼配，保证各级猴王牌茉莉花茶清香浓郁的品质。

猴王牌茉莉花茶窨制的技术也十分精湛，特级、一级产品坚持三窨一提。在窨茶拼和中做到薄窨，厚度不超过15厘米。下足鲜花数量，把握鲜花吐香规律，并严格控制在窨温度、湿度、起花时间等技术要点，使产品茶优花好，茶、花香浓。猴王牌茉莉花茶一香、二浓、三美、四纯的品质特点享誉大江南北，成为家喻户晓的品牌，以至中国东北、西北、华北地区，流传“喝酒要喝茅台酒，饮茶要饮猴王茶”的民谣。

第三节　湖湘茶器

湖南岳州是中国青瓷的发源地之一，也是匣钵装烧法的首创之地。从东汉到唐宋，绵延千年。古岳州窑产于今湘阴县城南、城西湘江沿岸一带。唐代，岳州窑的生产居国内先进水平，陆羽《茶经》中列举了唐代六大名窑，岳州窑名列其中。

在湖南挖掘的长沙窑出土茶具中茶碗最多，据统计有数以百计的一模一样的茶碗。唐代陆羽不仅写下了世界第一部茶学著作，而且还专门创新了一整套凡28种烹饮茶叶的专门器具，后经简化定为二十四器。茶具从此与其他饮食器具分离，走向专业化。宋代湖南的金、银、铜、铁、锡、铅、丹砂、水银等矿物质的开采和冶炼均已形成相当大的规模。隋唐时期出现了大量的陶瓷茶具。明清两代又相继出现了玻璃茶具和长沙窑所产的广泛流行的民间的包壶大碗茶具。

一、马王堆出土漆茶具

马王堆出土漆器以木质胎骨为主，个别的为竹胎，也有在陶器上涂漆的，还有一种是夹苎胎，即先用泥土或石膏做初坯，然后用麻布或丝织布贴在上面，再用没有经过脱水处理的植物生漆一层一层地托在模坯上，晾干后把它脱下来，进行打磨、彩绘或者镶嵌金属零件等工序。马王堆出土漆器的图案装饰大部分是云纹组成的龙凤图案和几何图纹（图5-7），还有花草、怪兽等，构思独特，内容丰富，大致可以分为以某些植物、动物、人物、天象、风景为主的具象图案，和以几何图形、文字、器物与象征物为主的抽象图案。仅天象中的云气就有流云、片云、层云、团云、祥云、云气、云海以及云龙云凤等，给人腾云驾雾、如临仙境之感。图案中的动物大都艺术地改变了其形态，或夸大某一部位，或变某一器官，要方则方，要圆则圆，起承转合，如行云流水，使其形体与不同形状的器具达

图5-7　马王堆云纹漆鼎

到高度的和谐统一。

图5-8 鸡首青瓷壶

二、岳州窑青瓷茶具

中国古代茶具虽然种类繁多，但用途广泛又能绵延始终、长盛不衰的当推陶瓷茶具。在古代瓷窑中，有许多是以产茶具而著称于世的，岳州窑和长沙窑就是以烧制青瓷和釉下彩绘茶具而闻名于世的，是唐代主要的青瓷茶具产地之一和釉下多彩、彩绘茶具的首创地。陆羽《茶经》四之器记有："碗，越州上，鼎州次；岳州上，寿州、洪州次。越州瓷青，青则益茶。"湖南岳州窑自被陆羽《茶经》中列为唐六大名窑之后，似沉入洞庭湖中，未见于任何史籍，1953年经考古挖掘始知岳州窑在湘阴城南铁角嘴窑头山一带，并发现裸露在窑地的大量文物。1983年在城南偏西的樟树镇百梅村，又发现15万平方米的窑址，最厚的文物堆积在2.5米以上，出土文物碗、碟、壶、瓶、罐，釉色多样清鲜，纹饰讲究，上层为宋瓷，下层为东汉青瓷。1986年普查在湘阴湘江岸边发现古窑址25处，其中青瓷窑址就有18处之多，1997年出土了大量青瓷器物窑具和隋代龙窑，有8个文化层次，包含隋、唐、南朝（梁）、东晋、西晋、东吴6个时段，延续500余年。其西晋匣钵，使"匣钵烧造法"向前推进300余年，这一重大发现为中国青瓷技术发展史寻到了源头，证实了岳州青瓷（图5-8）在中国青瓷史上应有的地位，也是湖南最早的青瓷窑，是研究青瓷史不可多得的文物。

三、长沙窑釉下多彩彩绘茶具

长沙窑制陶始于东汉，制瓷始于唐代，衰于五代。早期主要制作"南青北白"中青瓷的地方品类，为中国青瓷茶具的著名窑场。长沙窑彩瓷源于岳州窑，是"安史之乱"前后北方部分陶瓷工匠南迁到陶土资源丰富、紧靠湘江黄金水道的铜官，将南方青瓷技术和北方白瓷技术相融合基础上创造出来的。加之其产品迎合了国内外消费者的生活需要和文化审美心理，长沙窑以独树一帜的釉下多彩的釉下彩绘特色，一时风行国内外，甚至在西亚市场上出口数量超过了越窑，迅速成为当时全国三大出口陶瓷之一，与青、白瓷形成三足鼎立之势。

长沙窑最早发明釉下彩绘，其纹饰潇洒飘逸，独步天下，多样性前无古人，简笔花草、椰枣梭罗、孔雀鸟鹊、游鱼舞狮、莲花牡丹、武士乐师、坐椅绳床等无所不包，构图简洁生动，写意写实相兼，对唐以后的瓷绘艺术产生深远的影响。中国已故古陶瓷专家冯先铭在《三十年来中国陶瓷考古的收获》一书中高度评价；"长沙窑是中国釉下彩的创始地，对宋以后瓷窑有极大的影响……为天下第一，也不过分。"

长沙窑最早发明铜红釉烧制技术，窑工们在制作过程中发现，窑炉的还原焰可以将低价的铜还原成高价的铜，形成铜红，由此首创铜红釉色。铜红釉烧制成功，成为世界彩瓷史上始发轫者，为宋钧瓷红、元明清青花釉里红及祭红、郎窑红的发展打下了坚实的基础。把铜红釉发明烧制时间，从宋代提早至唐代，推前300多年。

长沙窑陶瓷模印贴花是世界陶瓷史上的一绝，独具特色的模印贴花是用陶泥上模印出花纹后，粘贴在瓷壶的系钮或流下，再施以彩釉。模印技术十分精湛，人物可数清根根胡须，动植物栩栩如生，建筑物富有立体感。长沙市博物馆珍藏的一件娑罗树贴花印模、人物贴花壶是很好的见证。

1．圆口玉璧底“茶”字青瓷碗

长沙窑的茶碗品种很多，多数茶碗的高度为4.5厘米左右，口径15.4厘米。早期生产的茶碗以圆口厚胎玉璧底青瓷碗为主，也有敞口玉璧的青瓷碗。中晚期生产的茶碗，品种较多，有各种花口圈足碗，还有多种绘有花草图形装饰的藻胎等。

圆口玉璧底“荼”字青瓷碗，是唐代的主要饮茶器具，它的特殊意义在于它作为实证信物有力地证明了民间茶碗与其他饮、食具分用的历史事实和大致年代。其碗通常高4.5厘米左右，口径15.4厘米，碗心书有“荼碗”二字。“荼”是茶的古字，陆羽《茶经》以前“荼”与“茶”字互用；之后，荼与茶二字从音、形、义3个方面才彻底区分开来。由此我们可以推断此碗为长沙窑的标准茶碗，它的生产年代应在长沙窑创立的早期，即初、中唐时期。

2．青釉褐斑贴印椰枣纹壶

长沙窑生产的壶，在长沙窑题记中称之为瓶，是唐、宋时期盛茶汤点茶的器具，可能还兼作汲水或盛水的器具，主要器形有喇叭形大口壶、短流执手瓶、小口短流系钮壶、横柄壶、小扁壶等。唐长沙窑生产的青釉褐斑模印贴花椰枣纹瓷壶（图5-9），出自印度尼西亚勿里洞岛海域“黑石号”沉船。高22.2厘米，口径11.5厘米，底径15.8厘米。外形为喇叭口、短嘴、低圈足，肩部附有系钮，把与肩、腹相接，壶身通体罩透明青釉不及底，釉面光亮如新，釉层薄，开细小片，釉色均匀，略有垂釉现象。采用贴、印手法，饰有褐斑椰枣纹，整体造型敦实厚重，但朴实中透出秀丽。器内轮制痕迹清楚，底足略修。模印处稍内凹，有窑裂。

3．茶擂钵

长沙窑出土茶擂钵，呈碗状，通高5厘米左右，口径15厘米，平底，内壁刻有放射形沟状纹图案，既增强搓揉茶料时的摩擦力，又一定程度上美化了茶器，使之粗中有细，俗中见雅，不失为珍贵的茶具文物。擂钵，加工茶叶使用的器皿。造型有敞口、撇口之分；器外施釉至口沿，器内刻有很深的直条纹，带装饰的鱼纹和莲花纹。始于唐，盛于宋。在今天仍广泛使用。作食具用的擂钵一般体形较大，但也有例

图5-9　椰枣纹瓷壶

图5-10　瓷茶碾

外，如现在湖南桃江、安化县的擂茶，因饮食的人多，擂的东西有芝麻、花生、黄豆、大米等物，所以与其他食具擂钵是分用或共用的。作为古代碾茶器具，用于碾、擂茶和搓揉掺茶作料以制成擂茶用的茶擂钵，器形一般很小，其使用也有明显的区域性。今天湖南桃源县以芝麻、生姜和盐为原料，有三生汤之称的清擂茶就还使用这种器具。另外，长沙、益阳、湘阴等盛行喝芝麻豆子姜盐茶的地区也仍在使用这种茶擂钵，器形稍有变化，多为尖底，内壁刻有单一放射形沟状纹，主要用来擂盐渍姜，使之在茶水中味道更容易发挥出来。

4．瓷茶碾

茶碾（图5-10），属于古代盛行煎茶法时期一种特有的碾茶用具。唐宋及其以前，人们饮的主要是饼茶，在饮茶前先得将饼茶碾成细末，方可煎茶，否则很难将茶汁煎出来。茶碾的作用，就是将饼茶碾成细末，所以，它是煎茶用的一种器具。出土于长沙古墓中的茶碾，形态制法各异，造型朴实。

四、醴陵釉下五彩瓷茶具

中国是瓷的故乡，长沙窑是高温釉下彩的首创者，湖南的另一瓷品“醴陵釉下五彩瓷”（图5-11）则是中国瓷器的另一颗鲜艳夺目的明珠。据考证，长沙窑当时有在白釉下画绿彩的，有在黄釉下画褐彩的，也有在青釉下画褐绿彩的，也有在青黄釉下画三彩等品种。在瓷器的纹饰上，除了各种各样的图案外，还大量使用了花鸟、走兽、人物等题材，大量运用了诗词、书法，并直接以绘画的手法来美化瓷器，开创了陶瓷史上的先例，是陶瓷装饰技法的新创造。此后宋代著名的磁州窑和其他北方民窑中的黑褐彩绘，以及元、明、清各代的青花、釉里红这些釉下彩瓷工艺，都可以说是在长沙窑的影响下发展起来的，并为釉上彩绘开辟了道路，使中国的彩瓷艺术取得了杰出的成就，享誉世界。1000多年来，长沙窑的釉下彩瓷工艺也一直深深地影响着湖南瓷业的发展，到清末，醴陵瓷业的发展成为湘南瓷业的代表。

图5-11　醴陵釉下五彩瓷茶具

五、竹木茶器具

隋唐以前，中国饮茶虽渐次推广开来，但属粗放饮茶。当时的饮茶器具，除陶瓷器外，民间多用竹木藤等天然材料制作而成。陆羽在《茶经·四之器》中开列的24种茶具，多数是用竹木制作的这种茶具，来源广，制作方便，对茶无污染，对人体又无害，因此，自古至今，一直受到茶人的欢迎。但缺点是不能长时间使用，无法长久保存，失却文物价值。只是到了清代，在湖南茶乡益阳出现了一种竹编茶具，它既是一种工艺品，又富有实用价值，主要品种有茶杯、茶盅、茶托、茶壶、茶盘等，多为成套制作。竹编茶具由内胎和外套组成，内胎多为陶瓷类饮茶器具，外套用精选慈竹，经劈、启、揉、匀等多道工序，制成粗细如发的柔软竹丝，经烤色、染色，再按茶具内胎形状、大小编织嵌合，使之成为整体如一的茶具。这种茶具，不但色调和谐，美观大方，而且能保护内胎，减少损坏，同时，泡茶后不易烫手，并含艺术欣赏价值。因此，多数人购置竹编茶具，不在其用，而重在摆设和收藏。

在竹制茶叶器具中，以邵阳翻簧竹刻最为有名。它创始于清代乾隆年间，其工艺是巧妙地将竹的内簧制成器具的表面，即翻簧竹板，再制成茶叶盒、茶叶筒等各种器具，然后在上面雕刻作画。雕刻技术有线刻、浮雕、沉雕、明文雕、阳文雕、镂空、压烫、腐蚀、镶嵌等。图像多为兰竹花草、鸟兽虫鱼、仕女人物、山川胜迹等。在1915年巴拿马万国博览会上，邵阳翻簧竹刻曾获银牌奖。竹木质地朴素无华且不导热，用于制作茶具有保温不烫手等优点。另外，竹木还有天然纹理，做出的茶具别具一格. 很耐观赏。目前主要用竹木制作茶盘、茶池、茶道具、茶叶罐等，也有少数地区用木茶碗饮茶。

思考题

1. 湖湘茶的种类有哪些?
2. 长沙窑釉下彩绘茶具的特点是什么?

第六章

湖湘节庆礼仪食俗

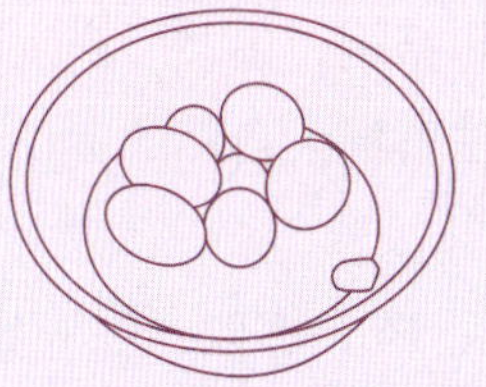

第一节 湖湘传统节庆食俗

岁时节日食俗，是各民族民众在长期的生产和生活实践中逐步积累起来的文化财富，是中国人民为适应生产和生活的需要而共同创造的一种民俗文化，是中国民俗文化的重要组成部分。三湘四水孕育了丰富的湖湘文化，三湘大地的传统节日淋漓尽致地展示了湖湘文化的特征。湖南作为中华大地的一部分，既有整个中华民族传统节日文化的共同特征，也有其自身的特点，带有非常明显的地域特征。

一、湖湘传统节庆食俗的形成

纵观湖湘岁时节日的由来，大体有以下几个方面。

一是源于农事和农事祭祀。中国自古以农为本，以农立国。早在7000多年以前，原始农业已经出现了南北分野，北方以粟作为主，南方以稻作为主。农业生产有很强的季节性特点：春播、夏耘、秋收、冬藏，周而复始，年复一年。从远古时代起，中国先民就已掌握了反映农业生产特点的历法知识。历法反映了农业生产规律，对指导农业生产起了积极作用，同时也为岁时节日的产生提供了必要的前提。

二是源于历史人物、历史事件和历史传说。中国是个多神信仰的国家，有些神话传说和历史人物被奉为神明加以崇拜和祭祀，由此而产生了一系列大大小小的民俗节日。在生产不发达的上古时代，当人们无法解释大自然的奥秘，不能掌握自己命运的时候，便产生了许多禁忌和迷信观念。

三是受宗教节日的影响。节日习俗大都建立在原始崇拜基础上，信仰色彩浓厚。中国民俗节日深受宗教影响，许多节日都来源于宗教。如佛教有四月八日浴佛节（佛祖释迦牟尼诞辰日）、七月十五日盂兰盆节等，如道教有三月三日蟠桃节（王母娘娘寿诞）、九月九日重阳节（斗姆星君诞辰日）等。上述宗教节日流传到民间，逐渐形成了庙会等一系列节俗活动。

三个方面相互渗透和影响，融合成了民俗节日。而每个民俗节日则有相对应的食俗。

二、湖湘传统节庆的发展

岁时节日是一个能动的文化因子，节日虽有固定的时间，但它的内容却处于不断发展和变化之中。就节日风俗而言，许多节日元素早在远古时代已经出现了萌芽。流传至今的春节、上巳、端午、中秋、冬至等节日元素，先秦时代大部分已经形成，但当时的节日比较少，内容不够丰富，时间也不那么固定，节日习俗大都建立在原始崇拜基础上，信仰色彩浓厚。

汉代，中国主要节日如元旦、除夕、元宵、上巳、寒食、端午、七夕、重阳等都已基本定型。一方面，一些历史人物如屈原、介子推等成为某些节日的纪念人物，取代了原始崇拜和信仰，增强了节俗的人情味和真实感；另一方面，在节俗自身的发展中，一些风俗上升为礼俗，一些礼俗变为风俗，风俗和礼俗融为一体，被人们约定俗成地接受并沿袭下来。其中一个典型的例子就是，在屈原去世之前就已经有了端午节，人们在此日进行辟邪、驱鬼等活动，屈原又恰巧在端午节这天投江，其出彩的文笔和自身传奇的故事加强了端午节节日祭祀和纪念的节日氛围，让端午节更加受人们重视。

魏晋南北朝融合期。这个时期的民族大迁徙、大融合，推动了民族文化的大交流，促进了节日文化的融合与发展。这种融合与发展主要来自三个方面的推动力：一是北方游牧民族入主中原，带来了节俗文化中那些杂技游艺成分，如骑射、蹴鞠等。二是宗教信仰与节日相结合，使节日更加深入人心，推动了节日的传播和发展。如南北朝梁宗懔所撰《荆楚岁时记》就记载了中国古代楚地自元旦至除夕的24节令和时俗，全书共37篇，涉及各类民俗和各种民间工艺美术作品等。

唐宋社会经济、文化的繁荣，促进了节日文化的发展，其主要特点是：民俗节日从禁忌迷信的神秘气氛中解脱出来，向礼仪性、娱乐性的方向发展，演变成为真正的良辰佳节。春节放爆竹原是一种驱鬼手段，此时变成了欢乐的象征；元宵节祭神灯火变成了游艺观灯活动；中秋节祭月变成了赏月；重阳节由登高避灾演变为秋游赏菊。在节日风俗的演变中，还增添了许多文化娱乐活动，如放风筝、拔河等。节日内容日益丰富多彩，把节日民俗活动推向了高峰。

唐宋以后，节日的发展比较平缓，辽、金、元时期，融入了一些少数民族习俗。明清时期，节日风俗出现了三种变化：一是更加讲究礼仪性和应酬性，如逢年过节，人们出于礼尚往来而互相拜访送礼；二是明代资本主义萌芽出现以后，一些以小农经济为基础的节日风俗逐渐被人们所冷淡，如祭土地神习俗已不像先前那样受到重视；三是游乐性继续发展，如元宵节观灯，明代由宋代的5天增加到10天，昼市夜灯，热闹异常。但从总体说来，这一时期的节日风俗没有太大的变化，节日习俗已基本趋于稳定。

三、湖湘传统节庆食俗

1. 春节及其食俗

“岁”字原来是一种收割工具。当时的农业是一年一熟制，每年收获一次。收获之后，人们用“岁”杀牲祭祀，“岁”又成为该祭祀的名字。最后，“岁”字成为时间段落标志，成为年岁的岁。“年”字原来也是标志农业生产的字，《说文解字》说：“年，谷熟也。”后来，“年”的字义也发展为时间段落标志，与岁相当。《尔雅·释天》说：“夏曰岁、商曰祀、周曰年。”有了岁、年的概念，自然就会产生过新年的习俗。新年是一个非常古老的节日。

湖南人认为春节是传统节日中最重要的一个节日，俗称过年，它持续的时间最长。即从先年腊月二十四过小年起到第二年正月十五闹元宵为止。十二点钟声响过，各家各户会在门前燃放烟花爆竹，叫作“开财门”“开门红”。

正月初一是一年、四季、十二个月起始的一天。全家老小端正穿戴，依次祭祀祖神，祝贺新春。古时正月初一早晨，要生吞鸡蛋一个，时至今日已经演变成了吃水煮鸡蛋，寓意新的一年可以过得顺利圆满。

农历正月十五是元宵节。又称上元节、元夜、灯节。相传，汉文帝（前179—前157年）为庆祝周勃于正月十五戡平诸吕之乱，每逢此夜，必出宫游玩，与民同乐，在古代，夜同宵，正月又称元月，汉文帝就将正月十五定为元宵节，这一夜就叫元宵。这一天湖南人家家点烛于灶台屋角，户户煮食元宵团、看龙灯、唱花鼓戏。其中最为热闹的是耍龙灯，龙灯的品种繁多，如乌龙灯、火龙灯等，火龙灯在每个灯拱里点上蜡烛，整个行程中烛火不能熄灭，否则会被视为不吉祥。湖湘一带的元宵团和北方一样是以糯米粉为外皮，内馅既有常见的花生和芝麻馅，也有富有地方特色的腊肉馅等。

吃完元宵意味着春节结束，外出务工的开始外出，在家的开始从事各类生产经营活动。春节因是一年之首，禁忌很多，尤其是除夕日，禁忌打破东西，说不吉利的话，忌泼油，团年饭上的鱼忌一次吃完，初一到初三不扫地，即便扫，也不将垃圾往外倒。

2. 上巳节及其食俗

三月三古已有之，古时称之为“上巳节”，是一个纪念黄帝的节日。相传三月三是黄帝的诞辰，中国自古有“二月二，龙抬头；三月三，生轩辕”的说法。三月三在湖南是一个非常重要的节日，这一天家家户户都会用地菜煮鸡蛋（图6-1）。“地菜”就是荠菜，因荠菜的谐音是“聚财”，老百姓又根据民间传说，于三月初三这一天，在祭祖的时候，借助祖先的神灵和财气，人们会将新鲜荠菜洗净后捆扎成一小束，放入鸡蛋、红枣等，再配两三片生姜，煮上一大锅，全家都吃上一碗，食之既可交发财运，又可防治头痛头昏病，久而久之便形成一种民间特有的食疗习俗。除了地菜煮鸡蛋，三月三前后湖南的长株潭地区还流行做“蒿子粑粑”，用艾蒿草和着糯米粉做成一个个圆形饼子食用，

图6-1 地菜煮鸡蛋

祛除体内湿气。

3．清明节及其食俗

清明节在全国各地都是非常重要的节日，尤其2008年被国家定为法定假日之后，更是引起了全国各族人民的重视。清明节在湖南的习俗主要是扫墓“挂青”。“青”是用各色彩纸剪成的纸串，也有用纯白的，清明节前三天后四天之内由亲人挂在坟头，所以俗话说“有儿坟上飘白纸，无儿坟上草树青”。一座坟头清明是否挂青，成了一个家族是否后继有人、兴旺发达、父慈子孝的标志。一个坟头上“挂青”越多，说明墓主家族人丁越旺。扫墓是慎终追远、敦亲睦族及行孝的具体表现，挂青是尽孝道的标记物。

长株潭地区流行“清明吃青”的食俗。在清明时节，人们专门采取一些对人体有益的药草如夏枯草、蒿草、野菊、枸杞叶等，做菜或做粑粑吃，带粮充饥，这些植物均有清热、去火、明目、止咳、利尿等功效。

4．端午节及其食俗

湖南的端午有大小端午之分，五月初五为小端午，五月十五为大端午，一般小端午更为隆重。《荆楚岁时记》说端午有划船比赛，隋杜公瞻注释讲：这个风俗是因为屈原在这一天投汨罗江自杀，老百姓哀怜他的去世，所以都用船只去搭救他。端午节湖南各地都有赛龙舟的习俗，有大江大河的地方，几乎每个村寨都有自己的龙舟队，端午节一到便组织龙舟赛。龙舟赛上，锣鼓喧天，周围民众前来呐喊助威，场面蔚为壮观。除了划龙舟，最重要的是包粽子和用艾叶熬水给小孩洗澡。粽子叶多用箬叶，内里使用糯米填充，没有其他内馅的多蘸取白糖食用，碱水粽子则多是咸口猪肉馅。艾叶清热解毒，可以防止小孩被蚊虫叮咬。还有吃皮蛋和盐蛋的习俗。

中国古代把五月特别是夏至节气视为不太吉祥的时候，看作是阴气到达端点而亏，阴恶的害虫萌生之月。积极对付恶月、恶日的办法是以药克毒。《荆楚岁时记》说五月五日要“采杂药”。众药、杂药，言其多，古人又称之为“百药”，认为五月初五采药最灵验，药越多，效越大。谚语：“端午节前都是草，到了端午都是药。”端午采药之俗，直至明清时代尚且如此。

5．中秋节及其食俗

农历八月十五日是中秋节，八月为秋季的第二个月，古时称为仲秋，因处于秋季之中和八月之中，故民间称为中秋，又称秋夕、八月节、八月半、月夕、月节，又因为这一天月亮满圆，象征团圆，又称为团圆节。正值秋高气爽的月圆之夜，圆圆的月亮挂在空中，月色皎洁，是一个以赏月吃月饼为主要内容的节日。

湖湘一带的传统月饼是酥皮月饼，五仁馅的最为经典，内有核桃仁、花生米、松子仁、麻仁、洗芝麻、冬瓜蜜饯、橘皮糖等作为馅心，外皮是用猪油和面粉做成的酥皮，吃一口，香酥咸甜直掉渣。湖南各地的中秋节除了吃月饼这一重要习俗，就是“送节”，出嫁的姑娘要回娘家送节，送上各色礼物。旧时也有在中秋夜出去“偷瓜”的，偷来的瓜煮食，据说可以防治“腰痛”，当然这个带有迷信的成分。也有把瓜偷来送给已婚未育夫妇的，瓜内有“籽”，寓意早生贵子。中秋前后湖南各地还有到南岳朝“八月香”之旧习。

6．重阳节及其食俗

古人认为九属阳数，九月九日，日月同属阳，故名重阳。在湖南各地，重阳节的主要活动有登高、酿菊花酒、敬老、蒸米糕等。

重阳日湖湘各地均酿酒，以秋菊为原料，称“重阳酒”或“菊花酒”。将其密封于坛中，藏之数月，味道醇厚，香甜可口，以备终年祭祀、待客、自饮之用。故又称重阳为“酒节”。

7．腊八节、小年、除夕及其食俗

农历十二月（腊月）初八日的腊八节，民间常在此日以糯米、腊肉、红枣、核桃等做“腊八饭”或“腊八粥”（图6-2），湖湘最有特色的菜肴，以黄豆、花椒、盐为原料制作的“腊八豆”，也是以此日所做为最佳。

腊月二十四，俗称“过小年”，也叫“细伢子过年”。相传是作为“天上耳目臣，人间烟火主”的灶王爷要回天庭述职，叫辞灶。家家打扬尘，洗被褥、杀年猪、打糍粑、办年货。元旦，清晨早起开门叫开财门，出门祭祀天神叫出天行，然后回家祭拜祖宗。

农历一年最后的一天是除夕，或叫大年三十。据《吕氏春秋·季冬记》记载，古人在新年的前一天用击鼓的方法来驱逐“疫疠之鬼”，这就是“除夕”节令的由来。户户剪彩纸，贴春联，吃团年饭。合家团圆聚餐，吃团年饭人要齐，菜肴丰盛，饭要多，有剩余。吃饭前要放鞭炮，祭祖，然后合家进食，吃的时间要长久。团年饭一定会吃鸡、肉、鱼、猪肘子等，而且得是大鱼大肉。鸡要整只的清炖，要选择公鸡，炖好后把鸡头立起来放；鱼蒸好后再在上面撒满红红的辣椒，而且三十晚上的鱼千万不要吃完，要留到初一再吃，这是象征着年年有余、五谷丰登，辣椒代表红红火火。郴州人喜用酸萝卜炒猪肠，象征着“常吃长有”。旧时湘中、湘北等地除夕夜守岁时，要吃猪脚炖萝卜，加入鸡蛋和红枣，称猪脚为“抓钱爪”（近年改吃鸡爪），鸡蛋为元宝，红枣喻为红盛，萝卜为顺气。怀化一带在除夕半夜时煮，天不亮时吃，为当年之最后一餐饭，也为新年之头一餐饭，故又称“年根饭”。年根饭要由当家的男人亲自动手煮，要多煮一些，使有剩余，用作来年之饭根。年根饭有三样菜必不可少，一为猪肠，常吃长有，二为青菜，表示“四季青泰”，三为胡萝卜，取其红心谐音“红兴”。饭菜摆好后，点燃香烛，祭拜祖先和观音娘娘，然后围坐进食。俗谚：“鸡不叫，狗不咬，半夜年饭衡山佬。”

图6-2 腊八粥

四、湖湘地方节庆食俗

1. 春风药王节及其食俗

相传很久以前炎帝神农氏带八名随从至湖南郴州安仁境内尝百草，治百病，教化当地百姓农耕，后人为纪念神农氏，为他筑庙、立神像，尊其为“药王”。春风药王节最重要的活动之一是熬药。在安仁，每家每户都有祖传的药方，每到春风时节，农民便会上山采集药材，凑齐各种各样的药材加上猪蹄和土鸡蛋一起熬制几天几夜，传闻吃了这样制作的鸡蛋可以防治百病。

2. 花朝节及其食俗

“百花生日是良辰，未到花朝一半春。”民间的岁时八节中，就有一个花朝节，也叫花神节，俗称百花生日。一般北方以二月十四为花朝，而南方则以二月十五为百花生日，汉族传统节日，流行于长沙、湘潭、桂阳等地。花朝节，是纪念百花的生日，因古时有“花王掌管人间生育”之说，故又是生殖崇拜的节日。古时在此日还会酿造女性“月子”里食用的月子酒。青年男女身着汉服，以旗袍秀、品茶艺、踏青游等形式欢庆“花朝节”。

第二节 湖湘人生仪礼食俗

人生仪礼是人类安排的使自己的生命有内容、有价值的活动之一。一般而言，出生、成长、成熟、衰老、死亡的过程被认为是人生中最为关键、重要的时刻。于是在这几个时间段就形成了几大人生仪礼。湖湘地区作为长江中游的一个重要的人口聚居地，也和其他地区一样发展出了自身的人生仪礼文化，分为生育仪礼、婚嫁仪礼、寿庆仪礼和丧葬仪礼。

一、湖湘生育仪礼及其食俗

诞生礼居于人生四大礼仪之首，是庆祝人的生命开始的礼仪，这里我们不仅讲述诞生礼即狭义上的婴儿呱呱落地后的庆祝仪式，也为大家介绍孕期中的一些礼仪习俗。

妇女怀孕，民间俗称“有喜”，被认为是家庭中的一件大喜事。妇女产前，娘家要送催生礼，如活鸡等食物。同时孕妇也会被禁止食用一些中医学上认为是“寒性”的食品以及“发物”，因为湖湘地区地处丘陵，气候较为潮湿，食用“寒性”食物和“发物”会被认为不利于孕妇和体内胎儿的身体健康。在湖南侗族聚集地，侗族人们还会有娘家的母亲或嫂子给孕妇送来催生甜酒或米饭的习俗。

妇女生育之后，随着婴儿的呱呱落地，一系列的诞生仪式便正式开始了。婴儿呱呱落地后，侗族和土家族的人们会在当天就给新妈妈吃甜酒，并叫人带上鸡去外婆家报喜，生男带公鸡，生女带母鸡，汉族的女婿同样也要带上酒肉前去岳父岳母家报喜。新生儿诞生后第三天，要举行“三朝”礼，以庆贺新生命的诞生。三朝礼起源很早，中古时期已经流行。发展到晚清，三朝的仪节主要有：洗三、告庙祭祖、宴客等。洗三是三朝礼中最为主要的仪式，即为新生儿洗澡，俗称“洗三”，“洗三”过程较为复杂，多由外婆或者接生婆进行操作，烧以艾蒿水置于木盆中，在适当温度时为婴儿洗身，既是去除污物又有去除前世的罪孽和今生的灾病的意思。洗浴时，外婆或接生婆还要往盆里投丢铜钱、枣子、花生、莲子，俗称“添盆”，意即生了一胎又一胎。宴客则是除了三朝，在小孩满月、百日以及周岁时都会进行。

二、湖湘婚嫁仪礼及其食俗

婚嫁仪礼应该是我们了解得最多的一种人生仪礼了，婚礼是人生大事，在湖湘地区也不例外。由于古人对于婚姻高度重视，认为婚姻家庭不仅仅是个人的事，而且还关系到整个社会和国家的稳定，故使得古代婚礼的仪程十分隆重而繁琐，《仪礼·士婚礼》中规定结婚必须经过“六礼”的程序：一、纳采；二、问名；三、纳吉；四、纳征；五、请期；六、亲迎。这六大程序先秦时期已经基本形成，到汉代更加完备。此后历代婚礼皆以这六礼为准，虽然各代稍有变通，但从大的方面来看，基本上未脱离先秦六礼的基本框架，晚清时期的湖湘地区也基本遵循这六礼。随着时代变迁，很多繁复的仪礼逐渐合并，如今在湖湘地区，提亲、定日子、送聘礼嫁妆、办回门宴等礼仪基本还是保留了下来，婚宴上多是采取的西式婚礼，拦门、闹洞房等不太好的习俗也渐渐地被人们摈弃。

1．湖湘聘礼食俗

在男方提亲过后，如果男女方都同意这门亲事，则定盟即订婚，之后男方便要给女方送上聘礼，即为“纳征”，“纳征”礼节极为繁琐，所送礼品也极为丰富，有首饰、衣服、礼饼、礼烛等，都要是双数。不同地区所送物品也有些许差异。如湖南零陵地区的聘礼分为初聘（相当于定亲）和申聘（相当于“纳征”）两次。初聘用鸡、肉、酒、豚及首饰等物；而后一只鸡送媒人，谓之“开口鸡”。又一次和媒人一道去女家“过礼”，此次为申聘，用鸡、鹅（上者六鸡四鹅、次者四鸡二鹅）、豚（上者四只、每只重七十斤，次者两只）、折酒钱、冠饰衣帛等物。湖南永州地区在“定亲”时，要送肉果、鸡鹅及“礼饼”（重者十余斤，轻者八九斤）等给女家，还要备鸡、肉、鱼、果等构成“羊礼”，或仅肉果等构成“鸡鸭礼”，分送与女之伯叔父母及外翁、姨舅、姊姑。“报日”之时要用鸡、鹅、鱼、肉等，加上礼金，到女家去“过大礼”。婚期前一天，男家要备花粉、茶果等送至女家。

2. 湖湘婚庆期间食俗

婚庆期间指的是结婚前一天、结婚当天、第二天和第三天，即婚事活动最多的几天。与饮食相关的活动主要有：女家的“送亲”筵席，男家的婚筵、交杯酒、闹房茶、培新人酒、行水茶等。

女子出嫁前一天，男方送酒席和礼物到女方家，谓之开容果酒和开容席。婚礼当天，除了大宴宾客，晚上新婚夫妇在洞房内共饮合欢酒，象征夫妻合二为一，已结永好，从此新郎新娘要同甘共苦。洞房的床上有许多新娘从娘家带来的花生、栗子、红枣、瓜子等各种果品，即子孙果，预祝新人早生贵子，多生子女。成婚后的第二天清早，新妇要早起梳洗打扮，拜见公公婆婆，为公婆跪奉茶水。同时结婚的第二天，新娘的父母和亲戚要到男方家去祝贺，新郎家要大摆宴席，热情款待。结婚后的第三天，新娘第一次从婆家回到娘家称为“回门”，这一天娘家要准备酒席，宴请宾客。回门当天，新郎新娘双双而至，宴会开始后，新郎新娘要给各位长辈来宾敬酒。

三、湖湘寿庆仪礼及其食俗

湖湘寿庆仪礼

寿庆即为我们平时所说的庆祝生日。庆生和做寿大略起于魏晋南北朝时的江南，清人亦十分重视生日祝寿。未成年人的生日礼一般规模都不大，周岁宴除外，一般小孩子过生日，主要是饮食上有所改善，放假玩耍，另外，小孩还要向父母长辈行礼。庆贺生日，目的是为了祝福生命的不易，祈求健康长寿。不同的年龄阶段，庆祝的规模也不同，成人之后，生日庆祝就较为隆重，尤其是到了六十以后，可以做寿，即专门为老年人举办的庆贺生日的仪式。晚清时期，民间贺生、祝寿之风非常盛行，仪式也很隆重，一般要设寿堂，燃寿烛，结寿彩。寿星接受家人和亲友的祝贺，摆设酒席，宴请宾客。一般生日礼物有寿文、寿幛、寿序、寿联等。在生日的前一天有一项很重要的准备工作，即设寿堂。庆寿之家要设一寿堂，张灯结彩，晚上家人和亲友送来各种寿礼，预祝生日。为女性祝寿，寿堂可张挂麻姑像，取名麻姑献寿。生日当天亲朋好友来祝寿，主人要设宴款待宾客。贺寿的礼物一般为寿桃、寿联、寿幛、寿面等。

在湖南张家界的土家族人们和白族人们则都有特殊的生日习俗。当地土家人在一生中，最怕36岁生日。届时，要穿上红布内裤，或扎一条红腰带，据说如此可以禳解掉36岁所带来的煞气。民谚云：“三十六，接跟头，人到三十六，不打官司要卖屋。”有的人到了36岁这一年，邀请亲友，摆设宴席，提前贺生祝寿，来宾们要在主人屋内放鞭炮，以避煞气，席上，亲友们还要向过生日者祝贺一番，以求吉祥。

到如今，湖湘地区乃至全国各地的寿庆礼仪都进行了简化，现代生活中，大家过生日多是选择西式习俗，食生日蛋糕，吹蜡烛许愿，当然有条件的家庭也会选择在酒店或家中大宴宾客，给年长的生日者送寿桃，大家一起吃寿面等。

寿面的种类则没有具体要求，湖湘一带有的地区是碱水面，有的地区则是食用挂面。办寿宴时，还有延迟三次开席的风俗习惯，寓意延寿，寿星的女儿还会给宾客送上印有寿字的法饼、糍粑等。

四、湖湘丧事仪礼及其食俗

1. 湖湘丧事仪礼

丧礼是指安葬、哀悼死者的种种仪式礼节，是凶礼之一。丧礼的主要内容是对死者表达哀悼之情。不过，在我国古代，丧礼不只是单纯安葬死者，它还具有一定的社会功能，直接影响到社会的伦理规范和政治秩序。正因为丧葬之礼有如此重要的社会功能，所以受到了历代朝廷和民间的广泛重视，逐渐形成了一套独特的丧葬制度。清朝时，民间丧葬礼仪相对于帝王丧葬礼仪规模小了很多，但是，丧葬仪节却一点也不简略：先要把丧讯报告给亲戚朋友，亲戚朋友要来吊丧；入棺之前要行含殓之礼，大殓之后要行成服之礼、朝夕哭奠；下葬之前有出殡路祭之礼；葬后还要举行虞祭、卒哭、祔祭、小祥大祥之祭，直到举行禅祭之后才算结束，整个丧葬仪程非常繁琐。而现如今，丧葬礼也相对于封建社会时简化了许多，但是依然保持着一定的习俗，报丧、入殓、入棺、追悼吊唁、下葬等基本流程都还存在。

湖湘不同地区之间流程上存在着一定的差异，如城市里多不会将亡者的遗体或骨灰放置家中过久，而在很多农村地区则会将逝者的遗体或骨灰放置家中数日，若是老人高寿仙逝的喜丧，停灵期间逝者家人还会花费大量的人力财力邀请戏班剧团前来表演，亲戚乡邻前来进行吃白事宴、打牌等活动。古时关于丧葬仪礼，还有近亲守孝一说，衣食住行都有所忌讳，但到了现在此类习俗因为现代人工作的繁忙也越来越淡化。

2. 湖湘丧事食俗

举行丧葬仪礼时，古时有含殓之礼，即在人去世后，将珠、玉、米、贝等物放入死者口中，并给死者更衣，然后放入棺中的这一过程。在死者口中放入米、贝、珠、玉等物为饭含，目的有二：一是防止死者无饭可食，变成饿鬼；二是用珠玉等物保护尸体。

古代家中有丧事，饮食多有一些礼仪上的斋戒要求。到清末，古代早期一些严格的斋戒礼仪虽渐至简约，但仍有戒荤食素的习俗。而奔丧的宾客往往较少受限制，丧席中不仅有肉，有的还有酒。湖湘各地丧事仪礼略有区别，巴陵县民间办丧事先大殓成服，开吊三日，到了出殡时，丧家置办宴席，亲友带香楮（纸钱）、联幛（对联）、酒席、羊豕等前往吊丧。丧家轮请士绅行家主持奠礼，有的一两天，有的三四天，每天置办宴席以数十席计。丧席例设大块半熟肉，多的可达每人一斤，宾客都包着带回家，名曰“包肉”。丧席菜品以海参为最高档次，另外有包肉或胙肉，每位客人数斤。湖南长沙湘潭一带，因为每次设丧席时都会有一道烹制得极为酥烂的红烧肉菜肴，故称赴丧席又为“吃烂肉”。

第三节 湖湘少数民族节庆食俗

一、湖湘土家族节日食俗

土家族日常主食除米饭外，以包谷饭最为常见，包谷饭是以包谷面为主，适量地掺一些大米用鼎罐煮，或用木甑蒸而成。有时也吃豆饭，即将绿豆、豌豆等与大米合煮成饭食用。粑粑和团馓也是土家族季节性食品。土家族菜肴以酸辣为其主要特点。民间家家都有酸菜缸用以腌泡酸菜，几乎餐餐不离酸菜，酸辣椒炒肉视为美味。辣椒不仅是一种菜肴，也是每餐不离的调味品。豆制品也很常见，如豆腐、豆豉、豆叶皮、豆腐乳等。尤其喜食合渣，即将黄豆磨细，浆渣不分，煮沸、澄清，加菜叶煮熟即可食用。民间常把豆饭、包谷饭加合渣汤一起食用。土家族平时每日三餐，闲时一般吃两餐，春夏农忙、劳动强度较大时吃四餐。如插秧季节早晨要加一顿“过早”，“过早”大都是糯米做的汤圆或绿豆粉一类的小吃。据说“过早”吃汤圆有五谷丰登、吉祥如意之意。土家族还喜食油茶汤。

1. 赶年节及其食俗

土家族过年习俗，流行于湘西。土家族过大年的时间比汉族提前一天，月大为腊月二十九，月小为腊月二十八。此俗来历传说有三种：其一为土家先民在年关前有外敌入侵，便提前吃了年饭去迎敌；其二为明代嘉靖年间倭寇入侵，土家兵奉命协剿，正值年关，于是提前一天过了年，出兵征倭，获大胜，立了“东南战功第一功”；其三为土家祖先在财主家帮工，过年要在财主家忙年，便提前一天与家人团聚过年，以后相沿成习。

土家族过年一派繁忙景象，杀了猪要藏在屋角里，用蓑衣盖住，牛羊等牲口往山洞里赶，一人持刀守候。若有人从门前经过，即拿刀追赶，赶上了就拉到家里吃一顿肉。“合菜”是土家族过年时家家必制的菜，俗称“团年菜”。将萝卜、豆腐、白菜、火葱、猪肉一鼎锅熬煮，除味道佳美外，还别有深意，它象征着五谷丰登，合家团圆。流行于湘西凤凰土家族杨姓人家过大年时，用鱼加葱熬成鱼冻，到半夜三更时，用鱼冻供奉祖先，全家人不洗脸就吃年饭，称“吃眼屎饭”。

2. 牛王节及其食俗

每年的四月十八日，是土家族的牛王节。这天各地都要举办牛王节歌会，搭起歌台，将牛头像悬挂在歌台中央，以歌颂牛的功德。牛王节十分热闹，各家各户提前一天将牛梳洗干净，喂精饲料，角上系一朵大红花，一早牵着去赶歌会，同时，也借此机会展示自家喂的牛健壮。传说许多年前，牛是天上的神牛，看到人间日子苦，终日劳作，仍吃不饱，就悄悄盗了仙谷给人间，这事让守谷神发现了，告到玉帝那里，玉帝一气之下将神牛打下凡间，让它跟人一道吃苦受罪。从那以后，牛就陪伴人们耕田了。人们不忘神牛盗仙谷之恩，就将“仙谷”改为“盗谷”，日后又将“盗谷”改为“稻谷”。神牛盗仙谷的时间是农历四月十八日。土家人就将这天定为“牛王节”，以各种形式予以庆祝，这便是牛王节的来历。每年这天杀猪宰羊打糍粑，接亲友聚会庆祝，出来喂食精细饲料给牛，甚至有的地方还会喂糍粑、鸡蛋和酒等，当然族人也趁着这天可以聚会，食用祭祀用的羊肉、猪肉、糍粑还有酒等。

3. 舍巴节及其食俗

“舍巴日”，土家语，又称“舍巴巴”，“舍巴”摆手之意，“日”，动词，“做”之意。土家语动宾倒置，“舍巴日”，汉语直译为“做摆手”，意译为“摆手舞”。带有浓厚的祭祀色彩，歌随舞生，舞随歌名。相传摆手舞源于古代的巴渝舞，是古代的一种战舞，始于远古，繁盛于明清时期。舍巴分为单摆、双摆、大摆手、小摆手数种。跳摆手舞不拘人数多少，多者上万，少者数百，摆手时以鸣大锣、击大鼓呼应节奏，气势恢宏，动人心魄。主要特点是手脚呈同边动作，翩翩进退，成对成双，节奏鲜明生动。摆手歌长达数万行，堪称土家族史诗。跳过大摆手舞，吃过无灾饭，一日的舍巴节活动才算结束。“无灾饭”是由舍巴节的主事人，免费提供给参与活动的乡亲们的，只要是来参加舍巴节的，无论是演员还是观众，都可以免费获得一份“无灾饭”。吃了这饭就代表了无灾无难，而这菜里的猪肉和羊肉就是现宰的。这种将肉分食给所有民众既是对英雄的怀恋，又是对奸佞之徒的仇恨，又没有浪费，可谓一举多得。

4. 六月六及其食俗

绝大部分土家族都将六月六称之为“晒龙袍”，与汉族称谓基本相同，但节日传说截然不同。关于六月六来源的传说很多，其中最广泛的说法是：这一天是湖南茅岗土司王覃篨（亦作覃垕）蒙难之日。相传，覃篨为反抗封建王朝的民族压迫，在这天惨遭杀害。在刑场上，覃篨怒目圆睁，当刽子手凌迟剥皮时，忽然从他身上飞出九条金龙，霎时天昏地暗，日月无光。朱元璋吓得从金殿龙椅上晕倒在地，连忙爬起来祷告苍天。同时下令将人晒干，扎成覃篨像，让他每年坐七天帝位。土家族人将覃篨血染的战袍抢回来洗净晒干，立庙祭祀，谓之“晒龙袍”。从民间传说看，六月六是土家族的一个重要的纪念性节日。六月六这天若逢卯日，又称尝新节，部分土家人家家打新谷，做新米饭，佐以鳝鱼为菜，以示有余，有的地方人们煮酒杀牲敬神，感谢、祈祷神灵赐与丰收。湘西酉水流域的土家人则在每年六月六要杀猪、打糍粑、做豆腐，把亲戚朋友请来欢度节日，举行以祭祀土王为主的摆手祭祖活动。

二、湖湘苗族节日食俗

苗族一般以大米为主，喜食糯米，逢年过节离不开糯米饭，副食瓜、蔬菜类，配料有辣椒、葱、蒜等，喜食辣椒。以酸汤最为有名。由于苗乡交通不便，购肉不易，为了年节改善、调剂饮食、招待客人，各家多将肉腌制后备用。一般在过年节或宴会时以食鸡、鸭为珍品，客人亦心满意足，自感主人深情厚谊。

1. 苗年及其食俗

苗年相当于汉族的春节，一般在农历十月举行。过苗年的头几天，家家户户都要把房子打扫干净，积极准备年货，打糯米粑、酿米酒、打豆腐、发豆芽，一般还要杀猪。湘西苗族过年吃年饭必食血肠粑，用猪血和糯米加盐及香料，灌入猪大肠中，经制作便为“血肠粑”。在苗年三十的晚上，全家都要在家吃年饭，守岁到午夜才打开大门放鞭炮，表示迎接龙进家。在天刚拂晓时，每家都由长辈在家主持祭祖。早餐后，中青年男子便上邻居家拜年，苗语称为“对仰”，表示祝贺新年快乐。在新年的头两天，家里有若干禁忌，如：不出外挑水，不上山砍柴、割草；不扫地；妇女不做针线活；有的地区，妇女不做饭，由男人代替；男人不外出拾粪等。苗乡的男婚女嫁，一般都选在过苗年的时间。从第四天开始。一些老年男女也纷纷挑着酒、肉、糯米粑等走亲访友，或者在家忙于接待来宾；一些年轻男女或在各自的村子里吹笙跳舞，或跳铜鼓舞、斗牛；或者小伙子去别的村子游方场“游方”，男女互对歌，倾吐爱慕之情。前后活动，历时9天左右才能结束。这是苗族民间最隆重的节日。

2. 赶秋节及其食俗

“赶秋”则是苗族人民喜庆丰收的节日，流行于湖南湘西一带的苗族地区。到了立秋日，人们也会身着盛装，聚集在禾场里举行各种游艺活动，有荡秋千、赛苗歌、演苗戏、耍龙、舞狮、吹木叶等，同时也是苗族青年男女谈情说爱，寻找伴侣的重要场合。这天苗族人们有的还会绕柱追杀水牛，牛失血倒地后，分割牛肉，再到晚上烹饪食用，跳舞唱歌通宵达旦庆祝。

3. 吃新节及其食俗

吃新节是苗族春夏之交最盛大、最隆重的节日，由古代的祭祀演变而来，各地过节时间不一,一般在农历的六月初到八月中旬这段时间内。每家都煮好糯米饭、一碗鱼、一碗肉等，都摆在地上（也有的摆在桌上），并在自己的稻田里采摘7～9根稻苞来放在糯米饭碗边上，然后烧香纸，由长者掐一丁点鱼肉和糯米饭抛在地上，并滴几滴酒，以表示敬祭和祈祷丰收，然后把摘来的稻苞撕开，挂两根在神龛上，其余给小孩撕开来吃，全家人就高高兴兴地共进美餐。

4. “四八”姑娘节及其食俗

姑娘节（图6-3）起源于纪念杨八妹这位女英雄。相传北宋时期，名将杨文广奉旨平蛮，兵败后被朝廷奸臣陷害，囚于狱中，亲人探监送去食品全被狱卒和其他囚犯抢食一空。他的妹妹杨八妹忽生一计，用药草香花把白米饭做成乌米饭，这样狱卒囚犯怕饭有毒不再抢食。杨文广得以饱餐，体力逐渐恢复，终于在农历四月初八这天晚上，兄妹里应外合越狱逃走。传说流传至今，演变成了苗族代代相传的传统节日。在湖南绥宁，到了农历四月初八，各家都要邀请出了嫁的姑娘回娘家，兄弟和父母都要给姑娘赠送礼物，姑娘们回到娘家，一起吃乌米饭，祭女祖，唱山歌，比女红，载歌载舞，欢度节日。

图6-3 湖南绥宁苗族“四八”姑娘节

三、湖湘侗族节日食俗

侗族以大米为主食，喜吃酸辣，吸叶子烟和饮酒。平坝地区多吃粳米，山区地区吃糯米。糯米种类很多，以香糯最有名。吃时不用筷子，而是直接用手将饭捏成团食用，亦称“吃砖饭”，一般由清晨做好一天的饭菜，带上山食用。喝的茶是油茶，既能解饥饿，又能解渴。大多日食四餐，两饭两菜。

1．赶社节及其食俗

侗家有赶社的习惯。赶社不在寨里，而在野外，如放牧坪或田坝里，作为社场。每年到社日这一天，男女老少从四面八方赶赴社场。小孩看热闹，大人买东西，交换农副产品。姑娘和后生们穿上新衣裳。姑娘戴各种银饰，系上绣花围腰和编带，手提刺绣荷包，包里装着酸鱼酸肉和糯米饭，三五成群，满面春风，在社场上请后生共进午餐。后生则买糖果送给姑娘。初次相识的对歌结情，早有交往的则重叙旧情，约定下次相会的时间。晚上，后生还请姑娘到寨上作客吃社饭。饭后男女青年走进歌堂对歌。如今，赶社变成青年男女交往的节日，而社场就成为定情的场所。

2．尝新节及其食俗

“六月六，早禾熟”。侗族地区把这一天作为尝新节，有的地方择吉日尝新。湖南通道尝新节这天，狗是上宾，新米饭煮出来，让狗尝过以后人才尝。因为传说远古时期，洪水滔天，绝了谷种，是一条白色的神犬漂洋过海，在西王母的晒谷坪里打了一个滚，满身粘谷粒，在回来时身上的谷粒被水洗掉了，只有狗翘在水面上的尾巴尖带着几颗谷粒。人类靠这几粒谷种才发展到今天。为了不忘狗的功劳，新谷登场要请狗先尝。

尝新节是侗族地区共同的节日，各地尝新节内容大同小异。不少侗寨都在这天包粽粑，又称粽粑节。粽粑就是以粽叶包裹熟糯米打成的粑。北部地区，节日之前，家族中的妇女，依长房二房的顺序排列，集体到河边将竹筒、水桶及粽巴叶、干蕨菜洗净，回家以糯米、高粱和盐巴拌匀，腌入坛中备用，并用刚从井里担来的“新水”泡糯米，酿制甜酒。这天宴食以鱼为菜肴，还炖一鼎罐不放盐的苞谷和瓜菜。南部地区，前一天，由妇女们到河边将炊具洗净。席上的菜肴以鱼为主，筷子全是以山上刚砍来的实心竹所制，并以未出穗禾苞或用笋壳叶包成的糯米饭表示新米饭祭祖先。房屋门一律敞开，以让祖先英灵同来吃新，凌晨天未亮时，走廊上香烛灯火通明，全家晨宴祭祖。宴罢，男人们便去宰牛以为待客荤菜。

3. 冬节及其食俗

冬节是湖南通道侗族的传统节日，于农历十月入冬至十一月底过节，具体日期各姓氏宗族和村寨不尽相同，届时人们放鞭炮、玩龙灯、耍狮子，尽情欢乐；不分生人和熟人，都可以去别人家“吃冬”，主人家必杀鸡宰鸭、备办酸鱼腌肉款待来客。

四、湖湘瑶族节日食俗

瑶族以大米、玉米、红薯、粟、麦为主食，旧时主要以杂粮为主食，常将玉米、红薯等杂粮掺杂大米做成三夹饭、四夹饭，平时天亮前吃一顿，天黑前吃一顿，中午农忙时在田间生火煮食。清明节吃一种染色的“无色花糯米饭”。自制豆腐丸，鲜嫩可口，为节日招待客人必备佳肴。糍粑为瑶族的风味小吃，是节日的必备品。嗜饮酒，有种妇女坐月子时喝的酒，煮食加姜片、红糖和鸡蛋，是很好的滋补品。每逢客至，主人常用油茶待客，以示敬意。

1. 盘王节及其食俗

农历十月十六日是盘王节，俗称“还盘王愿”“调盘王”，是瑶族最为隆重、最具民族特色的节日。在衡阳的常宁、江华、江永等瑶民聚居区，男女老少都要穿上节日盛装，聚集在一起唱歌、跳舞，欢度盘王节。盘王节历史悠久、分布广，集瑶族传统文化之大成，是一种增强民族向心力、维系民族团结的人文盛典。

永州瑶族中的平地瑶有抬盘王爷出游的习俗，祈求盘王保佑风调雨顺，人畜平安。各瑶家吃三天素，开斋时，砍牛头祭神。相传十二姓瑶人漂洋过海，途中遇到恶劣天气不能靠岸，依靠祈求祖先盘王保佑于农历十月十六日顺利靠岸，靠岸当日正好是盘王的生辰。从此以后，瑶民每年农历十月十六日按时还“盘王愿”，虔诚祭祀，准备丰厚的祭品敬奉先祖盘王。每隔2到3年，当地各寨瑶民联合起来举行一次盛大的还愿祭祀活动。人人穿戴最漂亮的瑶族服饰，到指定的地点集会。集会由一位族老主持，供奉祭品，燃烛烧香，焚纸放炮，列队跪拜，并由师公做法事。在祭祀仪式上，族老讲话，其内容是追求瑶族根基，启发民族自尊心，祝瑶家年丰人寿，四季平安。并劝告瑶民防火防盗，不嫖不赌，不乱索取分人之物，并大力宣传族礼族规。然后唱盘王歌，跳盘王舞，饮盘王酒，共同欢庆，时间长达七天七夜。

2．阿妹节及其食俗

阿妹节又称女儿节，湖南省江永一带瑶族民间传统节日，每年农历四月初八日举行。当地瑶歌唱道："插秧忙到四月八，阿妹洗手做糍粑，麻线织出十样锦，鸟蛋上面绣茶花。四月初八竹青青，阿妹过节进山林。藤欢树喜说不出，摇着画眉唱几声。"这首歌谣生动描绘了阿妹节的欢乐情景。参加节日活动者，皆为成年未婚女性。少数男性以被惩罚者身份参加。届时姑娘们三五成伙赶往约定地点。参加活动者皆盛装打扮，前往本地风景幽美的山岭或泉边野餐。参加节日活动的姑娘，每人必须自带几种节令食品，其中有煮熟的在蛋壳上绘着花边图案的花蛋，有用糯米糍粑雕刻成的荷包，还有自己精心制作的花糖等。姑娘们将自己的食品拿出展览，并互相评比一番，做工精美、技艺超群者，会得到人们的赞誉，从而名声大噪。此外，姑娘们还要带上花生、板栗、肉等食品。在展览评比各自带来的食品之后，还举行各种有趣的游戏。姑娘们的活动一般不允许小伙子窥视，如果被发现并喊出名字者，必须为姑娘们进行服务性劳动。如：拾柴禾，烤食品，寻野果，采山花等。

3．倒稿节及其食俗

倒稿节是湖南省江华瑶族自治县瑶族传统节日，每年农历十月十六日举行。各家忙着杀鸡、宰猪、做粑粑、酿米酒；全村还合资共杀一头肥猪，买几担鲜鱼，都染成红色。节日的早晨，全村人齐聚一堂，由长者主持给每户分一块猪肉和一条染红的鲜鱼，既庆祝当年的丰收，又预祝来年风调雨顺、五谷丰登。各家各户都吃丰盛的庆祝丰收的"倒稿饭"，届时有男青年持棍棒作牛搏牛的表演，晚上男女青年聚集在一起高唱庆丰收的倒稿歌。

五、湖湘其他少数民族节日食俗

1．白族火把节及其食俗

张家界市区域内的白族人举行的火把节，与消灭害虫、保护庄稼有关。这一天的晚上，各家都要点火把，全村的火把集中起来后，人们从火堆上来回跨越，以祈求火神祛邪避灾。白族火把节在每年农历六月二十五日，节日那天，村村寨寨在中心区扎竖一个巨大的火把，并杀猪按户平分，吃"生皮"（即用生肉切成碎末打蘸水吃），祭奠火把，似乎是对远古拜火和"蘸饮食生"的追忆。晚饭后，人们以火相燎，表示驱邪求吉；农家则举火照田卜岁，祈求丰收。

2．回族、维吾尔族古尔邦节及其食俗

回族和维吾尔族的信仰是伊斯兰教，在湖南主要分布在常德等地。"古尔邦"，阿拉伯语音译"尔德・古尔邦"，意为"牺牲""献身"，故亦称"宰牲节""忠孝节"。大部分地区的回族称为"小尔德"，是伊斯兰教三大节日之一，一般在开斋节过后七十天举行。宰

牲节富有其浓郁的民族特色，将买来的羊放在清真寺的土坪上，穆斯林围在周围观看，由阿訇操刀向跑得最快的羊奔去，至鲜血流完而死，他们认为这样宰羊羊血流除得最干净，羊肉味最鲜美。回族、维吾尔族的穆斯林群众还要到清真寺参加会礼。经济情况较好的人家，要在会礼后三天内宰牲。这一天里，回族、维吾尔族群众均头戴白帽或小花帽，衣着整洁，从不同的地方欢聚在清真寺，欢歌笑语，宰牛宰羊，炸食油香，互祝节日。

思考题

1. 湖湘地区常见的传统节庆有哪些？目前是国家法定节假日的又是哪些？
2. 本章节中提到的这些湖湘传统节庆食俗是否和你家乡的一致？不同点又有哪些呢？
3. 你是否是少数民族？你所在地区是否有少数民族，他们有什么独特的节庆食俗呢？
4. 请你以表格的形式总结出本章节中提到的少数民族常庆祝的节日及对应的食俗。

第七章

湖湘饮食礼仪

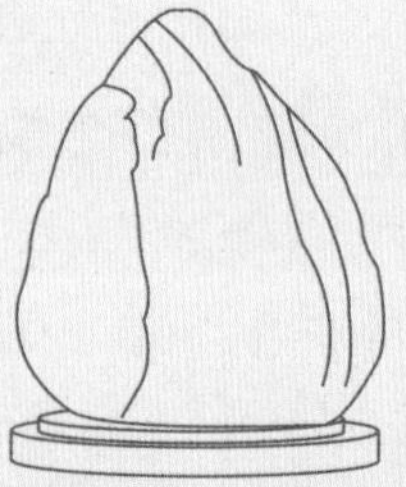

中国素有“礼仪之邦”的美誉，“礼仪”一词在我国最早的诗歌总集《诗经》和专门记录礼仪行为规范的《礼记》中就已出现了。饮食礼仪，简称食礼，主要是指人们在参与饮食活动中所形成的成文的礼数，它以人们的饮食习俗为基础。一般说来，饮食礼仪中的“礼”属于内在部分，是指在人们的饮食活动中人与人之间逐渐积累起来的礼节礼貌内涵，而“仪”则属于外在的部分，侧重于饮食行为中的各种仪式议程规则，是一种表现形式。所以礼仪的内涵极为丰富，所辐射的范围极为广阔，不仅包括人们在饮食活动中所表现出的礼貌、礼节、仪表，有时还表现为一定的仪式。而湖湘饮食礼仪即是指历代湖湘民众在湖湘大地上所创造的饮食活动中应当遵循的行为准则与道德规范。作为湖湘饮食文化的重要组成部分，湖湘饮食礼仪不仅是湖湘筵宴方面的社会规范与典章制度，而且也是饮食活动中的文明教养与交际准则，更是湖湘人民大众在饮食活动中仪表、风度、神态、气质的生动体现。

在湖湘文化发展的历史进程中，礼一直是湖湘人们行为规范的核心，许多饮食礼仪至今还在湖湘民间传承，时刻影响着湖湘人们的思想与意识行为，所以研究、整理湖湘饮食礼仪对于发掘湖湘大地的优秀文化遗产，增进湖湘人民对于湖湘文化的了解都有积极意义，对于进一步丰富湖湘饮食也有积极作用。

第一节　湖湘饮食礼仪的起源与发展

湖湘饮食礼仪源远流长，有着几千年的历史底蕴，随着湖湘饮食文化的发展，食礼也不断变化，发展日趋完备。这些食礼在古代的湖湘发挥过重要作用，随着在社会实践中不断完善，对现代湖湘社会依然产生着影响。

一、湖湘饮食礼仪的萌芽阶段

儒家经典《礼记·礼运》中说：“夫礼之初，始诸饮食”，因此一般认为礼仪发轫于饮食活动。又有《管子》载“仓廪实而知礼节”，可见，原始礼仪是在人们的食物丰富之后，再从人们的饮食习惯开始的。礼仪最初源自于人们的饮食活动，饮食也理所当然地要受到礼仪的约束，因此礼仪的体现也大多表现在饮食活动中。在中国，根据文献记载可以得知，至迟在周代时，饮食礼仪已经形成了一套相当完善的制度。例如，在《周礼》中，有关“六食”“六饮”“六膳”“百馐”“百酱”“八珍”等名称就是对食物的功用、食物上桌的顺序，还有用食的场合举止的规定，这就说明了当时的人们对于饮食的要求：既要合适合理，又要注意礼节。在西周末东周初的时候，楚国就将湖南的大部分地区纳入其版图当中，西周封建制度也从此引入湖南，当时的湖湘文化也受到楚文化的一定影响，因此作为湖湘文化的一部分，该时期的湖湘饮食礼仪应当属于楚国饮食礼仪的范畴。根据文献记载，初具雏形的楚地菜肴烹调技术大致形成于商周时期，随着楚国饮食文化的发展，其与饮食相关的礼仪制度也相继萌芽，主要体现在上至朝廷的军国大政，下至民间的日常饮食，都有了礼仪的要求与规范，其中与饮食相关的礼仪文明内容占有重要的地位。

二、湖湘饮食礼仪的形成阶段

西周至春秋战国时代，楚人已形成了比较独特的民情风俗，据楚学家张正明主编的《楚文化志》载："楚人立乎东西南北之中，介乎华夏与蛮夷之间，既顽强地保持着充满浪漫情调和淳朴气息的传统，又在扩张、兼并的过程中采取了'入乡随俗'的政策，从而广泛地吸收了各民族的文化因素，使之与本民族的文化传统融为一体，由此形成了色彩斑斓的乡风民俗。"因此在日常饮食活动中，楚人逐渐形成了一系列的饮食风俗，这些饮食风俗大多是约定俗成的，但与饮食礼仪有密切的联系，俗中有礼，礼中有俗。而湖湘饮食也是从该时期开始逐渐形成了一系列与饮食有关的礼仪制度。战国时期，流放到湖南的爱国主义诗人屈原，就在他所撰写的《楚辞》中生动地描绘了湘人祈天地、祀鬼神、祭先祖、宴宾客以及家庭婚丧嫁娶的诸多场合，其中记载了许多湖湘的美味佳肴和饮食礼仪。不管是祭祀还是在各种宴饮活动中都离不开饮食礼仪，所以在饮食场合中出现了"客食之礼、待客之礼、侍食之礼、丧食之礼、进食之礼、侑食之礼、宴饮之礼"等饮食礼仪的礼节规定。

当时的湖湘饮食礼仪是很有讲究的，一方面注重宴席座次，湘人宴席之中以东为上，长者面东，首席居其左，作为一种饮食礼仪传承至今，同时湖湘大部分地区喜用红凳、红桌、红筷、红菜，以添喜庆气氛。另一方面饮食上等级制度森严，所用的饮食器具根据地位等级不同而有所差异，进食的内容因身份不同而有差异，《国语・楚语上》："国君有牛享，大夫有羊馈，士有豚犬之奠，庶人有鱼炙之荐，笾豆、脯醢则上下共食之。士食鱼炙，祀以特牲；庶人食菜，祀以鱼。"贵族吃的是大鱼大肉，而庶人平时只能吃点蔬菜，只有在祭祀的时候才能用鱼。此外，处于春秋战国时期的楚国，文化相当发达，由于贵族生活的奢侈，饮食文化达到了比较丰富的水平，同时随着生产力水平的提高和获取食物方式的进步，湘人格外注重祭祀，与食物有关的祭祀活动也日趋规范化、礼仪化。

三、湖湘饮食礼仪的发展阶段

秦汉魏晋南北朝时期，湖湘饮食文化有了长足的发展。伴随着饮食原料的种类增多，饮食器具越来越精美，食物的烹饪技术也越来越高超，饮食制度和饮食礼仪等也随之发展起来，并且开始制度化和规范化，形成了具有特色的湖湘饮食风尚与饮食礼仪，主要体现在以下四个方面。一是湘人的饮食习惯一般都是一日两餐，而宗室子弟、王公贵族一般是每日三餐，由此可以看出当时的饮食制度是上下有别的。二是湘人的饮食方式是席地而坐，一人一案或一几，实行的是分餐制，进食时，食品进呈的先后及排列顺序有严格规定。三是湘人的饮食等级很森严，根据饮食活动中主食的丰富程度、副食的多少和饮食的精致程度将人们地位等级的高低和尊卑区别开来，大臣贵族的饮食是山珍海味，酒肉不断，而平民百姓的饮食却很简单，往往都是些豆饭菜羹。四是湘人对饮食器具的使用也很讲究礼制，一般根据地位等级从高到低所允许使用的器具材质不同，摆放的器具数量也由多到少。

四、湖湘饮食礼仪的强化与变革阶段

唐朝建立后，出现了贞观百年盛世，生产力的发展以及各民族文化的交融，影响着湖湘民众的饮食方式和饮食习惯，而湖湘饮食礼仪也得到了进一步的强化。隋唐时期，各种各样的桌、椅、案、凳等普遍性地流行使用，逐渐取代了铺在地上的席子，湘人形成了新的宴饮习惯，顺理成章地开始围坐一桌进餐，因此聚餐人完全摆脱了席地而食的老习惯。宋末明初“八仙桌”的出现使得合餐制慢慢普及起来，但无论是分餐还是合餐，饮食活动中的礼仪规矩是不可或缺的，主要表现在宴饮活动中的座次方面以东为尊，其次在明代以前，一桌宴席的人数没有一定的规定或限制，自明代流行八仙桌后，一席人数一般为8位，但不论人数多少，均按尊卑顺序设置席位，席上最重要的是首席，待首席者入席后，其余人方可入席落座。另一方面，由于该时期出现的聚食以及盛行于唐代的文人士大夫们“向往自然，追求平等”的观念，众多饮食者们也在追求饮食平等，在某些方面突破了传统的饮食礼制。比如在以前，人们的身份地位不同，所用的饮食器具等都有所差异，但在以瓷器作为主要饮食器具的宋代，不论是上层社会还是下层劳动人民，瓷器成为主要的饮食器具，首次实现了人们饮食器具材质上的统一，消除了某些封建的传统饮食礼仪。宋元时期，湖湘的宴饮服务逐渐被商业化，桌椅、器皿的统一性，食物、菜肴的同质性得到了体现，没有了“席、器、食”的区别，平等的合餐出现了，这也就意味着几千年来形成的宴饮中尊卑、贵贱、长幼之分也只是以一种安排座次的方式保留下来。

五、湖湘饮食礼仪的成熟阶段

民国至今，随着湖湘饮食业的繁荣，湘菜传布全国甚至扬名海外，因此湖南长沙等较繁荣的城市，饮食尤其是筵宴奢靡之风盛行，以前长沙人宴客只用四冰盘两碗，只有婚嫁才用十碗蛭干席，民间宴客，菜不过五碗，但是现在，财富的高度集中推动了湖南各地出现高档豪华宴席，不仅规格高，而且礼仪重。随着时代的发展，西方饮食文化对湖南的影响日益加深，现代湖湘饮食礼仪也借鉴了其他国家的一些宴饮礼仪，慢慢走向了成熟稳定时期。但是湘人懂礼貌、讲礼节、谦恭、尊敬长辈等风气却是从古传承至今，作为优秀的传统食礼，如吃饭时长者优先，重视待客之道，讲究吃相等依旧一脉相承沿袭至今。

第二节　湖湘饮食礼仪的内容

湖湘饮食礼仪的涵盖面很广，不同的朝代有着不同的饮食礼仪。按阶层划分，有宫廷皇家食礼、官府缙绅食礼、军营将士食礼、学院士子食礼、市场商贾食礼、乡村农夫食礼等；按用途划分有祭神祀祖食礼、宴饮（生寿婚丧、贺年馈节、接风饯行、社交应酬等）礼仪、待客之礼、进食之礼等种种，形式和内容丰富多彩。

传统的湖湘饮食礼仪是比较复杂烦琐的，为了顺应社会的发展趋势，更加符合人们的饮食生活习惯，现代的湖湘饮食礼仪已经得到简化。湘人的性格向来直率、不拘小节，不管是在饮食口味还是在外在形式上湘人都更重主观，因此在日常饮食等一些非正式场合中，他们更趋向于自在舒适的饮食方式，对于一些繁文缛节是能省则省。一般在日常饮食中所涉及到的礼仪大多在宴饮礼仪中有所体现，而祭祀和宴饮过程中是最离不开礼仪的，也往往是在这两种场合中更能突出饮食礼仪的重要性和实用性，所以本节以湖湘祭祀礼仪和宴饮礼仪作为代表重点讲解，便于读者理解与归纳。

一、湖湘祭祀礼仪

（一）祭祀礼仪的发展历程

传统饮食礼仪最早是从古代的祭祀礼仪中发展演变而来的。原始社会的人类由于缺乏科学知识，不理解一些自然现象，他们猜想照耀大地的太阳是神，山有山神、河有河神……因此，他们敬畏神灵，祭祀神灵。而礼的繁体字“禮”，左边代表神，右边则是向神进贡的祭物，说明早期的原始氏族社会成员进行祖先和神仙祭祀的时候，都必须用饮食来进行供奉。为了表示人们的虔诚敬意，在用食物进行祭祀的时候都有着严格的程序和规定，这些食物祭祀的程序和仪式逐渐被固定下来，久而久之就变成了大家都共同遵守的祭祀之礼。

在西周时期餐前祭祀已成为一种饮食制度，夏商周时期，尚鬼、崇巫、喜卜、好祀的楚国人格外注重祭祀，他们在进餐前往往都要用食物来荐祭祖先，而且在春夏秋冬不同的季节都有不同的饮食祭祀活动。楚人在立春及其前后举行的祭祀农具之神、先祖及火神、社神、饮食神等的祭祀活动，活动的主要内容是祈求五谷丰登。其中祭饮食神传统习俗中突出楚人特色的当推“膢”（古代祭祀名）。《说文》释曰：“楚俗以二月祭饮食也。”其初指田猎前后的祭兽仪式，祭祀对象是以虎（或狸、狼）等为原型的具有山神格和兽神格的灵兽。祭祀时，依身份不同而所设贡品不同，士以上可用猪、牛、羊等祭祀，而庶人只能以鱼做贡品。

先秦时期，每逢农历六月，楚人一般都要举行一次隆重的祭祖神兼火神祝融的祭祀活动。活动的内容包括祭祖、尝新、祈年、聚餐和歌舞联欢，以祈五谷丰登，家业兴旺。对楚人来讲，祭火神兼有祭祖神的意味，所以其祭祀仪式相当隆重，礼仪流程庄严繁多，气氛、规模也很热烈。秋天是收获的季节，楚人十分重视秋祭，此时主要祭祀织女星神、祭鬼。据推测祭织女星神是在初秋时节，此时新谷登场，瓜果先后成熟，正是“秋尝”的好时节，所以祭祀的食物一般都是秋季收获的瓜果等。祭鬼也在初秋，主要是祭祖，同时也尝新、聚宴。而在夏历十一月，楚人举行的祭祀活动主要包括蜡祭、祭太一神，其中蜡祭是岁终对百神的祭祀。《国语·楚语下》记有楚观射父评论“蜡祭”的一段言语：“天子遍祀群神品物，诸侯祀天地、三辰及其土之山川，卿、大夫祀其礼，士、庶人不过其祖。……国于是乎烝尝，家于是乎尝祀，百姓夫妇择其令辰，奉其牺牲，敬其粢盛，慎其粪除，慎其采服，禋其酒醴，帅其子姓，从其时享，虔其宗祝，道其顺辞，以昭祀其先祖，肃肃济济，如或临之。”这段话意即天子要祭祀群神万物；诸侯祭祀天地、日月星辰以及他们封国的山川；卿和大夫祭祀五祀和祖先；士和百姓只祭祀自己的祖先。这时的百姓们选择良辰，供奉祭牲，敬献黍稷，打扫清洁，郑重穿好祭服，滤清甜酒，率领自己的子弟和同族，举行四季的祭祀。主祭的宗祝虔诚地念着祝福的祭辞，来隆重祭祀他们的祖先，恭恭敬敬，济济一堂，如同神灵降临。四季不同的祭祀之礼表现了古代的湘人们敬畏自然、热爱生态、重守天道的文化理念。

从隋代到清代，湖湘历代统治者都很重视对南岳的祭祀（图7-1、图7-2），隋代以每年立春、立夏、立秋、立冬之日，派遣使者到南岳祭祀，到了唐代改为一年一祭，并把时

图7-1　南岳衡山

图7-2　南岳祭祀

间定在秋收后，以不误农时，这种习俗传至民间，在湖南一直沿袭至今。唐代诗人吕温在《奉敕祭南岳》一诗中记载了唐代南岳祭祀的过程："澡洁事夙兴，簪佩思尽饰"，"赞道仪匪繁，祝史词甚直"，"礼成谢邑吏，驾言归郡职"。清光绪《衡山县志》记载了清代祭祀南岳的礼仪和祭祀南岳庙的礼器、祭品、祭器等，可说是湖湘历代祭祀礼仪的集大成者。

新中国成立后，湖湘很多官方祭祀仪式慢慢被废除，但湖湘的祭祀传统并没有消失，反而被赋予了新时代的意义，与祭祀相关的饮食礼仪从古发展至今有传承也有变革，至今在湖湘民间，人们每逢佳节或在一些特殊的日子，都会举行祭祀仪式。

（二）祭祀礼仪的种类

1. 官府祭祀

官府祭祀发展起来是由于历代帝王都将祭祀当国家大事来办理，所以地方政府也比较重视祭祀活动，到清代，湖湘地区由官方主持的祭祀活动已相当频繁。据光绪《湖南通志》中介绍的几种祭祀有祭风云雷雨山川城隍诸神、祭五圣及十二哲（多位圣人及先哲）和祭关帝。其中祭风云雷雨山川城隍诸神即每年春秋仲月，诸神共一坛，风云雷雨居中，帛四，山川居左，帛二，城隍居右，帛一，均为白色，祭祀时还要陈设鱼、豕、羊、黍、稷、稻、粱、枣、栗等食物作为祭品。祭关帝即在每年春秋仲月及五月十三日都要祭祀关羽，每次祭祀都会呈供各种各样的食品，包括羹菜、果品、肉类、点心、酒类、主食等，非常丰富，所以说食品在官府祭祀中的地位是非常重要的。

此外，自炎帝"崩葬于长沙茶乡之尾鹿原陂（在湖南炎陵县境内）"起，湘人们就开始运用多种祭祀方式祭奠炎帝，缅怀炎帝的丰功伟绩。炎帝神农氏成为湖南先民心目中最尊贵和崇敬的始祖，先民对炎帝的祭祀仪式越来越隆重。原始的炎帝陵祭祀活动包括祭天、祭祖、祭神，而封禅和蜡祭、傩舞又是原始祭祀文化中的主要表现形式。蜡祭是原始先民在腊月里庆贺农业丰收的报酬之礼，是农耕文化的重要节庆。最早有记载的炎帝陵官方祭祀活动在宋乾德五年（967），太祖诏命"建庙陵前，肖像而祀，随之遣官诣致祭"，并"在三岁一举，率以为常"。此后，元、明、清各代对炎帝陵祭祀从未间断。有史记载，明代15次，清代达38次。在炎帝陵的官方祭祀中，物祭种类繁多，特别是古代官方祭祀，祭品有牛、羊、猪、稻、黍、榛、干鱼、鹿脯、粟、白饼、黑饼等近30种，祭器也包括爵、俎、登等10余种。据《陵县志》载，古代官方祭祀炎帝陵，其声势浩大，仪程讲究、复杂。

2. 民间祭祀

湖湘地区的民间祭祀包括祭祖和对诸神的祭祀。湖湘大部分地区祭祖的时间和使用的祭品和我国长江中游的其他各地区差异不大，每逢佳节都要置办酒肉祭祖，特别是在上元节、中元节和除夕的时候。如流行湘潭、湘乡一带，农历七月初一至月半，民间称为

“鬼节”。俗信此期间阎王老子打开了鬼门关，放亡魂回子孙处享受祭祀，此时家家祭祖，称为“接客”。这种祭祀如同接待贵宾一样，十分认真，非常讲究礼仪。首先要将屋内收拾洁净，有的还要进行“解秽”，于堂屋中摆上两张方桌，前一张摆祭品，后一张摆主位牌子、香炉、磬等。傍晚由家长率家人打着灯笼，迎客于岔道。接回后，即泡茶装烟放在桌上，有的还打来水请“客”洗脸。每日供奉酒菜，时鲜果品。所摆碗筷、调羹和泡茶杯数均为13，意为供祖宗十三代享用。待菜稍凉后，即由家人食用，言祖宗只吃热气，不吃实物。祭祀期间，孕妇和月经期妇女不能进堂屋敬祖宗，以为身上不洁，对祖宗不恭。祭祀时，小孩不许靠拢桌椅，更不能碰撞，以为打扰祖宗。家中忌打骂小孩或吵嘴，怕祖宗见怪。不能说“鬼”字，那是骂祖宗。祭品中蔬菜忌用丝瓜、南瓜，说是敬了丝瓜后人会贫穷，敬了南瓜生女儿。用鸡忌用母鸡和未开叫的公鸡，说是用了母鸡尽生妹子，用了不会叫的公鸡会出哑巴。祭祖的时间一天、三天、五天、七天不等，随各家情况而定，但必须于十四日上半夜前“送客”，并在送“客”前准备一餐最丰盛的饭，祭后请亲戚一起前来享用。

湖湘地区各少数民族的祭祖礼仪也各有特色，如苗族就比较崇尚祭祀列祖列宗（图7-3）。湘西地区苗族祭祖按户进行，一年一次，日期一般在秋收后。如果是死了人，在办丧事后的五六天也须祭祖。地点在屋内火塘旁，摆簸箕一只，内置酒五碗、肉五碗，以及糯米粑若干。巫师对火塘而坐，右手敲竹筒，口念咒语，请祖先亡人前来领受酒肉。念咒完毕，再卜卦，替主家大小一一求好运。祭祖的酒、肉、粑粑，主人家与巫师共食，剩下的送给巫师带走。

而祭祀诸神主要是对社神、财神和灶神等的祭祀。社神即土地神，湘人在先秦时就有祭社神之俗，一般都是在年节和收成时或六月初六的“土地公生日”的时候，农民都要祭祀土地神，祈求丰收。例如湖南永州府宁远县民间每逢春秋两社，乡村的农民都会备牲酒祭社，祭品有黍稷等食品。祭财神在湖湘各地比较常见，其中以商家为盛，一般在正月初五祭祀财神，在这天，人们大开门户，燃香放炮迎接财神，并用羊肉、鲤鱼、公鸡、年糕等作为祭品。祭灶神的时间是在腊月二十三（送灶）和除夕夜（接灶），灶糖是必不可少的祭品。

图7-3 湘西苗族祭祀

除此之外，发生在湖南炎陵县的炎帝陵民间祭祀（图7-4）也是比较特殊的一种祭祀活动，祭祀时间多选在每月的初一、十五以及各种节令、节庆（除夕、春节、清明节、端午节、尝新节、中秋节、重阳节、回归日、喜庆月、丰收年、炎帝节等）。另外，每逢炎帝生辰

图7-4 炎帝陵祭祀

日（农历四月二十六日），炎陵方圆几百里的群众都会汇集于炎帝陵，祭祀炎帝，祈福求平安。每年正月，各地民众争相在炎帝陵宰杀牲畜，供上果品、美酒，向始祖行三拜九叩之礼，献香燃炮，传说这样就能得到始祖庇佑，一年顺顺利利，所以每年正月炎帝陵香火尤为旺盛。现代炎帝陵祭祀虽然保留了传统的物祭程式，但在种类的仪式上却简单许多，敬献的供品主要有三牲（牛、猪、羊）、五谷（稻、麦、粱、粟、豆等五谷杂粮）、时鲜（祭祀时节的新鲜水果）、中草药，还有社会团体，个人在弘扬炎帝文化、继承炎帝创造精神，生产、生活过程中制造的各种实物产品，如酒、茶、药、农机产品等。

进食前礼祭祖先和神祇的礼仪，对后世产生了较大影响，并一直在湖湘大地传承着，至今湖湘的大部分地区的人们每逢佳节一如古代餐前祭祀那样，在供桌上摆满各种美味食物，虔诚地向自己的先祖和各方神灵进行祭祀仪式。

二、湖湘宴饮礼仪

饮食活动本身，由于参与者是独立的个人，各个人进食时都可能有自己长期生活中形成的不同习惯。但是，饮食活动又表现出很强的群体意识，它往往是在一定的群体范围内进行的，在家庭内，或在某一社会团体内，通过宴饮礼仪使每个人的饮食行为都纳入到正轨之中。所以不管是于个人而言，还是于团体而言，宴饮礼仪都是饮食活动中不可或缺的一部分。

因习俗或社交礼仪需要而举行的宴饮聚会称为宴会，又称燕会、筵宴、酒会，是社交与饮食结合的一种形式。宴会起源于社会及宗教发展的朦胧时代。早在农业出现之前，原始氏族部落就在季节变化的时候举行各种祭祀、典礼仪式，这些仪式往往有聚餐活动。农业出现以后，因季节的变换与耕种和收获的关系更加密切，人们也要在规定的日子里举行盛宴，以庆祝自然的更新和人的更新。

人们通过宴会，不仅可以获得饮食艺术的享受，还可增进人际间的交往。随着湖湘饮食文化的发展和湖湘经济的繁荣昌盛，各种人际交往中的宴席、宴会活动日益频繁，宴会名目也越来越多，按规格分，有正式宴会、家宴、便宴、工作餐等；按习俗分，有婚宴、寿宴、接风宴、饯别宴等；按时间分，有午宴、晚宴、夜宴等。有宴会就必然存在各种礼仪规矩来约束湘人的饮食活动，使各等之人按适合自己所属之等的礼数去参与这种宴饮活动。湖湘宴饮形式向多样化发展的同时其宴饮礼仪也越来越完善，并与其他地方的宴饮礼仪相互借鉴，产生了新的饮食礼仪内容。一般而言，湖湘宴饮礼仪主要分为三个阶段：餐前礼仪、进食礼仪和餐后礼仪。

（一）餐前礼仪

1. 菜单的制定

宴饮中的菜肴、面点及酒水饮料等食品的准备，需要在宴会前根据就餐对象、宴会标准与规格、物价情况及就餐人数制定菜单。制定菜单时应对就餐对象做一番了解，如地域、民族、宗教信仰等。湖南各个不同的地区、不同的民族，有着不同的饮食习惯，不同年龄阶段对菜肴也有不同的要求：如老年人较偏爱酥烂、软嫩、清淡的菜肴；而青年人则偏爱香脆、酥松的菜肴。制定菜单必须要充分尊重客人的饮食习惯，根据宾客的具体要求，如设宴目的、宴饮要求、用餐环境，进行合理设计，尽量满足不同宾客的需要，这也体现了对客人的尊重。

2. 宴会邀请

正式邀请是宴饮活动开始的重要标志。湖湘传统正式宴饮在举行前，一般都有正式的请柬，请柬原称“请简”，古时纪事以简，最初以竹为简，后逐渐变化为绢和纸质的短小信札。请柬在古代是一个传情达意的重要工具，表现邀请方的文雅礼节。

无论客人距离远近，准备好合适的请柬后，邀请方都要登门拜访并呈交请柬，受邀人一般应在收到请柬后，用回帖表达是否赴宴，以便于主人做准备。转送请柬是极不礼貌的一种方式，不能委托他人代送请柬，一些非常正式的宴饮活动在活动前一日还会派送一贴附上定制的菜单，以便告知客人主人已做好充分的准备，同时客人也可以对部分有禁忌的菜品提出意见。

3. 桌次与座次的安排

湖湘正式宴会一般要事先安排桌次与座次，一示隆重，二免混乱，三可更好地达到宴请的目的。桌、席排次时，先定主桌主位，后排座位高低。可只排定主桌席位，其他只排桌次，也可只排部分客人的座次，其余人员只排桌次或自由入座。无论采用哪种做法，都要在入席前通知各位出席者，使大家心中有数，现场还需有人引导。

（1）桌次的安排　宴会通常用方桌或圆桌，每桌坐八人、十人或十二人不等，人多时可平均分为几桌。在宴会不止一桌时，要安排桌次。餐桌的排列要视桌数多少、宴会厅的大小与形状、主体墙面位置、门的朝向等情况合理安排。桌次有主次之分，主桌一般安排在餐厅的重要位置，以“面门、面南、观重点”为原则，其他桌次按照“远高近低，右高左低”的原则安排，各桌的主位可以与主桌的主位方向相同，也可以方向相对。其具体原则是：①以右为上。当餐桌分为左右时，以面门为据，居右之桌为上。②以远为上。当餐桌距离餐厅正门有远近之分时，以距门远者为上。③居中为上。多张餐桌并列时，以居于中央者为上。④在桌次较多的情况下，上述排列常规往往交叉使用。

（2）座次的安排　座次指同一餐桌上的席位高低。在筵宴座次的安排上，湖湘向来有“尚左尊东”“面朝大门为尊”的传统，均按尊卑顺序设席位，尤其要突出“上座”，“上座 ”即首座，一般靠近正对大门的室壁。一般筵宴中最尊的首席由辈分最高的长者来坐，然后依据辈分高低按约定俗成的一套座次顺序进行安排，辈分最低者居于末席。而在家庭宴请中，以受邀者中最尊贵的客人居首席，而主人一般居末席。排列座次的一般原则是：①面门为上，即主人面对餐厅正门，有多位主人时，双方可交叉排列，离主位越近地位越尊。②主宾居右，即主宾在主位（第一主位）右侧。③好事成双，即每张餐桌人数为双数，吉庆宴会尤其如此。④各桌同向，即每张餐桌的排位均大体相似。

在湖湘部分少数民族地区，酒席的上方是受人们尊敬的位置，就座的一般是舅爷、舅舅或长辈，上位一排坐两人，坐姿是背朝家香（神龛）、面向大门，其他亲友作为陪客只坐席位左右两侧，同样是舅爷、舅舅人家的，要论资排辈，年轻者坐席间下方，如果主要亲戚来得多，那就用两张桌子相拼起来或动用圆桌。

4．就坐礼仪

当走进主人家或宴会厅时，应首先跟主人打招呼。同时，对其他客人，不管认不认识，都要微笑点头示意或握手问好；对长者要主动起立，让座问安；对女宾举止庄重，彬彬有礼。入座后坐姿端正，脚踏在本人座位下，不要任意伸直或两腿不停摇晃，手肘不得靠桌沿，或将手放在邻座椅背上。入座后，不要旁若无人，也不要眼睛直盯盘中菜肴，显出迫不及待的样子。可以和同席客人简单交谈。

（二）进食礼仪

1．餐具的使用

筷子是餐具中使用最多的，而且是直接用手接触的餐具。放筷子时，必须是成对的；拿筷子夹菜时，筷子不要碰到旁边的人；握筷时手指轻松自然地贴在一起，不要给人以“张牙舞爪”的感觉；和别人说话时，要放下筷子，表示礼貌，不能拿着筷子指指点点；筷子不要舔来舔去，也不要直立地插在碗中，更不能用筷子敲桌子或碗。

盘子和碟子有多种型号，盘子一般比较大，是餐桌上盛放菜肴的餐具，除非餐具中间有玻璃转盘，否则盘子放在桌上不要挪来挪去，那样不礼貌。型号较小的是放在自己跟前的小碟，用来盛放从公用盘中夹过来自己吃的菜，小碟中的菜，吃多少取多少，不要浪费，鸡骨头鱼刺之类的残渣要放在小碟的前方，不要随意吐在桌上。

饭碗是用来盛饭供自己吃的餐具，也有大小号之分，一般饭量大的用大号碗，饭量小的用小号碗，做客时，尽量不要回碗，吃饭时，可以用手端着碗吃，不要用嘴趴在桌上够着碗吃，那样吃相很难看，也不礼貌。

勺子的主要作用是舀取菜肴、食物。取菜时，在筷子不方便搛菜时，可以用勺帮着取菜，取菜后，放在自己的小碟中；喝汤时，可以用勺子舀到自己跟前的小碟或小碗中，如果取用的食物太烫，不可用勺子舀来舀去，进过嘴的勺子不要再放回公用汤碗中舀汤；勺也不要直插在饭碗中或敲击碗碟。

水杯用来盛放饮料或茶水用，不可以往水杯里倒食物，也不能往里面吐残渣，那样都是不礼貌的。也不要用水杯来盛酒，不用时，也不要扣在桌上，应保持原位。

牙签在宴会中使用要注意以下事项：尽量不要当众剔牙，可去洗手间处理；非剔不可时，用另一只手拿着餐巾纸掩住口部，剔出来的东西用纸巾包住；剔牙后，不要叼着牙签，更不要用来扎取食物；桌上没有牙签时，应向服务员索取，不要随便在桌上找个尖锐物品代替。

2. 用餐礼仪

（1）按时开席　用餐一般是主人示意开始后再进行。客人落座后，应按时开席。不能因个别客人误时而影响整个宴会的进行。如主要客人或是主宾，到开席时尚未到达，应尽快弄清原因，根据情况采取应急措施，并向其他客人表示歉意。一般来说，宴会延迟的时间不该超过15分钟，万不得已时，最多也不能超过30分钟。等待过久，其他客人会不耐烦，同时也会冲淡宴会气氛。

（2）致辞祝酒　俗话说“无酒不成席”，古今中外概不例外。在进餐过程中，饮酒是必不可少的，不管是斟酒还是敬酒均有一套相关的礼仪。斟酒由宾客右侧进行，先主宾，后主人；先女宾，后男宾。酒斟八分，不得过满。敬酒时，上身挺直，以双手举起酒杯，待对方饮酒时，再跟着饮。敬酒一定要站起来，态度热情大方，双手举杯，右手扼杯，左手垫杯底，自己的杯子低于别人。若无特殊客人，敬酒宜顺时针逐位来，可多人敬一人，不可一人敬多人（领导除外）。而且主人应是第一个敬酒的人，敬酒是敬匀全席，而不应计较对方的身份。桌次多时，应按桌敬酒，不能顾此失彼，冷落一方。祝酒时，应由主人和主宾先碰杯，碰杯时应目视对方，以示敬意。人多时可同时举杯示意，但不一定碰杯。切忌交叉碰杯。湖湘当前流行的致辞祝酒礼仪是：主人在第一道菜上来后，即举杯邀请所有客人同饮，并致以简短的祝酒辞。在祝酒辞中，应该首先感谢各位客人的光临，并说明此次宴请的原因，最后请大家同饮。受传统“酒过三巡，菜过五味”说法的影响，一般由主人领三杯酒，然后由第二主人领酒或主人与各位客人及客人与客人之间相互敬酒。敬酒要适可而止，意思到了就行。对于确实不会饮酒的人，是不宜劝其饮酒的。宴会中，主人应向来宾敬酒，客人也应回敬主人。敬酒时，不一定个个都碰杯，离的较远时，可举杯用眼睛示意。喝酒的时候，一味地给别人劝酒、灌酒，吆五喝六，特别是给不胜酒力的人劝酒、灌酒，都是失礼的表现。

在湘西苗族，席间斟酒和席中敬酒也有讲究。斟酒是由最年轻的或班辈最小的掌壶筛酒，如属晚辈，哪怕你是白发苍苍，也得筛酒，先筛上方，其次下方，再筛左右两侧，然后才筛自己的。敬酒是晚辈给长辈敬酒，平辈之人互相筛酒称之扯酒，扯酒可自找对象一盅喝干，或作两次均可，也可以团圆扯。联合举杯向左扯一轮，反转向右扯一轮，如果实在不会饮酒，可用茶代替自喝、喝两杯以后就可用饭了。饮酒进入高潮，施猜拳阶段，就没有什么大小班辈之分了，一律平等饮酒，该饮多、饮少都在拳上“死”，罚多罚少，就只有取决于自己的拳术和技巧了。

（3）上菜　湖湘宴会中对菜品的数量及菜品的档次有严格的要求，上菜顺序和各菜肴的摆放位置在宴会中也有相应的规范。菜肴的位置安排主要是为了便于客人取用食物，较为正式的宴席都是严格按照精心设计的菜单规定顺序上菜，标准的宴会通常先上冷盘再上热炒，随后是主菜，然后素菜和汤，最后上甜品和果盘，热菜应从主宾对面席位的左侧上，上单份菜或配菜席点和小吃先宾后主。席间对于重点菜肴的位置，也都有相应的讲究。上全鸡、全鸭、全鱼等整形菜，不能把头尾朝向正主位。特别是上鱼菜时，《礼记·少仪》中说：“羞濡鱼者进尾，冬右腴，夏右鳍。”即如果是烧鱼，以鱼尾向着宾客，因为鲜鱼肉由尾部易与骨刺剥离，冬天的鱼腹部肥美，摆放时鱼腹向着宾客右方，便于取食；夏天则背鳍部较肥，所以将鱼背朝着宾客右方。湖湘民间也有“鱼不献脊”的习惯，表示以诚相待。长沙旧时民间摆宴席，因为经济困窘，菜不过五碗，第六碗就上鱼，于是人们不再伸筷，所谓“鱼到酒止”，尽欢而散席。

除此之外，席间献菜算是湖湘现代宴席最具特色的表现，献菜也是苗家人最讲究的特殊的礼节习俗，献菜是席上表示对来客的热情与尊敬。一般来说，鸡、鸭、鹅（鱼）的头和脚爪献给长辈和老者，肘腿及鱼尾巴就给娃娃吃，鸡、鸭、鹅的肺、翅、翘献给老妇长辈们吃。夹菜进嘴，只能一次一片（块）不能夹双片进嘴，如夹得只剩一片，就不能再夹了，留在盘（碗）里。夹双片进嘴或夹吃最后一片（块）就要被视为馋客，也会遭来非议。

（4）文雅用餐　无论是主人还是客人，就餐的动作要文雅，搛菜动作要轻。而且要把菜先放到自己的小盘里，然后再用筷子夹起放进嘴。送食物进嘴时，要小口进食，两肘向内靠，不要向两边张开，以免碰到邻座。不要在吃饭喝饮料、喝汤时发出声响。万一打喷嚏、咳嗽应马上掉头向后，用手帕掩口。菜或汤很烫时不可用嘴吹，等稍凉后再吃。口中有食物，不宜高谈阔论。嘴唇有油污不要沾染到酒杯上，应先用餐巾拭净。鱼刺、骨头不要丢在桌布上，要放在盛残渣的碟子里。宴会上，若感觉闷热，不可当众解扣宽衣、松裤带，这是不雅观的，需要时可去盥洗室。用餐时遇有酒水打翻、筷子掉地，碰到了邻座，要道声“对不起”，再请服务员帮忙。用餐时，如要用摆在同桌其他客人面前的调味品，先向别人打个招呼再拿；如果太远，要客气地请人代劳。

在湖湘部分地区，苗家人还有一项席间礼仪被称为最热心的礼节：盛饭及饭后的洗漱。席间，主要安排自家的姑娘或儿媳在旁守候，应付差使，给客人盛饭，递饭时必须双手端上，举至齐眉处献上，不能只用一只手，过高过低都不行。席毕，献毛巾洗脸时，要先把水拧干、毛巾摊在双掌上，面带笑容地齐眉献上，客人也必须双手接应，以保祥和，还巾时客人道谢，以表贤和。

（5）亲切交谈　宴会进行过程中，主客双方应就彼此都感兴趣的话题亲切交谈。交谈的范围不妨广一些，主要应从增进友谊，加深了解方面考虑。谈话不要涉及一些彼此都避讳的话题。同时，对于有一定目的的宴会，也应该“只叙友情，不谈工作”，切不可把餐桌当做办公室，以免陷入僵局，使双方都不愉快。交谈时，主人要能控制局面，不断提出大家共同关心的话题，注意引发每个人的谈话兴趣，不要只和熟悉的人交谈，要让每个人都有谈话的机会，要让大家保持精神饱满，情趣盎然，使宴请的热烈气氛贯穿始终。

（三）餐后礼仪

1．离席礼仪

如果宴会没有结束，但你已用好餐，不要随意离席，要等主人和主宾餐毕先起身离席，其他客人才能依次离席。席间，确实有事需提前退席，应向主人说明后悄悄离去，也可以事前打招呼，届时离席。宴会结束退席时，客人应向主人致谢，对宴会的组织及菜肴的丰盛精美表示称赞。作为主人则要根据客人的情况作相应安排，有礼节地送客离席或饭后奉上茶点小坐，对重要客人以礼相待，在门口相送并赠送回礼，客人向主人长揖致谢。

2．送客礼仪

按照常规，道别应当由来宾率先提出来，假如主人首先与来宾道别，难免会给人以厌客、逐客的感觉，所以一般是不应该的。在道别时，来宾往往会说：“就此告辞”“后会有期”。而此刻主人则一般会讲：“一路顺风”“旅途平安”。有时，宾主双方还会向对方互道“再见”，叮嘱对方“多多保重”，或者委托对方代问其同事、家人安好。在道别时，特别应当注意下列四个环节。一是应当加以挽留、二是应当起身在后、三是应当伸手在后、四是应当相送一程。

湖湘苗家人送客时，要根据席间酒量的情况而定，如果有客酒醉如泥，就不送他回家了，找一个舒适的铺位，安顿休息，不去打扰他（她），只注意他（她）的口渴、防火、不跌倒就行了，其他的要回家之客，就不挽留。送客时，让客人走先、主人在后。如晚间用火把及电筒照明送客，那就客在先，年轻人在后。如果客人饮有多量的酒，坚持要回家，那主人就要护送到家，把客人交给家人以后，自己才返回，涉水过桥送客需步步紧跟，以防摔倒。另外，也有用歌声抒情送客的。

思考题

1. 什么是饮食礼仪？饮食礼仪中的“礼”和“仪”分别有什么含义？
2. 什么是湖湘饮食礼仪？在湖湘饮食文化中的作用是什么？
3. 简述湖湘饮食礼仪的起源与发展经历了哪几个阶段？
4. 祭祀礼仪的种类有哪些？
5. 湖湘宴饮礼仪中，用餐时应注意哪些方面？

第八章

湘菜与其他地方菜

本章从湘菜与粤菜、湘菜与川菜、湘菜与淮扬菜、湘菜与湖北菜四个方面对湘菜与其他地方菜的关系加以阐述。

第一节　湘菜与粤菜

广东菜简称粤菜，由广州、潮州、东江客家菜三种地方菜构成，又有各自不同的特色。广州菜以味美色鲜、菜式丰盛，鸟兽虫鱼为原料，烹调成形态各异的野味佳肴；即开刀、即烹和即席烹制，独具一格，吃起来新鲜火热；夏秋清淡、冬春香浓。潮州菜以海味、河鲜和畜禽为原料，以蔬果为原料的素菜制作精妙，加工多样，分炒、烹、炸、焖、炖、烧、烤、焗、卤、熏、扣、泡、滚、拌，刀工讲究，汤菜工夫尤深，以清炖、红烧、汤泡最具特色。东江客家菜以肉类为主，原汁原味，讲求酥、软、香、浓，注重火工，以炖、烤、煲、焗见长，尤以砂锅菜见长。

湘菜和粤菜都来自一个老祖宗，那就是战国时期楚国宫廷御膳，代表着长江流域的饮食文化，分化成湖南菜、湖北菜、江苏菜、浙江菜、广东菜。

一、湘菜在广东的发展

湖南人在广东比较多，湘菜的烹饪手法和方式特别，色香味堪称一绝，广州地区的大排档湘菜居多，湘菜是仅次于粤菜的第二大美食。湘菜毛氏红烧肉（图8-1）在广州一炮打响，从此湘菜馆就逐渐多起来。广州人感觉湘菜除了有点辣外也是原汁原味的，自此吃湘菜的人逐渐多起来。除辣椒外其他调味料运用比较少，保持食料的原汁原味，特别是花椒、八角等，特殊菜肴如狗肉、卤虾用一点桂皮，黄鳝、甲鱼等多用紫苏、辣椒，有点辣而已。

图8-1　毛氏红烧肉

深圳是个移民城市，最火爆的当数湘菜。湘菜在平和、理性、节制、务实、回归自然的消费风气里，于深圳悄然兴起。香港《商报》的“美容醒胃叹湘菜”一文对深圳湘菜描述：湘菜辣香腊、清鲜浓鲜。湘菜的特色是一个很重内涵的菜系，里面透着湖南人不花哨、不夸张，弃虚务实的精神底蕴。湘菜的创新是湘菜名厨们经常到湖南采集新的菜式、发现流行趋势，将湖南相继风行美食在口味上稍加调整引进以适应深圳的“水土”。公道、体贴的价格、整洁的装修能给食客一个从容的心态和实惠的感觉。深圳湘菜企业的员工既是职工又是老板，厨师、服务员在“和老板一起做老板”的追求里将自己的青春和热血献给了弘扬湘菜饮食文化这个宏大事业，他们的辛勤劳动得到了丰厚的回报。2008年第1期《餐饮世界》就以“深圳的湘菜时代”为题报道深圳的湘菜，讲述当时深圳已有500多家湘菜馆，认为湘菜适宜来自东南西北的人群，湘菜最诱人的是辣中有香、香中之鲜。现在，深圳餐饮企业达5万多家，其中湘菜企业5000多家，占比逾十分之一，每10个餐饮品牌中必有一个湘菜品牌，还不算旗下的连锁门店，湘菜在深圳发展迅猛，几乎为深圳的第二大菜系。“深圳湘菜现象探秘”认为“深港‘湘菜现象’的形成要归功于湘菜的味道适合不同的口味。”湘菜以小菜、家常菜为主，价格上自然十分“平易近人”，因而在食客理智消费的市场背景下赢得了市场。湘菜长盛不衰是靠特色、创新和价格。

二、湘菜与粤菜的区别

湘菜用料广泛、制作精细、品种繁多，味道较重。刀工精妙，形味兼美；长于调味，酸辣著称；技法多样，尤重煨炖。口味注重香鲜、酸辣、软嫩，制作上以煨、炖、腊、蒸、炒见称。以咸辣为主，火辣，非常辣。粤菜比较考究，选料广博奇异，品种花样繁多；用量精而细，配料多而巧，装饰美而艳，善于在模仿中创新，品种繁多；注重质和味，口味比较清淡，力求清中求鲜、淡中求美。新鲜美味，营养价值高。以甜淡为主，清淡典雅，不辣。广东人一点辣也不能吃的人极少，没有要吃辣的习惯，偶尔吃点辣椒是不拒绝的，改革开放前也经常有辣椒供应，整只辣椒灼熟加酱油、蚝油等整只卖，吃的人也不少。

三、湘菜与粤菜的互动

湘菜和粤菜因为有各自的特色，在这种相互学习的年代，不仅湖南的湘菜馆里有粤菜，广东的粤菜馆里也有湘菜厨房，厨师之间相互学习，烹饪技法、技巧相互交流，更加考虑到当地的食客，满足食客的饮食需求。

（一）粤菜影响湘菜

1. 粤菜调味品丰富了湘菜的味型

粤菜用料广博，调料丰富，除了一些共同使用的常用调味料之外，粤菜中的蚝油、蒸鱼豉油、鱼露、柱侯酱、咖喱粉、柠檬汁、沙茶酱、豉汁、西汁、糖醋、煎封汁、酸梅酱、珠油、果皮等都独具一格。粤菜讲究五滋六味，五滋即香、松、软、肥、浓，六味即酸、甜、苦、辣、咸、鲜。粤菜中常用的蒸鱼豉油，是一种具亚洲特色用于烹饪的调味料，一般是以大豆为主要原料，加入水、食盐经过制曲和发酵，在各种微生物繁殖时分泌的各种酶的作用下，酿造出来的一种液体。湘菜厨师在蒸鱼时也多选择蒸鱼豉油提鲜调味，增香去腥。粤菜调味爱用陈皮，自古广东三件宝：陈皮、老姜、禾秆草，陈皮不仅是广东的一宝，更是全世界华人公认的一宝，是中国的一件国宝。广东人对于陈皮的使用可谓是非常到家，煲汤、炒菜、焖炖、甜品样样精通，较著名的有霸王花陈皮煲瘦肉、茶黄陈皮骨、陈皮豉汁蒸鲍鱼仔等，湘菜中湘西地区烟熏腊肉也用到了陈皮，增加了腊肉的橘香味，这使湘菜的腊肉菜肴多了橘香一味。

2．粤菜湘菜小炒、干锅讲究锅气

粤菜小炒非常讲究锅气，一盘热辣辣的小炒端上桌后，一股无法言表的独特香气就会扑鼻而来，令人忍不住一再下筷。锅气由热、快、干、香四个指标构成，热，是针对菜肴温度而言的。一款锅气十足的菜肴首先上桌温度要高，以菜肴入口可以明显感觉“烫”为考量点。快，是针对菜肴烹调速度而言的。一款合格的小炒菜烹调速度一定要快，这表现在两个方面：一是炒制时间要短，不论是用手铲铲制还是用手勺配合炒锅翻动，都要求厨师动作娴熟、利落；二是调味过程要快，为此必须提前调好碗芡（有些厨师称其为味水，就是将调味料和湿淀粉一起调制而成的芡汁），让调料和原料可以在最短的时间内快速融合。干，是针对菜肴质感而言的。菜肴上桌的要求是质地干香，标准是有汁而不见汁，有芡而不见芡，有油而不见油。香，是针对菜肴味道而言的。要求是菜肴本身的香味要浓郁，甚至是可以有轻微的焦香味。菜品的锅气要由四个方面得到保障。一是刀工精湛。原材料要切得长短划一，厚薄一致，纹理畅顺；二是以锅代勺，除了用锅铲之外，有时要大面积翻掀菜料，使之快速同热，最大限度保留原料的本色；三是勾芡精准，小炒多为薄芡，让原料把芡汁吸收，吃完菜肴不见芡汁；四是猛火急攻，小炒最讲旺火急炒。粤菜的锅气也渐被湘菜厨师们重视，湘菜的小炒菜、干锅菜如辣椒炒肉、萝卜干炒腊肉、干锅肥肠、攸县香干等，讲究猛火、爆炒、料焦香，在烹饪过程中，要求善于利用食物的特点，将味道及口感的精华都烹调出来，称为“有锅气”。

3．粤菜湘菜选料广博，尤善烹制蛇类菜肴

粤菜选料广博奇异，品种花样繁多，天上飞的，地上爬的，水中游的，几乎都能上席。有鹧鸪、禾花雀、豹狸、果子狸、穿山甲、海狗鱼等飞禽野味，还有猫、狗、蛇、鼠、猴、龟、禾虫等异品奇珍。蛇在广东乃是最普通不过的一种食材，广东人用蛇来做菜、泡酒，也将蛇胆用来制药。蛇做菜肴的做法很多，有椒盐蛇碌、烩蛇段、龙虎斗、三蛇羹、龙凤宴、蛇肉火锅、茯苓龟蛇汤、五彩炒蛇丝、水蛇粥、葱油焗蛇、黄金蛇骨、清蒸蛇等。广东人爱吃蛇，一是因为蛇肉细嫩鲜美且营养丰富；二是因为蛇肉具有祛除湿毒的食疗功效，很符合广东一带湿气过重的气候特点。蛇肉在中医中具有行气活血，祛风去

湿，化痰止咳，明目强肝及防治血管硬化等作用。湖南人也爱吃蛇，湖南属亚热带湿润季风气候，自古称“卑湿之地”，每到“秋风起，三蛇肥”，湖南永州、岳阳、衡阳、长沙等地的大小餐馆纷纷推出蛇肉菜肴，口味蛇便是一道湖南传统的名菜，此菜选用高蛋白、低脂肪、肉质细嫩的蛇肉作为原料，配制以鲜、香、辣为主要特征的口味。此外，湖南人还爱吃姜辣蛇、青椒带皮蛇，用干红辣椒加老姜或青椒焖之，极符合湘菜辣的特性。据说，长沙的“老班子”不吃蛇，传统湘菜并没有用蛇作原料的菜，20世纪80、90年代有道叫“龙凤呈祥”的粤菜——清炖蛇和鸡，由广东移植到湖南，那是大菜，只在高档宴席上才有。粤菜食材对湘菜的影响，除了蛇肉，还有海鲜，包括鲜品海鲜和海鲜干货。目前，湖湘境内海鲜市场大多海鲜来自于广东地区。

4．粤点对湘点有带动辐射作用

广式点心品种有1000多款，为全国点心种类中之冠。“食在广州，味在西关”，广式点心用料精博，品种繁多，款式新颖，口味清新多样，制作精细，咸甜兼备，能适应四季节令和各方人士的需要。广式点心都讲究色泽和谐，造型各异，相映成趣，令人百食不厌。点心的品种、款式和风味是由皮、馅和技艺构成。广东的点心的皮有4大类23种；馅有3大类46种。点心师们凭着高超的技艺，给这些不同的皮、馅千变万化的组合和造型，制成各种各样的花式美点。在各类点心中，代表名品有鲜虾荷叶饭、绿茵白兔饺、煎萝卜糕、马蹄糕、皮蛋酥、冰肉千层酥、叉烧包、酥皮莲蓉包、芝麻包、刺猬包子、粉果、及第粥、干蒸蟹黄烧麦等。在饼食中，以粤式中秋月饼最为有名。月饼的制作有其独到之处，选料广泛，加工精细，皮薄馅精。广式点心对于湘点的影响，一是在早年间，湘点师傅们到广东省学习点心制作技艺和广东面点师傅到湖湘酒店工作；二是广式月饼，每到中秋佳节，市场上的广式月饼琳琅满目；三是湖南点心里的清酥与擘酥制品，便是从广东一带传入湖南。

（二）湘菜影响粤菜

1．湘菜馆遍布粤菜分布区

湘菜作为著名菜系，在全国各大城市甚至海外都占有重要位置，湘菜馆遍地开花，广东与湖南唇齿相依，在广东的湖南人在为广东的经济发展作出重要贡献的同时，也极大地推动了湘菜在广东地区的发展，如著名湘菜品牌洞庭鱼头王、洞庭土菜馆、同湘会、湘菜时代、湘江老厨等已成为广东省的著名商标。湘菜之所以能在广东地区飞速发展，一是因为在广州或者深圳等广东大城市，湖南人分散在社会的各个阶层，加上外来旅游的湖南人，他们是湘菜发展的主要动力。二是因为广州人对于辣的口味已经逐渐接受。三是因为湘菜亲和力强，价格丰俭由人、特色鲜明，消费者消费时没有价格压力。四是湘菜在广东不断创新，广东的湘菜厨师积极吸纳其他菜系的长处，改良创新湘菜，使湘菜逐渐向清淡、脆嫩、原汁原味转变，迎合了当地市场。五是有广东省政府的引导与扶持，为湘菜的发展创造了良好的宽松环境。

2．粤菜引入部分湘菜菜品

自湘菜在广东流行之后，食客慢慢喜欢上了湘菜，也包括部分广东人，喜欢粤菜的客人在粤菜馆，也希望能够吃到湘菜，广州、深圳高档的粤菜馆就单独辟了一个小厨房，用来制作湘菜的经典菜。广东中低档的粤菜馆，他们没有实力去单独弄个湘菜厨房，就到湖南考察或者湘菜馆学习，学习一些湘菜或者直接引进一些不辣或者不太辣的湘菜，作为自己粤菜馆里的湘菜。湘菜里的皮蛋煮苋菜汤在引进到粤菜之后，就加入高汤，成为高汤皮蛋煮苋菜汤。

第二节　湘菜与川菜

四川菜简称川菜，分上河帮、小河帮、下河帮三大地方风味，上河帮即川西成都、乐山为中心地区的蓉派川菜；小河帮即川南自贡为中心的盐帮菜，包括宜宾菜、泸州菜和内江菜；下河帮即重庆江湖菜、万州大碗菜为代表的重庆菜。川菜取材广泛，调味多变，菜式多样，口味清鲜醇浓并重，以善用麻辣调味著称，以其别具一格的烹调方法和浓郁的地方风味著称，融会了东南西北各方的特点，博采众家之长，善于吸收，善于创新，享誉中外。川菜以家常菜为主，高端菜为辅，取材多为日常百味，也不乏山珍海鲜。红味讲究麻、辣、鲜、香；白味口味多变，包含甜、卤香、怪味等多种口味。调味有干烧、鱼香、怪味、椒麻、红油、姜汁、糖醋、荔枝、豆豉、泡菜、蒜泥等复合味型，形成了川菜的特殊风味，享有“一菜一格，百菜百味”的美誉。烹调擅长炒、滑、熘、爆、煸、炸、煮、煨等。尤其小煎、小炒、干煸和干烧有其独到之处。从高级筵席“三蒸九扣”到大众便餐、民间小吃、家常风味等，菜品繁多，花式新颖，做工精细。烹调讲究品种丰富、味多味美，讲究烹饪技术、制作工艺精细、操作要求严格。川菜烹调有四个特点：一是选料认真、二是刀工精细、三是合理搭配、四是精心烹调。

一、川菜在湖南的发展

俗话说：川菜雄霸天下，湘菜笑傲东南。“大蓉和”是一家知名川菜餐饮集团企业，进入长沙，融合各大菜系之长自创新派湘菜体系，并以多店经营，在长沙的状况还可以。自高档川菜谭鱼头、俏江南等进入长沙，没有搅动长沙高端市场，也没有助长长沙餐饮行业朝多元化发展，长沙高端餐饮比的不仅仅是价格、装潢，更重要的是服务以及“不可复制性”，因而它们成了“川菜一进长沙就倒闭”的例子。但是如勇猛子川菜馆、江家菜馆、川江巴食、川西红潇湘行、九如川等这些中低档的川菜馆，它们不仅做出了好的味道，也走出了川菜在湖南发展的模式和路线，成为川菜在湖南发展的中坚力量。

二、湘菜在四川的发展

1995年前后，湘菜在成都已经形成一定的规模，有影响的是七色花，生意火爆、门庭若市。川人惯食川菜、习品川味，仅把湘菜作为变换口味的补充。绝大多数川人不甚了解湘菜的特色，极少有媒体宣传湘菜。1998年，成都各类湘菜馆日渐冷落，举步维艰。1999年初，以“波伢仔湘菜酒楼”为代表的新一轮湘菜又展开攻势，进行文化包装，包间冠“平江”“东安”“临湘”称谓，大厅营造“湘景与湘人”气氛，有爱晚亭、岳麓书院、曾国藩、谭嗣同等精制木刻，餐厅各处张挂不同时期的多幅珍贵照片，备有《长沙晚报》《当代商报》《三湘都市报》等，进入“波伢仔”仿佛置身三湘风情，加上湖南妹子的浓浓乡音，使人倍感亲切。成都湘菜馆的老板们实地考察了各具特色的湖南菜品，引进白椒、腊鸡、萝卜干、剁椒之类的当地名产，菜品除常见的湘菜之外有改良的川湘菜结合体。从2000年初起，成都湘菜餐厅不仅川人光顾，湘人更是常客，经济效益也日渐好转。

三、湘菜与川菜的共性

湘菜与川菜诸多菜品都离不开辣椒，都以“辣”闻名于世。湘菜和川菜重口、重辣、重油。湘菜和川菜价格实惠，比较亲民。湖南和四川的外出务工人员很多，几乎每个地方都有湖南人、四川人的身影。勤劳的湖南人、四川人将湘菜、川菜传遍五湖四海。湘菜和川菜的材料和做法都比较家常，更有利于广泛的流传。

四、湘菜与川菜的区别

湘菜用料广泛、制作精细、品种繁多、油重色浓，讲求实惠；口味上注重香鲜、酸辣、软嫩，原料入味，采用剁椒、酸豆角等作为辅料，在制作上擅长热烹、冷制、甜调三大类烹技法，以煨、炖、腊、蒸、炒诸法见长。煨、炖讲究微火烹调，煨则味透汁浓，炖则汤清如镜。煨功夫更胜一筹，几乎达到炉火纯青的地步。在色泽变化上分红煨、白煨，在调味上有清汤煨、浓汤煨和奶汤煨。经过小伙慢炖，原汁原味，有的菜晶莹醇厚，有的菜汁纯滋养，有的菜软糯浓郁，酥烂鲜香。辣味菜和腊制品是湘菜的主要特色。腊味制法包括烟熏、卤制、叉烧。腊肉、腊鸡、腊鱼类烟熏制品既作冷盘又可热炒或用优质原汤蒸，炒则突出鲜、嫩、香、辣，市井皆知。刀工很讲究，刀法有16种之多，具体运用，演化参合，使菜肴千姿百态、变化无穷。许多刀法奇异，出料形态逼真，巧夺天工。刀工妙处不仅着眼于造型的美观，还处处顾及到烹调的需要，故能依味造型，形味兼备。湘菜相对来说比川菜更加精致，湘菜更加讲究食材的搭配，色香味需要一应俱全，这导致人工成本和食材成本更高。湘菜近年的发展脚步比川菜还要迅速。

川菜以麻辣为主，重味重色重油，代表菜很多，味美、多、浓、厚。以麻辣、鱼香、怪味等味型独擅其长。风味有很多种，包括了成都、乐山、内江、自贡、南充等地方特色菜系。用辣椒、胡椒、花椒、豆瓣酱等主要调味品，且花椒很多，喜欢把干辣椒煸炒。根据不同的配比配出麻辣、酸辣、椒麻、麻酱、蒜泥、芥末、红油、糖醋、鱼香、怪味等不同的味型。烹调方法上有炒、煎、干烧、炸、熏、泡、炖、焖、烩、贴、爆等38种之多，长于小煎、小炒、干煸、干烧等技法，小炒不过油，不换锅；干煸成菜味厚而不腻；干烧用汤恰当，味醇而鲜。讲究色、香、味、形，兼有南北之长，以味的多、广、厚著称。历来有甜、酸、麻、辣、苦、香、咸等七味，干烧、酸、辣、鱼香、干煸、怪味、椒麻、红油等八滋的说法，川菜具有取材广泛、调味多样、菜式适应性强。肉更讲究入味，刀工要求更高，食材则有发酵、卤制。

五、湘菜与川菜的互动

（一）川菜调味品丰富了湘菜味型

川菜作为著名菜肴，讲究“一菜一格，百菜百味”，具有“清鲜醇浓，麻辣辛香”的特点，在国际上享有“食在中国，味在四川”的美誉。四川省会成都市被联合国教科文组织授予“世界美食之都”的荣誉称号。川菜调味多变，口味清鲜醇浓并重，以善用麻辣调味著称。

川菜调味品有花椒、辣椒、豆瓣酱、川盐、芥末、陈皮、芝麻、姜、大蒜、葱、酱油、醋、糖、豆豉、榨菜等。豆瓣酱属于发酵红褐色调味料，在生产豆瓣酱中配制了香油、豆油、味精、辣椒等原料，丰富了豆瓣酱的品种。郫县豆瓣酱素有“川菜之魂”的美称，油润红亮，烧出来的菜卖相相当诱人，味道香辣解馋。用郫县豆瓣酱和辣椒面中小火煸炒出的红油就是麻婆豆腐的精髓。豆豉在川菜调味中也具有重要作用，它可以加油、肉蒸后直接佐餐，也可作豆豉鱼、盐煎肉、毛肚火锅等菜肴的调味品。正宗豆豉具有色泽黑褐，光滑油润，味鲜回甜，香气浓郁，颗粒完整，松散化渣的特点。花椒亦属川菜中特色鲜明的调味品，其个性突出，营养丰富，具有开胃祛湿、止痛、杀菌之功能。川菜常用的麻辣、椒麻、烟香、五香、怪味、陈皮等味型都有花椒的作用。用花椒可调出烈性麻味、中性麻味、轻性麻味、清香型麻味等不同味型，以适应不同口味食者的需要。辣椒在川菜调味中功不可没，川菜运用的有干辣椒、辣椒粉和红油泡椒等，干辣椒由新鲜辣椒晾晒而成，辛辣如灼。红油辣椒，作红油、麻辣等味型的调味品，泡辣椒由新鲜红辣椒泡制而成，是川菜烹鱼和烹制鱼香味菜肴的主要调味品。除此之外，还有朝天椒、小米椒等。川菜味型对湘菜的影响除了目前湘菜菜肴中借鉴了豆瓣酱、豆豉、花椒、干红辣椒等调味品外，还体现在川菜调料市场化，形成了一系列具有特色的川菜调味品，如酸菜鱼调料、回锅肉调料、麻婆豆腐调料、麻辣香锅调料等。

（二）川菜湘菜相互借鉴融合

川菜取材广泛，菜式多样，并以其别具一格的烹调方法和浓郁的地方风味，融会了东南西北各方的特点，博采众家之长，善于吸收，善于创新，享誉中外。川菜原料多选用家常食材，宴客偶用山珍、江鲜。善用小炒、干煸、干烧和泡、烩等烹调法。以“味”闻名，味型较多，富于变化。风格朴实而又清新，具有浓厚的乡土气息。具有取材广泛、调味多样、菜式适应性强三个特征。由宴席菜、大众便餐菜、家常菜、三蒸九扣菜、风味小吃等五个大类组成一个完整的风味体系。

四川火锅以麻、辣、鲜、香著称，其中，最传统的当是毛肚火锅，正宗的毛肚火锅的菜品用的几乎都是牛身上的肝、心、舌、背柳肉片、血旺和莲白、蒜苗、葱节、豌豆尖等素菜。四川火锅表现了中国烹饪的包容性，火锅选料包罗万象，菜品发展到几百种，囊括了食物王国里可食用之物，菜品已扩大到家禽、水产、海鲜、野味、动物内脏、各类蔬菜和干鲜菌果等。在毛肚火锅的基础上，发展到清汤火锅、鸳鸯火锅、啤酒鸭火锅、狗肉火锅、肥牛火锅、辣子鸡火锅等，品种不下百余种。如今，湖湘大地火锅店遍地开花，火锅很受湖湘人民的欢迎。

第三节　湘菜与淮扬菜

淮扬菜发源于扬州、淮安。原料多以水产的江湖河鲜为为主，注重时令鲜活鲜嫩，以顶尖烹艺为支撑，以本味本色为上乘，以妙契众口为追求，雅俗共赏而不失其大雅，尤其是“和、精、清、新”的独特理念。素有“东南第一佳味，天下之至美”之美誉。选料严谨、因材施艺；制作精细、风格雅丽、色彩鲜艳、清爽悦目；追求本味、清鲜平和、略带甜味、南北皆宜。十分讲究刀工，比较精细。尤以瓜雕享誉四方，造型美观、别致新颖、生动逼真。菜品形态精致，滋味醇和；在烹饪上善用火候，讲究火功，擅长炖、焖、煨、焐、蒸、烧、炒。菜品细致精美，格调高雅。调味清淡，重视调汤，菜式繁多，体系庞大，色香味形俱佳。以其皮薄、汁浓、味鲜的各色点心闻名，俗语道：“川菜扬点”。

一、淮扬菜对湘菜的影响

淮扬菜既有南方菜的鲜、脆、嫩的特色又融合了北方菜的咸、色、浓特点，形成了自己甜咸适中，咸中微甜的风味。根据“以火为纪”的烹饪纲领，鼎中之变精妙微纤，通过火工的调节体现菜肴的鲜、香、酥、脆、嫩、糯、细、烂等不同特色。擅长炖焖烧煮，较好地突出原料本味。富于变化，想象力丰富。一款三套鸭，家鸭套野鸭，野鸭套菜鸽，用火腿、冬笋作辅，逐层套制，三位一体。很少用山珍海味，多用当地产的普通原料，没有居高临下的气派，也不平淡无味，选料、刀工、调味等都中规中矩、精工细作、讲求韵味，制作就像写诗作画，有浓厚中国传统文化底蕴。

祖庵湘菜是由谭延闿及其家厨所创立，祖庵湘菜以“原材料选取精良、刀工处理精细、烹制技艺精湛、味道调和精准”的美食理念赢得了人们的青睐，被称为“湘菜之源”。制作祖庵菜的两位厨师，一位是江苏籍主厨谭奚庭，以烹调清淡的淮扬菜为主；一位是湖南籍主厨曹荩臣，以烹调味重湖南菜为主。祖庵湘菜闻名的原因有三：一是谭延闿的声名显赫。菜品都冠上谭氏的名号，因谭延闿字祖庵，称为祖庵鱼翅、祖庵豆腐等。二是谭精于食道。谭每每在邀宾宴客之前，总是对厨师提出方案，并对菜单加以定酌。三是厨师谭奚庭、曹荩臣的作用。后谭延闿仙逝，曹荩臣回长沙，在坡子横街开设健乐园，以祖庵鱼翅、祖庵豆腐、祖庵鱼生、祖庵笋泥等祖庵湘菜大事宣传，生意兴旺。抗战中，国民政府主席林森，由宁乘汽车赴渝过长，长沙市商会左学谦在健乐园设宴为之洗尘，因而使健乐园声名更噪。

二、抗日时期淮扬菜传播湖湘

抗日战争爆发之后，江浙地区的人口大迁移，迁往大西南，厨师行业也随着进行大迁徙，他们到长沙、衡阳，店家就地开店经营，厨师进入湖湘本土的餐饮企业工作，赚取生活费用，他们制作的主要是淮扬菜，扬州狮子头、松鼠鳜鱼等菜品落地生根，与湘菜结合成为湖湘风味的淮扬菜；如子龙脱袍、发丝牛百叶吸收淮扬菜里切文思豆腐的刀工和技艺，在刀工精细方面做到了惟妙惟肖。

三、淮扬菜湘菜重视刀工

淮扬菜的精髓在于刀工，一块2厘米厚的方干，能批成30片薄片，切丝如发；冷菜制作、拼摆手法要求极高，一个扇面三拼，抽缝、扇面、叠角，寥寥六字，但刀工拼摆难度极大；文思豆腐，一块豆腐就成了几千根豆腐丝，放在清澈的水中，根根清晰、粗细均匀，云雾般的形态，宛如一幅中国山水画。湘菜也比较注重刀工，基本刀法有16种之多，具体运用，演化参合，使菜肴千姿百态变化无穷。如东安鸡，一只鸡除了内脏，一共切成16块，摆在盘子里，正好是一只完整的鸡；发丝百叶，形如发丝，百叶切得越细越好；梳子百叶，形似梳齿；熘牛里脊，片同薄纸；菊花鱿鱼、金鱼戏莲，刀法奇异，形态逼真；红煨八宝鸡，整鸡剥皮，盛水不漏，制出的成品，不但造型完整俊美，而且肉质鲜软酥润，吃时满口生香。

四、淮扬菜湘菜讲究制汤工艺

淮扬菜擅长以汤做菜，烹饪菜肴时总要辅以高汤，哪怕是爆炒也要加点高汤提鲜。厨师们在烹调中坚持吊制清汤、红汤、菌汤，汤体现了淮扬菜的本质和灵魂。淮扬菜中的汤要么清澈见底，淡而不薄，要么便是香浓如乳，浓而不腻。高汤，即猪腿骨、老母鸡、老鹅、火腿等料经8小时以上文火吊出来的汤，是菜肴鲜味的来源。其中，骨为汤底、鸡为清鲜、鹅为浓香，三者皆为高汤灵魂，且味型有别，自然鲜得有层次。三吊汤，便是将白汤用鸡肉、猪肉、血水分三次吊制，吸去浑浊的漂浮物，直到汤水清澈见底，直到鲜纯甘冽的最高境界。湘菜受其影响，湘厨在烹制菜肴时也多调制高汤以提味。如娃娃菜就会用高汤调制，汤汁足，味极鲜。

第四节　湘菜与湖北菜

湖北菜古称荆菜，原称鄂菜，现改名楚菜，起源于江汉平原。以水产为本，鱼馔为主，汁浓芡亮，香鲜较辣，注重本色，菜式丰富，筵席众多，擅长蒸、煨、炸、烧、炒等烹调方法，具有滚、烂、鲜、醇、香、嫩、足等七美。循历史上鄂菜特色，集南北各派之精华，形成融汉沔风味、荆宜风味、襄郧风味、鄂东南风味、鄂西南土家族苗族风味于一炉的鄂菜鱼馔特色。以烹制淡水鱼鲜技艺见长，以"味"为本，讲究鲜、嫩、柔、滑、爽，富有浓厚的江南水乡特色。常用的烹调方法有30余种，以蒸、煨、烧、炸、炒最有特色。品种丰富，遍及城乡。讲究原形、原色、原味、原汁，极少用有色调味品，力求突出禽畜的肥美、鱼虾的鲜嫩和蔬菜的清香。饮食原料为本地所产，它的特色和水平与本地物产资源特色和生产力发展水平相一致。最鲜明的特点是稻为主食、嗜好鱼肉、蔬食多样、汤品繁多、好酒多茶。

一、湘菜与湖北菜食材选料相近

两湖原本一体，湖南与湖北地理位置相近，湖南省大部分位于洞庭湖以南，湖北省位于洞庭湖以北，毛泽东的著名诗句“才饮长沙水，又食武昌鱼”说明了两地的邻里关系。两者在饮食选材有许多共同点。一是湖北洪湖盛产莲子莲藕，洪湖自形成以来，就自然生长着大量野生莲藕，洪湖莲子颗大粒圆、皮薄肉厚，兼有清香甜润、微甘而鲜的风味，具有广泛的食用和药用价值；湖南境内也盛产莲藕莲子，湖南藕莲的栽培历史很长，范围十分广泛，产量高，品质优良，尤以汉寿县城郊西湖洼产的玉臂藕质量最优，藕白如玉，状如臂，质嫩、清脆、清甜，营养价值高，被人称为“泥水深处的鲜水果”。湖南盛产湘莲，又称“贡莲”，被誉为“中国第一莲子”。二是两地都爱以鸭入菜，湖北有洪湖野鸭，洪湖民间素有“九雁十八鸭，最佳不过青头与八塔”之谚。以“青头”“八塔”为代表的洪湖野鸭可说全身是宝。湖南有临武鸭，中国八大名鸭之一，有着悠久的养殖历史，肉质细嫩、皮下脂肪沉积良好、味道鲜美，以“滋阴降火，美容健身”而著称，其品位居中国地方麻鸭之首。三是两地都以腊制品入菜，如湖北恩施与湖南湘西土家族苗族地区制作的腊肉、腊鱼、腊鸭、腊肠为特色腊制品，远销海内外，深受大众喜爱，其中湖北的宣恩火腿为湖北省宣恩县特产，中国国家地理标志产品。四是两地都爱以鱼入菜，湖北的武昌鱼名扬中外，香飘万里，成为湖北的一道当家名菜。湖南也多以鱼制菜，一般以水煮活鱼为首选烹调方式。

二、湘菜与湖北菜味型相似

湖北早在明清之际就有“湖广熟，天下足”之誉。湖北菜，以烹制淡水鱼鲜技艺见长，以“味”为本，讲求鲜、嫩、柔、滑、爽，汁浓芡亮，香鲜较辣，注重本色，菜式丰富，筵席众多，擅长蒸、煨、炸、烧、炒等烹调方法，具有滚、烂、鲜、醇、香、嫩、足七美。名菜有清蒸武昌鱼、沔阳三蒸、应山滑肉、红烧野鸭、排骨藕汤、红菜薹炒腊肉、黄陂三鲜、黄陂糖蒸肉、龙凤配、三鲜豆皮、东坡饼等。湘菜制作精细，用料上比较广泛，口味多变，品种繁多；色泽上油重色浓，讲求实惠；品味上注重香辣、香鲜、软嫩；制法上以煨、炖、腊、蒸、炒诸法见称。官府湘菜代表菜品以祖庵湘菜为代表，如祖庵豆腐、祖庵鱼翅等；民间湘菜代表菜品有剁椒鱼头、辣椒炒肉、湘西外婆菜、吉首酸肉、牛肉粉、郴州鱼粉、东安鸡、金鱼戏莲、永州血鸭、九嶷山兔、宁远酿豆腐、腊味合蒸、姊妹团子、宁乡口味蛇、岳阳姜辣蛇等。两地在味型上很相似。一是两地都嗜辣，以干红辣椒段，干辣椒粉或者新鲜辣椒入菜，湖北人不怕辣，湖南人辣不怕，两地的菜肴都带有辣味。二是两地都嗜酸，在鄂西南、湘西北地区，人们爱做酸菜，湘西泡菜远近闻名，湘西有“三天不吃酸，走路打倒窜”的说法，鄂西南等地也爱用剁碎的新鲜辣椒做出来剁椒泡萝卜、白菜梗、藠头等，谓之酸萝卜、酸白菜、酸藠头等。

三、湘菜与湖北菜的区别

湖北菜最大的特点是咸鲜，鱼是主要菜式。湖北人喜欢麻辣，代表是周黑鸭。湖北菜也重油重辣重口味，却汁浓芡亮、香鲜微辣、注重本色的鱼馔为主。擅长蒸、煨、炸、烧、炒等烹调方法。湖北淡水产品极为丰富，主要经济鱼类有青、草、鲢、鳙、鲤、鲫、鳊、鮰、鳜、鳡、鳗、鳝等50余种，还富产甲鱼、乌龟、泥鳅、虾、蟹、蚶等小水产，许多质优味美的鱼类如长吻鮠、团头鲂、鳜鱼、铜鱼等名闻全国。还有猪、鸡、鸭、野鸭、莲藕、板栗、紫菜薹、桂花、猴头、香菇、猕猴桃等众多质优的动植物原料。制作精细，主料以鱼、肉、时蔬为主，配以大米作辅料，形成鱼中有肉，肉中有鱼，肉蔬结合。如沔阳三蒸全部以米粉为辅助物，粉蒸肉类，粉蒸鱼类，粉蒸时蔬，既突出了各原料自有的风味特色，又融合了稻米的清香。由于稻米粘附于原料之上，保护了原料的水分，使成菜吃起来鲜嫩柔滑，本味特色鲜明。鱼菜为主，湖北自古被誉为千湖之省，鱼米之乡，盛产各种淡水鱼类及水产品，许多是湖北所独有的。如长江鮰鱼、清江清鱼、武昌鱼等。巧做圆子，喜欢吃"圆子"，民间百姓或专业厨师都掌握了许多制作"圆子"的方法，有肉圆、鱼圆、虾圆等，光"圆子"菜肴就林林总总多达几十种，可谓一圆一格，百圆百味。湖北菜多河鲜，用以煨汤、蒸菜，如排骨藕汤、沔阳三蒸，以及肉糕、鱼丸等。水禽类有很多，武汉鸭脖子一绝。米制品有很多，如炸米泡、米酒、麻糖等。刀工讲究，名师授徒要求在细布切肉丝，做到肉断布不破。讲究一菜多料，多料合烹可使多种营养素相互补充，调色变形，增鲜提味，有利于提高原料的食用价值。

湘菜的特点辣，以香辣为主的湘菜与放辣椒的湖北菜差别相当大。湖南人喜欢香辣，代表是剁椒鱼头、姜辣蛇。湘菜油重色浓，注重鲜香、酸辣、软嫩，尤以煨菜和腊菜著称，还相当实惠。洞庭湖区的菜以烹制河鲜和家禽家畜见长，咸辣香软，以炖菜、烧菜出名；湘西擅长制作山珍野味、烟熏腊肉和各种腌肉、风鸡独具山乡风味。湖南洞庭湖区也有河鲜，口味以酸辣为主。

思考题

1. 湘菜与川菜的区别与联系分别是什么？
2. 湘菜与粤菜的区别与联系分别是什么？

第九章

湖湘药膳食疗

湖湘药膳食疗的历史源远流长，始于神农氏尝百草，至汉代，湖湘药膳食疗学便有了较快发展，最具影响力的是《伤寒杂病论》与马王堆汉墓出土的医学古籍文献。隋唐时期名医孙思邈来湖南大龙山定居采药，行医著书，《千金要方》的部分内容在此完成。宋元明清时期，湖湘药膳食疗学进入成熟时代，主要表现在湖湘名医辈出，涉及饮食养生的著作也相继出现。

湖湘药膳食疗的发展和形成与湖湘地理环境及气候有着必然的联系。湖南自古就有“四塞之地”“卑湿之地”“南蛮之地”的称谓，东南西三面为崇山峻岭围阻，北临洞庭湖，境内湘、资、沅、澧四水，以致闭塞不通。与中原相比，在古代，湖湘大地更显其独立性，封闭性。正是这些独特的地理环境，促进了湖湘药膳食疗的发展与形成。湖南的气候因过于湿热，尤其是湘南等地，因处于南岭山脉之北，山高林密，时年瘟疫流行。然而，这些地区恶劣的自然环境并没有使湖湘历代医家学者知难而退，反而促使他们更加刻苦钻研医学，为湖湘民众的身体健康保驾护航。他们根据湖湘地域独特的气候条件、食材与药材的物产条件、湖湘民众的饮食习惯、食俗而开发的药膳食疗，为饮食养生作出了杰出贡献。随着人们的生活水平不断提高，湖湘人们对自身健康的关注度越来越高，一些取材便捷、制作简易、滋补疗效较好的湖湘药膳食疗品种备受民众青睐。湖湘药膳食疗的开发与普及成为人们饮食养生的重要途径，湖湘药膳食疗也将回归到人们的家庭餐桌。

第一节　湖湘药膳食疗概述

一、湖湘药膳食疗的起源与发展

（一）湖湘药膳食疗的起源

湖湘药膳食疗起源于神农氏尝百草，神农氏即炎帝，世人尊之为“医药始祖”。据《淮南子·修务训》记载“古者，民茹草饮水，采树木之实，食蠃蛖之肉，时多疾病毒伤之害，于是神农乃教民播种五谷，相土地之宜，燥湿、肥沃、高下，尝百草之滋味，水泉之甘苦，令民知所避就，当此之时，一日而遇七十毒”。神农氏率领部落在与疾病作艰苦斗争的过程中，经过长期的亲身实践，逐步将药物与食物进行了识别，中药的起源即始于此。

炎帝在湖湘大地上留下了丰富的足迹，最后卒于茶乡（今湖南省株洲市炎陵县鹿原陵）。在湖南安仁县，民间至今有过“春风药王节”的习俗，而“春风药王节”与炎帝有着历史渊源，相传炎帝神农氏曾带八名随从至湖南郴州安仁境内尝百草，治病，教化农耕，后人为纪念炎帝，为炎帝筑庙立像，尊为“药王”。

现存中国最早的中药学著作《神农本草经》，就是起源于神农氏，全书收录了365种药物，其中植物药252种，动物药67种，矿物药46种，将所记载的药物分成上、中、下三品，上品120种，无毒，大多属于滋补强壮之品，如人参、甘草、地黄、大枣等，可以久服。中品120种，无毒或有毒，如百合、当归、龙眼、鹿茸等；下品125种，多为有毒者，能祛邪破积，如大黄、乌头、甘遂、巴豆等，不可久服。

（二）湖湘药膳食疗的发展

湖湘药膳食疗学在春秋战国时期有了较大的发展，最具知名度与影响力的是1973年在长沙马王堆出土的三座西汉（汉文帝初元12年左右）古墓。在汉墓中出土了一批帛、简书，里面有很多内容是医学的古籍文献，部分内容现在证实是已经失传了的古医籍。这些医书在湖湘地区出土，可以反映出当时先进的医学理念、方法已经被引进到湖湘大地，甚至有的医学内容的编写者就是湖湘医家。在出土的汉墓里，《养生方》《五十二病方》《杂疗方》三篇内容中就有药膳食疗的详细描述。

《五十二病方》中涉及药膳食疗内容记载有25方，药膳食疗中所用药材或药食同源的食物近60种。如姜（包括干姜、枯姜）、薤、葱（包括干葱）、蔗、青粱米、黍、稷、麦、赤小豆、菽、大菽（即生大豆）、黑菽、蜀菽、杏核中仁、桃叶、李实、枣、菌桂、乳汁、鸡、乌雄鸡、鸡血、鸡卵、雉、羊肉、牛肉、鹿角、野彘肉、鼢鼠、犬尾、鲋鱼、蜜（包括蜂饴）、蛇、龟脑、苦酒、酒、胶、饭焦、肪膏（脂膏）、脂、豹膏、蛇膏等。

《五十二病方》中还介绍了药粥、药酒与醋的相关食疗方法。如“青粱米粥”治疗蝮蛇咬伤，“火齐粥”是指用加热的石块煮米，内服可以治肛门痒痛。书中“以酒入药”的有32方，有将药物入酒中烹煮和以药浸渍药物等不同方法，醋在《五十二病方》中称之“苦酒”或“醯”，书中记载“以醋煮汤服散”，主治癃病（淋证）痛与膀胱症状。

《养生方》中记载了33种疾病的90余个养生方，其中有食疗、食养方等。如《养生方》中用牛肉和萆薢（bì xiè）相煮，或用蜗牛渍汗制成大脯，治疗虚损，也有用食物治疗一些疾病。《杂疗方》中有服用柰、兰、菱等食物的方法，以预防“血吸虫”。这些出土的医书，丰富了湖湘中医文化的内容。

（三）湖湘药膳食疗的形成

东汉后期，湖湘医学有了标志性的成就，这一时期为代表的是张仲景的食疗养生思想和他的《伤寒杂病论》医学著作。张仲景是中国古代杰出的医学家，是今河南镇平县人，东汉建安时期，张仲景在长沙任太守时，正值湖湘地区大疫流行，因伤寒而死者十居其七，张仲景常坐堂行医，为湘人看病救人，悬壶济世，湖湘历代人们对张仲景非常怀念，据《长沙县志》记载，长沙为他建有祠堂供奉。张仲景所编著的《伤寒杂病论》系统总结了从先秦到东汉时的医学实践，该书是我国医学史上影响最大的古典医著之一，也是第一部临床治疗学方面的巨著。

张仲景认为通过调节饮食可以预防疾病，主张饮食有节，饮食方法必须因人、因地、因时而有所不同。正所谓“凡饮食滋味以养其生，食之有妨，反能为害”。《伤寒杂病论》经后人整理编纂成两本医书即《伤寒论》与《金匮要略》。

《金匮要略》有关饮食养生的记载：“春不食肝，夏不食心，秋不食肺，冬不食肾，四季不食脾，如能不食此五脏，乃顺天理”。告诉人们，不同季节有不同的饮食规律，我们应该遵循这种饮食规律，有些食物在特定的时间内服用，于身体有益；不在适宜的时间内进食，则对身体有害。《金匮要略》专门设有“禽兽虫鱼禁忌”“果实菜谷禁忌”两篇，详细介绍了饮食的禁忌和食物的搭配方法。

《伤寒论》中列举了17种药食同源的食物，有大枣、生姜、干姜、香豉、粳米、葱白、蜂蜜、赤小豆、猪胆汁、蜀椒、乌梅、猪肤、鸡子黄、鸡子、饴糖、苦酒、清酒等。其中还有药膳食疗方剂，如当归生姜羊肉汤、百合鸡子黄汤、食枣汤，猪肤汤等；《伤寒论》中所有药物累计达 93味药，诸如人参、黄芪、白术、云苓、当归、甘草、大枣等药材，这些药材大都具有扶正邪祛、增强免疫机能、补养气血等功能。《伤寒论》强调人体“养胃气”的重要性，特别是服药时宜食粥养胃，可助胃气以扶正，又可助药力以驱邪。

隋唐时期，湖湘药膳食疗的成果更加显著。著名医药家与养生家孙思邈，活了104岁高寿，孙思邈还被唐太宗封为“药王”。据《旧唐书》记载，唐代医学家孙思邈为研究药方，撰写医书，曾定居龙山（湖南涟源市新邵县的大龙山），完成《千金要方》《千金翼方》的部分书稿，其中，《千金要方》是我国最早的医学百科全书。孙思邈长期在龙山采药、治病期间，大龙山周围许多地方都留下了他的足迹与故事。至今在龙山还有唐贞观年间建成的“药王庙”遗址，有种药的“圣草坪”，采药的“药柜山”，晒药的“安坪村”，龙山还有世世代代沿用的孙家桥、孙家桥村、孙家桥乡等地名。

孙思邈在长期医学实践中，总结出了非常实用的药膳食疗方法。孙思邈对“食疗”十分重视，他认为：“凡病当先以食治之，食疗不愈，然后命药”。在其所撰《千金要方》的“食治”篇中，搜集整理了150余种食疗品种，他说“安身之本，必资于食，救疾之道，惟在于药。不知食宜者，不足以全生；不明药性者，不能以除病……”。他把瘿瘤病概括为五种类型，用海藻、水柳须、昆布、羊靥、鹿靥等食疗效果都很好；采用药膳“乌雌鸡汤方”用来治疗妊娠腹大，安胎，效果明显；用“鲤鱼汤”，配白术、生姜、芍药、当归、茯苓等药材治疗消肿利尿；用羊肉汤治疗产后虚羸，出虚汗等。孙思邈还研制了地黄酒、胡麻酒、天门冬酒等养生药酒的配方。

（四）湖湘药膳食疗逐渐走向成熟

宋元明清时期，湖湘药膳食疗理论逐渐走向成熟。湖湘名医家辈出，介绍食疗养生或食疗本草的著作层出不穷，如北宋时期，长期在湖南为官的刘元宾，医术精湛，宋真宗曾赐名为“通真子”，其《神巧万全书》是其方剂学代表作，尤其是对论消渴病症者的饮食禁忌有精辟阐述。南宋时期，湖南湘乡县人朱佐，所撰《类编朱氏集验医方》15卷，卷十五为拾遗门、养生、杂论、养性等内容，全书共载方900首，均为临床上行之有效的经验方。衡阳人曾世荣，元代著名儿科医家，对于预防小儿疾病提出：“大凡幼稚，要其常安，在乎谨寒温，节饮食，夫妇何虑”。“孩提之重，食不可过伤，衣不可太厚，此安乐法也。为父母者，切宜深省”。明代邵阳人滕弘，以《神农本草经》为据，编著了《神农本草会通》著作，内容全面，药物论述更详细，是一部总结性的本草学著作。

清代湖南邵阳人周学霆所著《三指禅》，为清代脉学做出了重大贡献。攸县人蔡贻绩，三十岁始学医，对内伤、虚损、失血的文献资料有深入研究，著有《内伤集要》，至今在临床上仍有指导意义。清乾隆时期，居住在衡阳的何立本，开设怀仁堂药店，世人称为“务中先生”，近70岁时，著成《务中药性》药物学著作，全书共20卷，药物部分18卷，对700余种药性进行论述，结合药物主治，将药物分类，通俗易懂。清道光至咸丰年间，湖南长沙人鲍相璈，编著《验方新编》，共16卷，各种治疗方法近6000条，涉及内、外、妇、儿等，通俗易懂，深受民众喜爱，书籍问世后，百余家书局争相印行。清代曹廷栋编写《老老恒言》，是一部老年人的养生专著，介绍了100款粥的制作方法，莲子粥排在首位，莲肉粥有养神益脾固精功效，并有湘莲胜过建莲，皮薄而肉实的描述。

因为历代湖湘医家对药膳食疗、饮食养生学的精心研究，使得湖湘饮食药膳理论得到了全面的发展。湖湘药膳食疗学是历代医家长期生活实践与临床实践总结出来的一种饮食养生规律，它为湖湘大众提供了系统的、宝贵的饮食养生经验。如今，随着人民物质生活水平的提高，人们对于药膳食疗的态度由“治病”开始转变为“防病、保健强身”的养生理念。随着时代发展及人们饮食需求的变化，湖湘药膳食疗秉承传统的配方与制作工艺，不断地推陈出新，迎合当下人们的食养理念与口味需求。

二、食疗、药膳、食养之间的关系

（一）食疗、药膳、食养的概念

食疗，又称食物治疗，是利用食物代替药物或者是用药食同源的食物来治疗和辅助治疗机体疾病的活动。

药膳，是药材和食材的精细配伍，经过烹饪加工制作而成，具有防病、治病、保健强身功效，具有一定色、香、味、形的膳食形式。

食养，即“饮食养生”之意，是通过调节正常的膳食达到养生保健的目的，体现了中医“未病先防”的思想，中医历代医家都十分强调“饮食养生”的重要性。

（二）食疗、药膳、食养的联系与区别

食养、食疗与药膳均来自中医术语，三者既有联系又有区别，且都与饮食密切相关。

（1）指导思想相同　三者实践应用都是在中医基础理论的指导下，遵循中医整体观念、辨证施膳及三因制宜等原则。

（2）范围不同　食养的涉及范围最大，包括所有的食物养生方式、手段及观点、思想，故药膳、食疗都属于食养范畴；药膳是药材与食物的配伍，通过烹饪方式制作而成，食疗可以通过药膳的形式来实现，故药膳涉及的范围大于食疗；食疗的涉及范围最小，所用的仅是食材或药食同源的食物。

（3）适用对象不同　食养的适用人群十分广泛，因为食养侧重于人们平时正常的饮食对身体的保健；食疗主要是以治疗为主，主要是针对患者；药膳主要是防病为主，治疗为辅，针对的主要是亚健康人群，或病后恢复、妇女产后等情况。

（4）侧重点不同　食疗强调的是方法与手段，强调食物对人体的治疗功效，不注重烹饪方式与调味方式；药膳不仅强调药效，也注重烹饪技法的食用，强调良药可口，是一种膳食形式。食养针对性不强，任何有利于营养机体的饮食形式、饮食观念、思想均可称作食养。

（5）对机体产生的副作用不同　食疗对人体基本无毒副作用，因为食疗能够针对性地用于某些病证的治疗或辅助治疗，是利用食物性味方面的偏性治疗疾病，食物最主要的是营养作用，不会给人体带来太大的危害；药膳是一种含有药物成分的膳食，药性较强，古语云“是药三分毒”，因此药物疗法适应范围较局限，如若随便施药，虚证用泻药，实证用补药，或热证用温性的药物，寒证用寒凉性质的药物，不仅不能治疗疾病，反而会使原有的病情加重，甚至恶化。食养主要是因人、因时、因地不同而选择有用的食物进行保健，对人体也无副作用。

三、湖湘药膳食疗的含义及类型

湖湘药膳食疗与其他各地方的药膳食疗相比较，其指导思想与主要功效是一致的，都是在中医基础理论的指导下，根据药食同源、医养同理的思想，将食物与药物科学地配制，根据不同体质、不同季节、不同地理环境等进行辨证施膳，充分发挥食物与药物的功效，达到养生保健、防病治病目的的一种膳食形式与方法。

湖湘药膳食疗就是湖湘民众在长期的饮食实践中，结合湖湘地域的气候条件、食材与药材的物产条件和湖湘民众的饮食习惯、食俗等因素烹饪加工而成的膳食，其品种与风

味都具有鲜明的地域特色。

湖湘药膳食疗按药膳的形式分类，主要有汤、菜肴、粥、羹、面点、酒、茶、饮料等形式；按药效功能划分，可以分为补血活血、补气健脾、养阴生津、养心安神、温中散寒、温中补阳等类型。

四、湖湘药膳食疗的特点

（一）以传统湘菜烹饪技艺为手段

湖湘药膳食疗是以传统湘菜烹饪技艺为手段，在中医理论的指导下，通过烹饪技艺完成药膳与食疗制作。为充分发挥食物和药物的功能效果，使药膳食疗的色、香、味、形具有良好的感官效果，在制作药膳食疗过程中，使用的烹饪工艺要比日常的饮食显得更加精细，规范与严谨。

湖湘药膳食疗多以水为传热介质的烹调方法制作而成，加热时间一般较长，主要有蒸（分清蒸、隔水蒸、干蒸三种形式）、煮、炖、煨、焖、烧等，另外，也有炒（主要为清炒、生炒、滑炒等）、煎等，但使用较少。药膳食疗的类型主要有汤、粥、羹、菜、汁等。汤汁调味讲究鲜香、原汁原味、浓汤居多，口感讲究外酥里软烂，肉类原料脱骨；炒菜的口感讲究爽口、清淡鲜香。药膳食疗所用的食材多以滋补性的动物性原料为主，如鸡、鸭、鹅、牛、羊、狗、猪等，畜类的肚、肾、肝内脏等也经常运用，还有墨鱼、龟、甲鱼、蛇、鲤鱼、鲫鱼、鳙鱼头等水产原料。湖湘药膳食疗加热器具最好的是瓦罐，因为其具有通气性佳、依附性好、传热均匀、散热缓慢等优点，煲汤时，汤的滋味更加鲜醇、食材更易酥烂。在药膳食疗制作过程中，主要以平和性滋补药材为主，避免使用过苦、过酸、大辛的药材，否则会影响到药膳的口感。当归，是补血类药膳食疗的主要药材，但是很多人抵触这种气味，在制作相关药膳时，当归的使用量不宜过多，让食用者感受不到“服用药物”的心理压力。

（二）以补益类药膳食疗为主体

在日常生活中，由于长期的工作压力或紧张生活节奏，往往导致身体机能出现透支现象，出现机体疲惫，产生各种虚证现象，这种现象主要为气虚、血虚、阴虚、阳虚及脾胃功能减弱现象。《黄帝内经》：“正气存内，邪不可干”，意思只有身强体健才能更好的预防疾病的发生。湖湘药膳食疗的应用是以补益类药膳食疗为主，主要针对亚健康人群或是用于病后康复、妇女产后、慢性疾病的自我调养等情况。湖湘药膳食疗以补益类功效为主，即以养血、补气、滋阴、助阳、健脾为主。湘人因地取材，因时因人施膳，民间的补益类药膳食疗，从古至今，源远流长。湖湘民间有立夏起伏天吃老姜炒叫鸡，以补充人体阳气食俗。秋凉，用湘莲百合炖银耳食用，起到滋阴润燥的养生功效。冬季，湘人喜食当归炖黑羊肉，加入少许党参、枸杞，是温补佳品。这些习以为常的药膳食疗品种，不仅滋补效果好，而且口感俱佳，深受民众喜爱。

（三）以普及性为应用原则

湖湘药膳食疗以追求大众普及性为原则，普及性是指药膳食疗选用的食材与药材不是越贵越好，药材本身是无贵贱之分，关键是看能否辨证施膳。湖南民间很多疗效好的药膳食疗都是来自物美价廉的食材与药材。湖湘民间食疗药膳墨鱼红枣炖五花肉，就具备普及性特点，其取材非常方便，制作也不复杂，价格便宜，效果好，可以得到大众的推广。

普及性的具体表现是药材与食材容易获取，药膳食疗的烹饪工艺简单易学，注重药膳食疗的安全性、疗效性和良好的口感。安全性指选用的食物或药物，其本身必须是安全无毒的。药膳食疗强调中药和食物的合理调配，要依据药物、食物的性味归经、升降沉浮的性能，以及七情配伍原则进行科学配伍，药膳食疗必须具有一定的药性疗效。食用性是指药膳食疗选用的食物和药材食用口感要好，不能一味地讲究药性，忽略药膳食疗的口感，导致食用者在进食中如同服药，造成心理负担，有异味、苦味、涩味、过热或过寒、有毒性的药材尽量少用或不用，如苦杏仁、黄连味道太苦，不宜作为药膳食疗。

五、湖湘药膳食疗研究的主要内容

（一）湖湘药膳食疗文化

湖湘药膳食疗文化包括历代湖湘药膳食疗医学古籍文献的研究与整理，湖湘药膳食疗的传统习俗、湖湘名人的养生思想、观点等。

（二）湖湘传统的药膳食疗

湖湘民众世代传承的药膳食疗品种的制作方法及食用方式。

（三）湖湘民间及少数民族的药膳食疗

湖湘民间及少数民族的药膳食疗主要存在于湖湘民间老百姓日常制作的药膳品种与食疗方式，包括湖南土家、苗、侗、瑶等少数民族的药膳食疗品种。

（四）湖湘药膳食疗的烹饪技法

湖南药膳食疗有严格的烹饪技法，包括药材的炮制方法，食材原料的加工方法，药材与食材的配伍方法，药膳的烹调方法、调味原则、食用方法。

（五）湖湘药膳食疗常用的特色食材与药材

食材与药材是药膳食疗的物质基础，对湖湘药膳食疗常用的食材与湖湘本土药材进行性能分析，挖掘适合湖湘药膳食疗的优质食材与药材，开发各人群适合的药膳食疗品种。

（六）湖湘四季药膳食疗养生习俗

湖南地域四季的药膳食疗规律及相应的湖湘饮食养生习俗。

第二节　湖湘药膳食疗的开发途径与应用

随着人们的生活水平不断提高，人们的饮食观念开始向绿色、营养、健康方面转变，人们开始寻求更有效地保持身体健康的途径，因此取材便捷、制作简易、滋补疗效较好的药膳食疗类型备受湘人青睐。湖湘药膳食疗的开发与普及应用是今后人们饮食养生的首要选择，湖湘药膳食疗也将回归到人们的家庭餐桌。

湖湘药膳食疗的开发与应用一方面以历代药膳配方为挖掘对象，进行整理、筛选，将湖湘特色食材与地道药材进行科学配伍；另一方面，不断丰富补益类药膳的品种与形式，使其在药食配伍的变化、口味改良等方面进行技术创新。

一、传统药膳与民间药膳的挖掘开发

我国历代有很多关于药膳食疗的医学典籍与文献，从西周时期开始，《周礼·天官》中将“医”分为了四类，食医居首。先秦时期医学著作《黄帝内经》有13种关于药膳食疗品种的记载，汉代的《伤寒杂病论》，马王堆出土的《五十二病方》《养生方》，唐朝时期的《备急千金要方》《食疗本草》，宋朝关于“食疗本草”的著作不下20本，元朝的《饮膳正要》，明清时期的《养生录》《随息居饮食谱》《老老恒言》等。涉及药膳食疗著作累计不下300余种，可谓数量繁多，内容丰富，既系统的总结了药膳食疗理论，也有大量的药膳食疗的实践与应用。

在古代的药膳食疗文献中，有很多关于湖湘地域食疗药膳的记载，比如汉代张仲景所撰的《伤寒杂病论》中记载的“生姜当归羊肉汤”是养血补气的佳品；隋唐时期的孙思邈所撰的《千金食方》记载的药膳“黄芪人参炖鸡”是身体羸弱病人或久病初愈人群的最佳滋补品；马王堆西汉墓中出土的帛书《养生方》中有6种酿酒法的记载。还有湖南药膳

“国藩药鸡”，也是根据《曾国藩家书》中记录而传承下来的，“曾因其母亲经常失眠，特在家书中嘱咐：用黄芪、熟地、当归、桂圆、荔枝、枸杞与鸡蒸食之，补益效果显著。”他认为此药膳略带药性而无药气，滋补效果却善于药，这款“国藩药鸡”药膳食疗因滋补显著，取材简便，质地软烂，汤鲜味美，流传至今。

在医学古籍文献中，各地方性的药膳食疗配方或饮食养生方法，有的是可以通用的，有的有很强的参考意义。如元朝忽思慧所撰的《饮膳正要》记载的“生地黄蒸鸡”对于盗汗、气虚类体质人群具有较好的疗效，可以为湖湘药膳食疗提供参考。

在古代药膳食疗文献中，黄芪、党参、当归、人参、何首乌、枸杞、桂圆、沙参、玉竹、冬虫夏草等药材使用频率最高，食物中使用频率较高的有：粳米、鸡蛋、精瘦、核桃、母鸡、羊肉、甲鱼、鸭、银耳、猪蹄、猪肝等，这些原料绝大多数价格普通，取材方便，药性和食补的效果都俱佳。湖南本土药材资源十分丰富，湖湘药膳食疗常用的药材大多都是本地种植、栽培，而且药材质量较好。

在湖湘民间，老百姓日常的饮食中，也积累了非常多的药膳食疗配方，很多药膳食疗方堪称经典。现在各大超市里的保健食品“龟苓膏”，世代传承着，是在湖南民间传统药膳“龟苓汤”的基础上进行改良的，具有滋阴、安神、养颜的疗效，深受女性喜爱。还有“清蒸甲鱼”“墨鱼红枣炖五花肉”“生姜当归羊肉汤”等，这些传统药膳历经长时间的实践证明，物美价廉，深受广大民众的喜爱。

二、湖湘特色食材与地道药材科学配伍

湖南属于亚热带季风湿润气候，适宜各种中药材的生长、种植和栽培。如涟源的龙山自古就有“天下药山”美称，神农氏，张仲景、孙思邈、李时珍、周学霆等都曾亲赴山中采药。1975年由湖南医药器材公司在《湖南药材》《湖南药物志》的基础上编著而成《湖南药材手册》一书中，收载了省本土栽培种植的动植物、矿物药材共350种，其中常用的药膳食疗的药材不下60种，湖湘道地药材中如龙山百合、慈利杜仲、靖州茯苓、隆回山银花、平江白术、新晃龙脑、茶陵白芷、洪江雪峰天麻、新宁的三七、湘西的何首乌、湘北的鳖甲等。

湖南物产富饶，很多农产品成为地理标志产品，如浏阳的黑山羊、雪峰的乌骨鸡、洞庭湖的甲鱼、君山金龟、桃源鸡、武冈铜鹅、湘西黄牛、宜章猪、宁乡的灰汤鸭、湘潭的湘莲、双峰的淮山等这些大多也是历代的贡品，品质优良，为湖湘药膳食疗的发展奠定了基础。

在湖湘药膳食疗的开发应用中，应充分利用湖南优质食材和本土药材的原料资源，依据食材与药材的四性五味，性味归经属性，中药配伍的原则，进行科学的搭配，龙山百合、湘潭湘莲、雪峰乌骨鸡配伍，百合莲子炖鸡，具有滋阴补气、健脾安神的功效，“杜

仲腰花”，食之具有补肾助阳的功效，这些用本土的食材与药材配伍烹制而成的药膳食疗，更加体现湖湘药膳食疗的地域特色。

三、不断丰富湖湘药膳食疗品种与形式

日常湖湘药膳食疗主要以汤、粥、菜肴类型呈现，这种“药膳食疗汤”本身制作时间过长，品种较少，久食难免使人厌倦。通过丰富湖湘药膳食疗品种与形式，可以满足更多人群的饮食养生需求，例如湖湘以“茶”养生的有“芝麻豆子姜盐茶”，具有祛寒解渴、健脾开胃功能，“擂茶”有生姜祛湿散寒的功能。以“药酒”养生治疗的有具有祛风除湿功效的永州异蛇酒，有补肾强筋功能的张家界杜仲酒。

图9-1 五圆蒸鸡

通过创新药材与食材的配伍形式，也可丰富湖湘药膳食疗品种与形式。药材配伍保持不变，食物进行创新，如湖南传统药膳食疗五圆蒸鸡（图9-1）（五圆：桂圆、荔枝、枸杞、湘莲、红枣），在清代同治元年（1862）便开始流传，厨师用全鸡加黄芪蒸制，后来改用全鸡加荔枝、桂圆、红枣、莲子、枸杞作为药材，五种药材不变，将食物换成肚片、乳鸽、甲鱼等，药膳的风味功效会发生变化。另则，食物不变，药物合理组合，如民国时期长沙流传的药膳“三层套鸡”即一麻雀、一斑鸠、一乌骨母鸡组成，原是配以天麻套蒸汤治疗头患，为了加强补血补气的滋补功效，便在原有药材基础上加入适量的党参、当归药材。

四、梳理湖湘岁令时令的药膳食疗养生配方

“春夏养阳，秋冬养阴”，是说春夏应当顺应其阳的特点，随其生长；秋冬时节则顺应其阴的特点，随其收藏，固护正气。湖湘民间，岁令时令饮食养生就是根据季节、时间的变化来调节饮食和作息。二十四节气的气候变化，随时都在影响着人体的生理节律，而为人体提供必要营养的饮食又与人体的五脏有着密切的联系，所以饮食也必须顺应节气的变化，符合二十四节气更替的自然规律，达到有病治病、无病防病的目的。湖湘很多岁令时令的药膳食疗配方，都具有科学的养生道理。

农历三月三，湘人吃“地菜煮鸡蛋”，认为，三月三，吃了地菜煮鸡蛋，可以预防春季流行病。清明节时期，在湖南长、株、潭一带，人们喜欢在踏青时采摘一些药草，如青蒿、夏枯草等，加面粉，做成粑粑，这叫“吃青粑”，具有清热、消炎、杀菌、明目、利

尿功效。

立夏之际，湘人用当归、红糖，加鸡蛋炖煮食用，认为有强身健骨的作用，俗语说："立夏吃了蛋，麻石都踩烂"。因为夏天来临，湖南地区气温开始急速升高，机体流汗较多，导致机体开始气虚，用当归、红糖炖鸡蛋，滋补气血的效果较好。在端午节时期，因为新蒜（新出土的大蒜子）出土，在湖南很多家庭常吃"新蒜"，用新蒜做成菜肴，如蒜子烧肉、蒜子蒸甲鱼，有清热解毒、消炎杀菌的效果。

夏日起伏，天气酷热，在湖南大大小小的湘菜馆，每家每户，都开始烹着吃着"老姜炒叫鸡"（未阉割的公鸡）。夏季是人体养阳气的季节，叫鸡是补气健脾的佳品，烹制这道菜的关键是姜要选择辛辣味浓郁的老姜，老姜的行气行血、发散效果最好。

在湘西一带的苗族，每年九月九都要摘桐叶，用白糯米做成桐叶粑，有温阳益气、祛风湿功效。冬季，湖南人开始借助饮食来温阳、补阳，最为常见的食疗品种是生姜当归炖羊肉，加少许黄芪、生姜和红枣，吃羊肉喝羊肉汤，羊肉不仅软嫩鲜香，更重要的是有温阳补肾、抵御寒冷、增强人体免疫力的功效。

湖湘药膳食疗从起源，发展，形成到逐渐走向成熟，从古至今留下诸多于民有利的药膳食疗养生方，我们要熟悉传统药膳与民间药膳的使用方法，学会科学配伍湖湘特色食材与地道食材，掌握湖湘岁令时令的药膳食疗养生配方，了解食疗、药膳、食养之间的联系与区别，不断提高自身的体质，真正为自己的身体健康掌舵起航。

思考题

1. 湖湘药膳食疗起源于什么时候？在什么时候逐渐走向成熟？
2. 食疗、药膳、食养的概念分别是什么？三者之间的联系和区别是什么？
3. 湖湘药膳食疗的分类方法有哪些？湖湘药膳食疗有什么特点？
4. 如何开发与应用湖湘药膳食疗？

第十章

湘菜名人、名品、老字号

湖湘饮食由民间食谱、宗庙祭祀菜、宫廷菜肴综合而成，以其独特的地方风味自成体系。西汉时，湖湘烹饪技术已发展到较高水平。马王堆汉墓文物《竹简·菜单》中提到的精肴美馔就有百余种。长沙开埠后与海外往来增多，各餐馆、酒店以拿手菜肴招揽顾客。湖湘烹饪技术得到相应发展，名人对湖湘饮食起到了一定的推动作用，从而诞生了许多名菜、名点，品种趋于多样化，不少名菜流传于世。

第一节　湘菜名人与美食

湘菜发展至今已有几千年的历史，经典名菜可谓数不胜数。一道普通的民间传统特色菜能经众口相传后流传至今，被传承、被创新，除去菜品味美这个因素外，名人的影响力也不可忽视。一道道大众耳熟能详的湖南名菜，与湖南名人有着密不可分的联系。

一、曾广钧“麻辣仔鸡汤泡肚，令人长忆玉楼东”

曾广钧，曾国藩长孙，清末任翰林编修。据《长沙市志·饮食服务》载：麻辣仔鸡为传统名菜，始创于清朝同治年间。先将嫩仔鸡肉切成方丁，走油两遍，再与红椒片、花椒粉、蒜段等煸炒，此菜颜色金黄，芡汁油亮，质感外焦里嫩，味道麻、辣、香、咸、鲜，为下酒美味。在19世纪50年代后期，长沙餐饮名店辈出，麻辣仔鸡就是当时的流行菜品，长沙玉楼东酒家因烹“麻辣仔鸡”名气较大，曾广均闻此名而登楼用膳，并有“麻辣子鸡汤泡肚，令人常忆玉楼东”的赞语流传于今。

二、民国美食家谭延闿及“祖庵菜”

谭延闿（1879—1930），字祖庵、祖安，号慈卫、无畏等，湖南茶陵人，清末进士，辛亥革命后，一生三次督湘，曾任南京国民政府主席、第一任行政院长职务。谭延闿一生挚爱美食，是民国时期有名的美食家，他的家菜传之后世，被称之为“祖庵菜”“祖庵家菜”。

谭延闿雇请了一位名厨叫曹荩臣，曹厨厨艺精湛，做菜领会能力强，谭延闿见多识广，虽自己不会做，但是对吃很有研究，两人对菜单菜品经常交换想法，时间一长，其家菜越做越精致，其名声也不断扩大，据谭延闿日记记载，曹厨自1920年6月开始跟着谭延闿，直至谭公去世，前后有8年之久。谭延闿病逝后，曹荩臣离开谭府后，在长沙坡子横街创设“健乐园”菜馆，为了缅怀谭延闿，将健乐园菜单上的菜名前加上“祖庵”或“畏公”两字，如“祖庵豆腐”（图10-1）“祖庵鱼翅”“畏公鱼羹”等，“发丝百叶”“子龙脱袍”等均成为湘菜中的精品。

三、毛主席喜食的“红烧肉”

毛泽东（1893—1976），字润芝，湘潭韶山人。毛主席生平最喜欢吃家乡风味的红烧肉（图10-2），毛主席1914年进了湖南第一师范以后，每周六中餐，学校食堂会打一次“牙祭”，将带皮的“五花三层”猪肉用湘潭酱油（老抽）、冰糖、料酒、大茴（八角）慢火煨成，八人一桌，足有四斤肉。从这时候起，毛主席开始对红烧肉有着特殊的情感。

图10-1 祖庵豆腐

图10-2 红烧肉

四、唐生智将军与国宴菜“东安鸡”

东安鸡俗称“醋鸡”，起源于唐玄宗开元年间的东安县，清朝末年，湘军将领席宝田用此菜宴宾客，使之名气渐长。民国时期，曾任国民革命军第八军军长的唐生智（湖南东安县人），在北伐战争胜利后，他曾在南京曲园酒家设宴款客，席间特别吩咐上一道家乡醋鸡，大家尝后赞许有加，问及菜名，唐生智觉得“醋鸡”一名不雅，乃答曰东安子鸡，南京曲园酒店里的厨师通过技术改良，将东安子鸡煮熟后，有原来的块状，去骨改成条状，不仅口感好，形状也美观，后称之为东安鸡条（图10-3），

图10-3 东安鸡条

从此以后，东安子鸡名声大震。郭沫若的《洪波曲》也有记载：抗日战争时期，唐生智在长沙水陆州的公馆里设宴招待了他，其中，东安子鸡的菜味特佳。1972年2月，美国总统访华期间，毛泽东设宴款待尼克松，席间也有东安子鸡这道菜。尼克松边吃边赞许东安鸡的美味。从此，东安子鸡也成为第一个进入国宴的湘菜。

五、彭玉麟与“玉麟香腰”

彭玉麟，祖籍湖南衡阳县，清朝著名政治家、军事家、书画家。晚清中兴名臣，湘军水师创建者、中国近代海军奠基人。官至两江总督兼南洋通商大臣，兵部尚书。“玉麟香腰”原名为“宝塔香腰”“管堆子香腰”，是湖南衡阳县当地的喜宴上的头碗菜，其原料丰富，制作复杂，是衡阳传统的地方菜。“宝塔香腰”从下至上分别码上红枣虎皮蛋、滑肉、锅烧丸、黄雀肉、鱼丸、蛋卷、腰花，菜分七层，形似宝塔，美观大气，且有官运亨通、步步登高的寓意。彭玉麟为衡阳渣江人，自幼就喜欢这些地方风味小吃，后回乡后也常食之。因彭玉麟为官刚正不阿，清正廉洁，为世人敬仰，衡阳乡人遂将宝塔香腰命名为“玉麟香腰”，成为衡阳地方风味酒宴席面上必不可少的一道菜品，在盛大节庆喜宴上，往往作为“头碗菜”，以取其开门大吉、蒸蒸日上的含义。

六、郭沫若、田汉一起去吃“牛中三杰”

田汉（1898—1968），长沙人，剧作家、戏曲作家、中国现代戏剧三大奠基人之一。他创作歌词的歌曲《万里长城》的第一段后来成为《义勇军进行曲》的歌词。李合盛牛肉馆开设于清光绪年间，以经营卤制五香牛肉和清炖牛杂起家。“李合盛”牛肉馆，是湖南长沙一家传统的清真餐馆，解放前就已四海闻名。该馆特色为“牛中三杰”（即发丝牛百叶、烩牛脑髓、红烧牛蹄筋），田汉在长沙时，经常去李合盛品尝美食，有一天，田汉与湘乡名士邓攸园共饮时，邓酒酣脱口说出一联：穆斯林合资开牛肉餐馆。田汉应声对出：李老板盛情款湘上酒徒。正好镶入李合盛三字，李大喜，拿来笔砚，请田汉书赠留念，传为美谈。1938年2月郭沫若来长沙，田汉邀请郭老上李合盛牛肉餐馆用膳，由田汉点菜，有五香牛肉、发丝牛百叶（图10-4）、红烧牛蹄筋、烩

图10-4　发丝牛百叶

牛脑髓、松鼠鳜鱼、东安子鸡等，其中发丝牛百叶要了两份。

七、沈从文记忆中的清炖狗肉

沈从文（1902—1988），苗族，原名沈岳焕，湖南凤凰人，中国著名作家，有中篇小说代表作《边城》。沈从文回忆童年时期在老家凤凰古城的年月，他经常炖清汤狗肉吃，儿时伙伴中倘若谁一个人身上有一两枚铜钱，就到卖狗肉摊边割块狗肉，煮熟烂蘸些盐水，平均分来便吃。沈从文烹制清汤狗肉讲究纯香软烂，狗肉清洗干净后，砍成大块，放入陶罐中，加入清水，只需放一点盐，密封盖子，放在火堆旁边，罐长时间煨炖至酥烂。沈从文少年离家，曾有过一段军旅生涯，任职“司书”，相当于部队里的文书。沈从文在其《从文自传》中，回忆起自己擅长烹制狗肉的故事，说他们每天吃豆芽菜汤和糙米饭，想要吃顿肉，改善伙食，就只能用沙罐炖狗肉来应付。

八、布政使庄赓良与油淋庄鸡的渊源

庄赓良（1839—1917），江苏武进人，清朝光绪年间庄赓良任湖南布政使期间，每次庄赓良到“豫湘阁”用膳，必是长沙名厨肖麓松亲自为其烹制菜肴。有一次肖麓松根据红爆鱼唇和油淋鸡两个菜，一时产生了做菜灵感，肖厨便将用煨好的鸡取出来，用铁钩挂起，再将烧热的上等茶油（油温不可过高）遍淋鸡身，直至鸡皮酥脆，然后斩块装盘后端给庄大人，庄赓良看到盘中整鸡保持了完好的造型，且油润美观，品尝时口感外酥香里鲜嫩，并且鸡肉十分入味，连鸡骨都酥碎了，越吃越香。此后，庄赓良在应酬中多次赞赏豫湘阁的油淋鸡，油淋鸡也开始流传于各个市肆饭店，为了表明菜品的正宗源流，肖麓松将豫湘阁做的油淋鸡命名为油淋庄鸡，从此流传至今。

九、左宗棠大加称赞的柳德芳汤圆

左宗棠（1812—1885），字季高，湖南湘阴人，军事家、政治家、湘军著名将领，晚清中兴四大名臣。一生参与了湘军平定太平天国运动、洋务运动、收复新疆等重要历史事件，官至东阁大学士、军机大臣，封二等恪靖侯。柳德芳汤圆创始于清道光（1821—1850）年间，从小家境贫寒的柳德芳，以卖汤圆为生。据《长沙老字号》介绍，柳德芳汤圆个大、糕糯、馅多，肉素兼备，咸甜双全，不黏唇，不腻心，回味悠长。左宗棠在受聘为湖南巡抚张亮基的助理期间，一日，来城中闲逛，恰巧路过柳德芳汤圆店。左公便进店品尝一番，感觉味道极佳，当堂索笔题写“枵腹而来，君休问价，从心所欲，我亦垂涎”楹联相赠。柳德芳于是将此联装裱挂入店堂，时值各县举子来长沙应试，在柳德芳汤圆馆见了左宗棠的亲笔楹联，无不赞叹其笔力苍劲，很多学子、文人慕名而来，品尝汤圆，以至不吃柳德芳汤圆不算到长沙成一时之风气。

十、书法大家何绍基与“酱油拌饭”

何绍基（1799—1873），湖南道州人，晚清著名大书法家。何绍基离京赴四川任职时，因顺便回道县省亲，途中路过湘潭，县令设宴接风洗尘，何绍基在宴饮中突然想到了鼎鼎大名的湘潭酱油，于席间闲聊中提及，县令即命厨下送上一碟，何绍基稍加端详，汁浓香鲜美，便朝碗中热饭上浇下数滴，用筷子拌匀，便觉酱香扑鼻，咽舌间馋涎滚滚而来，一口下去，便觉沁人心脾，食欲大增，一连吃了四碗酱油拌饭，饱食之余意犹未尽，抚腹而叹，令座间主客瞠目结舌。自此以后，湘潭酱油拌饭（图10-5）乃成代表性食物，并留下了“三餐人永寿，一滴味无穷”的著名诗句。

图10-5　酱油拌饭

十一、齐白石视“菌油”如珍宝

齐白石（1864—1957），生于湖南湘潭，中国绘画一代宗师。寒菌是每年农历九月出产的一种体厚肥嫩的蘑菇，因民谣中有“九月重阳，移火进房”一说，故名寒菌。以前的名人，凡是来过湖南长沙、衡阳、湘西地方的，提起美食时总会先想到“寒菌”，湖南本地人对此更是情有独钟，每逢出产寒菌的季节，家里条件好的，都会自家熬制菌油，留着自家享用或作为“珍品”馈赠亲友。齐白石先生就喜食湖南山区特产“茶油寒菌”，每餐用小碟子盛二三朵细细品味，视同珍宝，其色泽红艳，鲜辣生津。

十二、文豪王闿运诗墨中的“宁乡灰汤鸭”

宁乡灰汤鸭早在清代康熙年间即被定为朝廷贡品，当地政府要求当地农民按“一亩一鸭”的任务进贡朝廷，以抵税赋。宁乡温泉因富含多种微量元素，灰汤鸭生存在这样温泉附近，其体内的微量元素大大超过普通鸭子，营养价值及食用品质自然优于其他品种，嘉庆《宁乡县志》记载："鸭性纯阴，常饮温泉，济以辛热，乃益肥美"。清末大文豪王闿运曾邀集风雅士人在这里举行诗会，设鸭宴题诗为："东鹜山前冬鹜肥，汤泉温暖养毛衣。久闻下箸胜鹅炙，莫惜随笼别鹜矶，旧例羞珍烦驲致，新河余粟损戎机。老来补首须真髓，犹恐摩尼见火飞"。

十三、曾国藩餐桌上的永丰辣酱

图10-6 永丰辣酱

曾国藩（1811—1872），湖南湘乡人，晚清重臣，湘军的创立者和统帅者，清朝著名军事家、理学家、政治家、文学家，官至直隶总督、武英殿大学士，封一等毅勇侯。曾国藩一生崇尚饮食节俭，常年在外带兵打仗，都会带上家乡制作的永丰辣酱（图10-6），其香辣味浓，是下饭开胃之佳品。永丰辣酱选用当地所产的一种肉质肥、厚、辣而带甜的灯笼椒，用大豆、小麦、糯米、芝麻为主要原料，经发酵、露晒等工序完成，永丰辣酱色泽红润，辣、鲜、咸、甜而微酸，香浓味醇。据《双峰县志》记载，永丰辣酱始于明朝崇祯年间（1628—1644），蔡氏兄弟先后在永丰镇开设了蔡广祥、蔡广益、蔡顺益三家酱园，生产辣酱，之后有人开设了生义兴、龙胜泰等10余处作坊，据清末《湘乡县志》载："永丰辣酱相沿以蔡广祥酱店出品有名"。19世纪40年代初，曾国藩将蔡广祥生产的永丰辣酱作为"土贡"呈现至朝廷，皇帝和大臣都赞不绝口，成为清道光、咸丰皇帝的宫廷贡品。

第二节 湘菜名品

湖湘名菜名点具备四个特征，一是历史性，传统湘菜是由历史传承下来的，除了一般菜肴所具有的食用性外，还在色、香、味、形、质、营养及文化艺术方面有着独到之处；二是地域性，传统湘菜除包含长株潭、湘西、湘北三个风味流派外，还涉及湖南地方标志性的传统菜肴；三是层次性，传统湘菜包含湖南官府菜、市肆菜、家常菜、寺院菜等层次；四是影响性，经典传统湘菜对当地人民及外界饮食具有一定的影响力。

一、宴款总统的"子龙脱袍"

子龙脱袍（图10-7）又名"熘炒鳝鱼丝"，子龙即小龙，因鳝鱼形似蛇，俗称"小龙"，将鳝鱼去皮叫“脱袍”，子龙脱袍选用拇指粗细的鳝鱼，将之去皮去骨切丝，上浆、滑油后，配冬笋丝、红椒丝滑炒而成，菜肴成品以白色为主，清秀素雅、油汁光亮，鲜香滑嫩。其刀工十分讲究，堪称“湘菜一绝”。子龙脱袍曾是谭延闿在南京创办的曲园酒家里的招牌菜，国民政府代总统李宗仁先生曾在曲园酒家设宴款待宾客，宴会上亲点此菜，嘉宾们无不对此菜大加称赞。

图10-7　子龙脱袍

图10-8　火焙鱼

二、乡土美味“火焙鱼”

“火焙鱼”（图10-8）是湖南家喻户晓的一款美味，选择从河里捉来的寸长小嫩子鱼，这种小嫩鱼幼嫩且多肉，将小嫩鱼摆在平底锅中用柴火小火慢焙，嫩子鱼由白变黄，由腥变香，露出白嫩的鱼肉后，便成为“火焙鱼”了。火焙鱼具有色泽金黄，干香浓郁，骨肉同吃，外酥内嫩，越嚼越香等特点。火焙鱼的吃法也有多种，如豆豉辣椒蒸火焙鱼，青椒炒火焙鱼等，这些都是湘菜中的特色做法。青椒炒火焙鱼最为出名，放盐、大蒜、青椒或干椒皆可，味道极佳，是下饭佐酒的上等菜。

三、传统湘菜“麻仁香酥鸡”

麻仁香酥鸡传统做法较为复杂，以挂糊为主要工艺，原料经过复炸而成，油温的掌控、调糊的浓度是此菜的成败关键。其主料一般选择1.5千克左右的母鸡，初加工处理后，用姜、葱、花椒、盐等作料进行腌制，然后上笼蒸至八成熟，将鸡皮小心撕剥下来，要求鸡表皮尽量完整，之后将鸡腿肉、鸡脯肉与猪肥肉分别切成丝，混合平铺在鸡皮上，先裹全蛋糊炸制表面金黄，然后裹上蛋泡糊，放入四层油温中，浸炸成熟，改成条状，形状美观，成品表层色泽洁白，底层色泽金黄，口感松软、酥脆、软嫩、鲜香，层次丰富。

四、湖南人喜爱的“酸辣扣羊肉”

湘人嗜酸辣，秋冬季节，此菜成为湘人餐桌上的名肴，羊肉口感软烂、酸辣鲜香。浏阳黑山羊具有肉质细嫩、味道鲜美、品质极佳、膻味小、滋补性强等特点，是烹制酸辣扣羊肉的较好食材。羊肉选取的是羊的前腿或羊腰板肉部位，先洗净，经过焯水处理，改成条状码入扣碗中，将酸辣椒切碎，用茶油炒香，羊肉上用盐、酱油、八角、干辣椒、姜调味后，上笼蒸制口感软烂，将汤汁滗回锅内，羊肉倒扣在盘中，汤汁烧开后再次调味调色，勾芡，淋明油即可。

五、独树一帜的“发丝牛百叶”

牛属于反刍动物，具有四个胃，全国各地对牛的烹饪做法不一。湘菜的发丝牛百叶可谓独树一帜，将瓣胃揉去黑膜，迅速焯水，经切丝，搭配冬笋丝，红椒丝，急火爆炒而成。此菜刀工精细，形如发丝，质地咸鲜脆嫩、香辣透酸。民国时期，湖南长沙李合盛牛肉馆中的招牌菜，即红烧牛蹄筋、烩牛脑髓和发丝牛百叶，被誉为湘菜中的“牛中三杰”。

六、慢火出真味的“煨甲鱼裙爪”

水鱼，又称甲鱼、脚鱼、团鱼。据《逸周书·王会》记载，3000年前西周成王时有“长沙鳖”的名目，这也是长沙第一次出现在中国的典籍之中。甲鱼裙边、爪营养价值高，含有丰富的胶原蛋白。煨是湘菜中主要的烹调方法，尤以红煨见长，煨甲鱼裙爪是清朝时期湘菜老字号曲园酒家的招牌菜。此菜选用甲鱼的裙爪部分，配以老母鸡、猪五花肉，煸炒起香后，放入垫有底箅的沙锅中佐以蒜子、葱姜，小火煨制而成。口感质地软糯，香浓味鲜。

七、做法巧妙的“桂花蹄筋”

桂花蹄筋是湖南传统名菜。此菜是将油发好的猪蹄筋与搅撒的鸡蛋合炒而成，成熟后的蹄筋外面裹上鸡蛋松散的花絮，形似桂花，因此得名“桂花蹄筋”。猪蹄筋，即猪的前后脚连接关节的腱子，经人工抽出后干制而成，以后脚抽出的筋质量最好，长而粗壮，韧性大。制作此菜的关键之一在于把握鸡蛋与蹄筋合炒的时间，其二在于鸡蛋黄多，蛋清少，并加入少量的瘦肉泥，搅匀。合炒时，先炒鸡蛋液，既要使蛋黄松散成花，还要使其沾附在蹄筋之上。蹄筋口感柔软、糯香。

八、味蕾记忆“酱汁肘子”

清代光绪年间湖南长沙的酱汁肘子（图10-9）就已经成名，酱汁就是卤的意思。民国时期，江苏百年老店“陆稿荐”曾在其对面开店营业竞争，可能是马明德堂的卤味更适合湘人的味蕾以至于陆稿荐卤味店短时间就关门停业。马明德堂的“酱汁肘子”色泽红亮、皮鲜质滑爽、肥而不腻、肉烂味香。此菜每天限量出售，甚至要提早一个月预订，成为长沙美食的一段美谈。

图10-9　酱汁肘子

九、民国热销菜“花菇无黄蛋”

此菜做法是将鸡蛋的大圆头顶端用刀磕一个小圆孔，将蛋清、蛋黄分开倒出，蛋黄留作它用，蛋壳内灌入清水，反复洗净沥干，内壁均匀地粘上一层油，用筷子将蛋清搅匀，加盐与鸡汤调和均匀，倒回蛋中，竖立，小火蒸熟即可。此菜质感软嫩，细腻，营养丰富，色泽洁白，光滑，因形同鸡蛋，蛋中无黄，配以花菇故名。此菜由民国时期的长沙名厨萧荣华创作，后来在一代湘菜名厨蔡海云大师的挖掘创新下使花菇无黄蛋在色、香、味、形、质等方面更胜一筹，一度成为民国时餐饮店争相追捧的热销菜。

图10-10　剁椒鱼头

十、飘香世界的“剁椒鱼头”

“剁椒鱼头”又名“祖国山河一片红”“鱼头王”“鸿运当头”“满江红”等。其演变历史不过20年，但早已名扬大江南北，甚至出现在海外餐桌，可谓有湘人的地方就会有湘菜馆，有湘菜馆就一定会有“剁椒鱼头”（图10-10）。它是2010年上海世博会湘菜馆中点击率最高的湘菜，是2013年“中国第23届厨师节”中申报了吉尼斯世界纪录的湘菜。鱼头含胶原蛋白多，肌纤维细短，鱼肉细腻，是一种优良的烹饪原料。湖南人用剁辣椒中的发酵弱酸与鳙鱼鱼头中的优质蛋白质巧妙结合，使鱼肉鲜味更加浓醇、开胃。

十一、湖湘宴席中的“全家福”

旧时称作“大杂烩”，原料组成丰盛，主要是猪身上的原料通过不同烹饪技法制作成的不一样的口味，物美价廉，性价比高。全家福成为湘人逢年过节、婚寿喜庆、各种宴席上少不了的一款名菜。此菜用蛋卷、肉丸，熟烂的猪肚、火腿、猪肝、瘦肉、木耳、冬笋片、鹌鹑蛋、碱发墨鱼片等多种原料，加猪油合炒、调味，倒入骨头汤稍焖后，再装入扣有蛋卷、肉丸的大汤碗中即可。成菜汤宽汁浓，口感咸鲜、爽滑、柔嫩、醇厚。这道菜，满满一大盆，味多汤鲜，丰盛吉祥，全家享用，备感幸福，故名“全家福”。

十二、湖南国民菜“辣椒炒肉”

湖湘地区每家每户都会烹制辣椒炒肉（图10-11）这款家常菜，外地人只要到长沙吃饭时也必点此菜。湖南的辣椒炒肉做法有多种，无论青辣椒、红辣椒、剁辣椒、白辣椒、酸辣椒等，均可以用来炒肉，而且风味各异。最有名气的要数“扯树辣椒”与“宁乡花猪肉”的搭配。“扯树辣椒”是指秋末霜降之前，最后留在秧上长不大的辣椒。此辣椒皮薄肉厚汁多，辣味变淡，是烹制辣椒炒肉的佳品，炒出来的辣椒柔软多汁，不是很辣。宁乡花猪肉的肌肉有弹性、肉质细嫩、肉味香浓、没有异味腥味，是湖南辣椒炒肉的上好食材。辣椒柔软多汁，猪肉脂香肉鲜嫩，辣椒的清香味与猪肉的肉香味融为一体，成为百吃不厌，名副其实的湖南国民菜。

图10-11 辣椒炒肉

图10-12 腊味合蒸

十三、解乡愁的“腊味合蒸”

“腊味”是湖湘最具浓郁特色的风味食材，腊味合蒸（图10-12）是其中“腊味”经典的做法之一。腊鸡、腊鱼、腊肉合为一体，加上浏阳豆豉、辣椒粉合蒸1小时，翻扣盘内，腊香浓郁，唇齿间回味悠长，腊味是餐桌上的下饭佳肴。在湖湘地区，民间家家户户都懂得熏腊技术，冬至以后，乡下过年要杀年猪，备年货，肉、鱼、家禽、野味、豆腐、香干等食材均可进行熏腊处理。对于任何湘人来说，腊味就是故乡的味道，解乡愁的最好方式无疑是饱餐一顿腊味。

十四、冬日里珍馐“冬笋炒腊肉”

冬笋炒腊肉是湖南最美味的时令菜，腊肉香味四溢，冬笋脆嫩化渣，再配上新鲜大蒜叶、干辣椒粉合炒而成。湖南人冬月掘大竹根下未出土者为冬笋，因尚未出土，笋质幼嫩，冬笋是笋中质量最好的，口感鲜嫩脆爽化渣。在煸炒过程当中，冬笋的清香与腊肉的腊香慢慢交融，闻着便食欲大开，妙不可言，堪称绝配。著名作家梁实秋先生在台湾谈吃时，曾写下“湖南腊肉，天下第一”的赞美。

十五、甜甜蜜蜜的“八宝果饭”

“八宝”是指红枣、桂圆肉、橘饼、湘莲子、香橼条、冬瓜糖、葡萄干、枸杞多种食材组成。将八宝原料与糯米饭拌匀，取一扣碗，内外抹上一点猪油，然后将剩余的少许八宝配料摆在底部，扣入蒸钵，入笼蒸1小时即可。口感香甜、软糯，红润透亮，油滑多味。湖南的八宝果饭是过年时候必上的甜点，最适合全家人享用，象征团团圆圆，甜甜蜜蜜。做好一盘八宝饭，用料十分讲究，饭蒸的火候要恰当。许多家庭将蒸好的八宝果饭趁热回锅煎制两面金黄，表面焦脆，称为“干煎八宝果饭”。

十六、特色甜菜“拔丝湘莲”

拔丝是一种甜菜烹调方法。湖南人用当地出产的湘莲食材，蒸熟后，用猪网油包裹，卷成筒状，裹糊炸制，熬糖拔丝而成。拔丝湘莲外硬脆、里甜绵糯香、色泽栗黄，糖丝晶莹缭绕、牵丝不断。湘莲在古代就已经名扬于世，战国时期的《越绝书》中，就有记录“沈沈如芙蓉，始生于湘”，“湘莲”一词，目前最早出现在南朝时期。清朝乾隆和光绪年间《湘潭县志》记载：“莲子有红白两种，官买白者入贡（白种即为湘莲）”，所以湘莲又称为“贡莲”。

十七、湘式“银丝卷”

湘式银丝卷采用的是嫩酵面，擀成长方形薄面皮，将糖油馅抹满面皮，四折卷起来，切五六条面丝，两手将丝拉长拉均匀，卷起来即成银丝卷，摆放蒸笼内，用旺火沸水蒸约10分钟即熟取出。湘式银丝卷色泽洁白，松软、甜润，丝条细而均匀，形如发髻形，提丝松散如银丝缕缕。银丝卷是湖南包子店中主要的品种。

十八、火宫殿里的传统小吃“姊妹团子”

“姊妹团子”是火宫殿传统风味小吃。用糯米和大米为主要原料制作而成，有糖馅和肉馅之分，糖馅的捏成圆形，甜香不腻，肉馅的捏成尖角形，糍糯柔软。姊妹团子，小巧玲珑，色泽洁白，鲜甜可口，20世纪20年代初，姜氏姐妹在火宫殿的坪场摆摊，姜氏姐妹心灵手巧，制作团子手法麻利，经常吸引众多观众围观，她们制作的团子，既好看又好吃，被人们口碑相传，故名“姊妹团子”。

十九、传统名点“萝卜丝饼”

萝卜丝饼又称“金钩萝卜酥饼”。将水调面与油酥面，一起按扁，用擀面棍擀成长皮，由一头卷成筒，再擀成长皮，放入一份萝卜馅，先包成球形，再按成鼓形，入沸油锅中炸成金黄色时出锅即成。酥脆鲜软，层次分明，萝卜清香味突出。该点最初为长沙茶馆中所制茶点。

二十、湖南第一包“笋肉包”

湖南包子铺中最主要的品种就是香菇笋肉包，湖南香菇笋肉包皮薄馅多，馅心是干香菇、干笋子水发后，先将笋子炒干水，再加入色拉油与香菇、肉馅、盐等拌匀，香菇笋肉包色白，松软饱满，鲜嫩汁多。

第三节 湖湘餐饮老字号

老字号企业是一个约定俗成的概念，通俗理解为历经多年的经营，在一定区域内获得了良好声誉与口碑的企业。国家商务部在《中华老字号评定规定》中，明确老字号企业的历史时间一般成立于1956年以前。

湖湘餐饮老字号是湖湘饮食文化的历史文脉与重要组成。湖湘老字号在社会上具有良好的口碑和行业认同。湖湘餐饮老字号基本上是19世纪中叶以后的，它们在长期的历史经营中，产生了许多名点名菜，湘菜的烹饪技艺也随之不断成熟，还有很多湖湘名人与美食的故事流传至今，可以说积累了丰厚的湖湘饮食文化底蕴。岁月流逝，有的湖湘餐饮老字号世代传承下来，依旧受时代青睐，有的由于各种原因已经消失匿迹，不管他们处于何种状态，它们都对湖湘饮食文化传承与发展做出过不可磨灭的贡献。

湖湘老字号的形成大多在清朝后期，清咸丰年间（1851—1861），省城长沙就有了专营酒席的大型餐馆，如“式宴堂”“旨阶堂”“菜根香”“飶香居”“菜香圃”“庆星园”“嘉宾乐”等10家。民国时期，到光绪三十四年（1908），长沙面店、粉馆以及甜酒酥食汤点店多达60多家。1912年后，据《长沙地方志》记载，长沙饮食服务业有学官街喻家巷的挹爽楼、李合盛，西牌楼的洞庭春，鱼塘街天然台，青石桥五芳斋，南正街德园，金家码头集贤楼等。1922年有酒席馆49家，其门店排场十分讲究，湘菜烹饪技艺自成流派。

以“曲园酒家”为主的餐饮企业，先后进入南京、上海、重庆等市的饮食市场，广开湖南菜馆。随着湘军的兴起，湖南一时名人辈出，湘菜的名声大振，遂与鲁菜、川菜、苏菜、浙菜、闽菜、粤菜、徽菜一道并列为全国八大菜系。到抗战胜利后，长沙的餐馆、酒家分布已相当集中，从育婴街到东茅巷直至毗邻的青石桥形成了“宴席一条街”，潇湘、玉楼东、曲园、天然台、奇珍阁等大酒家都集中在这一带。

湖南餐饮老字号店按主要经营内容分为三类：一类是餐饮酒店，有天然台茶楼、玉楼东酒家、德馨斋酒楼、奇珍阁酒家、挹爽楼、天然居与半仙乐、健乐园、燕琼园、三和酒家、李子泉饭铺、石三盛饭铺、萧石朋营养餐厅、飞羽觞酒楼、远东酒楼、南国酒家、潇湘酒店、清真李合盛餐馆、徐长兴烤鸭店、小桃源酒家、曲园酒家、奇峰阁酒家、许宏茂饭馆、又一村饭店、长沙饭店、龙聚福和园等。

二是粉面小吃店，有火宫殿（图10-13）、杨裕兴面馆、甘长顺面馆、和记粉馆、新华楼削面馆、马明德堂、柳德芳汤圆店、双燕楼馄饨店、衡阳杨裕兴面馆、津市刘聋子牛肉粉馆等。

三是酱业老字号，有德茂隆酱园、玉和酱园、湘潭吴元泰、吴恒泰酱园、浏阳一品香豆豉坊、双峰蔡广祥、蔡广益酱园等。

如今，湖湘老字号传承至今的企业越来越少，许多湖湘老字号面临着生存与消失的危机，2018年，在民国红极一时的湖湘餐饮老字号“天然台”茶酒楼在长沙重新开业，主营湘菜。湖湘老字号代表的不仅是一种信赖与文化，更是通过不断的传承与创新湘菜技艺，以优质的食材与地道的滋味满足食客们的物质与精神的需求。

图10-13 火宫殿

思考题

1. 官府湘菜代表菜品有哪些？民间湘菜代表菜品有哪些？
2. “麻辣子鸡汤泡肚，令人常忆玉楼东”这句赞语来自于哪位湘菜名人之口？这句诗中的代表菜品是如何制作的？主要特点是什么？
3. “祖庵菜”的由来是什么？“祖庵菜”有哪些代表菜品？
4. 伟大领袖毛主席喜欢吃的红烧肉的色泽是如何调制出来的？“毛氏红烧肉”是如何制作的？
5. 第一个进入国宴的湘菜是哪个？这道菜的主要特点是什么？

6. 湘菜中的“牛中三杰”是指什么?
7. “剁椒鱼头”的别名有哪些?它获得过哪些殊荣?
8. 湖南国民菜是什么?其最有名气的做法是什么?
9. “腊味合蒸”的主料是哪些?
10. 湖湘餐饮老字号有哪些?如何进行分类?

第十一章

湘菜非物质文化遗产

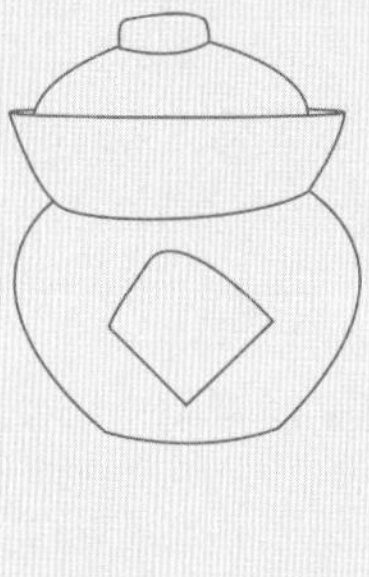

国务院办公厅以国办发〔2005〕18号印发的《关于加强我国非物质文化遗产保护工作的意见》文件中强调："非物质文化遗产"是一个民族的优秀传统文化，挖掘非物质文化遗产就是对一个民族优秀传统的再确认，使非物质文化遗产更加深入地进行研究保护、世代传承，并提出"保护为主、抢救第一、合理利用、传承发展"16字作为非物质文化遗产保护工作方针。

正确认识湘菜非物质文化遗产的独特价值及保护的重要性与紧迫性，是继承与弘扬湖湘饮食文化的重要举措。湘菜非物质文化遗产的保护与传承，可以将湖南分散的、内容不全的、部分濒临消失的传统烹饪技艺进行系统的挖掘、整理，不仅加大了湘菜非物质文化遗产的传承、传播范围，也可对弘扬湘菜文化，完善湘菜文化理论体系起到很好的帮助。湘菜非物质文化遗产通过实行生产性保护，可以让湘菜非物质文化遗产活起来，进行持续性传承发展。

第一节　湘菜非物质文化遗产概念

由2011年6月实施的《中华人民共和国非物质文化遗产法》将"非物质文化遗产"分为民间文学、传统音乐、杂技、传统手工技艺、传统医药、民俗等十大门类，"饮食类传统烹饪技艺"非物质文化遗产被划分在传统技艺门类（属于第九类）。

湘菜历史文化底蕴深厚，当今湘菜中的许多名菜和烹饪技艺，可以追溯到战国时期屈原的名篇《招魂》，在长沙马王堆出土的"西汉"古墓中，有迄今中国最早的一批竹简菜单，其中记录了103种名贵菜品和9类烹调方法。湘菜由于诸多因素的影响与制约，在湘菜传统烹饪技艺非物质文化遗产传承和保护方面存在着严重不足，部分具有代表性、历史文化底蕴的传统湘菜如"子龙脱袍""龟羊汤"（图11-1）"祖庵菜系"等传统烹饪技艺都濒临失传。

图11-1　龟羊汤

湘菜物质文化遗产是指湘菜"有形文化遗产"，包括湘菜的历史文物、湘菜经营的历史建筑、遗址，涉及湘菜文化的书籍、文献、器皿、餐具等物质形态保护体，强调保护的是实物保护层面。

湘菜非物质文化是指湘菜传统烹饪技艺，湘

菜非物质文化遗产是历代从事湘菜烹饪的工作者依靠口传心授、世代传承的、与人民饮食生活紧密相关的传统烹饪技艺，是“活态文化遗产”，湘菜非物质文化是以“有形的”湘菜菜点为依托所折射出来的技艺、精神与价值。湘菜非物质文化遗产更多强调的是知识技艺及精神的意义和价值。

湘菜非物质文化遗产一般所指已经被政府部门认证，并列入为非物质文化遗产保护名录的各项县级、市级、省级、国家级的湘菜非物质文化遗产。狭义的湘菜“非物质文化遗产”是指湘式菜肴传统烹饪技艺非物质文化遗产；广义的湘菜“非物质文化遗产”还包括湘菜、点心、湘式风味小吃、湘式特色调料、食品的传统制作技艺等非物质文化遗产。

第二节　湘菜非物质文化遗产保护项目

2006年起至今，国内已逐步建立了县级、市级、省级、国家级饮食类非物质文化遗产四级名录体系，从国家层面先后公布的四批非物质文化遗产中，国家级饮食类非物质文化遗产共计97项，除酒、茶类非物质文化遗产外，仅传统烹饪技艺类非物质文化遗产达48项；全国有31个省（自治区、直辖市）建立了省级饮食类非物质文化遗产保护项目，其中，陕西省拥有97项省级饮食类非物质文化遗产，位居各省省级饮食类非物质文化遗产项目之首，湖南省省级饮食类非物质文化遗产项目共计19项（表11-1），不计饮品类（湘酒、湘茶）非物质文化遗产，湘菜传统烹饪技艺类非物质文化遗产仅有13项，在全国各省饮食类非物质文化遗产项目中排名第24位。从湖南省的14个市州级饮食类非物质文化遗产项目（表11-2）中，虽有118项列入市级非物质文化遗产保护项目，但对于整个湘菜“非物质文化遗产”保护体系而言，被深入挖掘、整理、科学保护、传承的湘菜非物质文化遗产项目数量较少。

表 11-1　湖南省省级饮食类非物质文化遗产项目一览表

批次	湖南省省级饮食类非物质文化遗产目录	项目数量
第二批	麻香糕传统手工技艺、武冈卤菜制作技艺、雕花蜜饯制作技艺、永丰辣酱制作技艺（图11-2）、保靖松花皮蛋制作技艺、火宫殿八大传统小吃制作技艺、十三村酱菜制作技艺（图11-3）、杨裕兴面条制作技艺、长沙玉和醋传统酿醋技艺	10 项
第四批	黑茶制作技艺（安化天尖茶制作技艺）、黑茶制作技艺（安化花砖茶制作技艺）、湘菜烹饪技艺、米粉制作技艺（常德米粉制作技艺）、红茶制作技艺（湖南工夫红茶制作技艺）、黄茶制作技艺（君山银针茶制作技艺）、栖凤渡鱼粉制作技艺、岩泊渡红薯粉丝传统制作技艺、毛氏菜制作技艺、酿造酒传统酿造技艺（衡阳酃酒传统酿造技艺）	9 项

图11-2　永丰辣酱制作技艺

图11-3　十三村酱菜制作技艺

表 11-2　湖南省市级饮食类非物质文化遗产保护数量

城市	长沙市	株洲市	湘潭市	岳阳市	常德市	益阳市	衡阳市	张家界市	湘西土家族苗族自治州	郴州市	永州市	娄底市	邵阳市
湖南省市级饮食类非物质文化遗产保护数量	8	4	6	9	8	10	10	6	27	10	10	3	6

第三节　湘菜非物质文化遗产保护与传承的内容

湖湘饮食文化系统的挖掘与整理，首要的是提炼传统湘菜文化，而湘菜非物质文化是传统湘菜文化中的重要组成，湘菜非物质文化遗产是依靠人们口传心授，世代相传的技艺，不仅有很高的历史文化价值，而且在社会中有良好的口碑。目前，省内外关于湘菜非物质文化遗产的传承与保护研究工作还处于初始阶段，2016年12月在湖南省商业技师学院正式挂牌成立的“湘菜非物质文化传承与研究中心”，成为首个“湘菜非物质文化遗产”的研究机构，并致力于湘菜非物质文化遗产的挖掘、整理、保护、研究与传承工作。

湘菜非物质文化遗产保护与传承的内容（图11-4）是湘菜传统烹饪技艺，湘菜传统烹饪技艺是以湘菜、湘点、调味品、风味小吃、特色食品等为传承载体的，湘菜传统烹饪技艺中很多技法都有独到之处。湘菜、湘点、调味品、风味小吃、特色食品等，如果每个菜品都进行非物质文化遗产保护与传承实无意义，这些传承载体必须包含一定历史文化价值、社会经济价值，并且有较强的技术传承性的代表名品，而且这些名品在传承过程中没有发生过间断，持续传承至今。

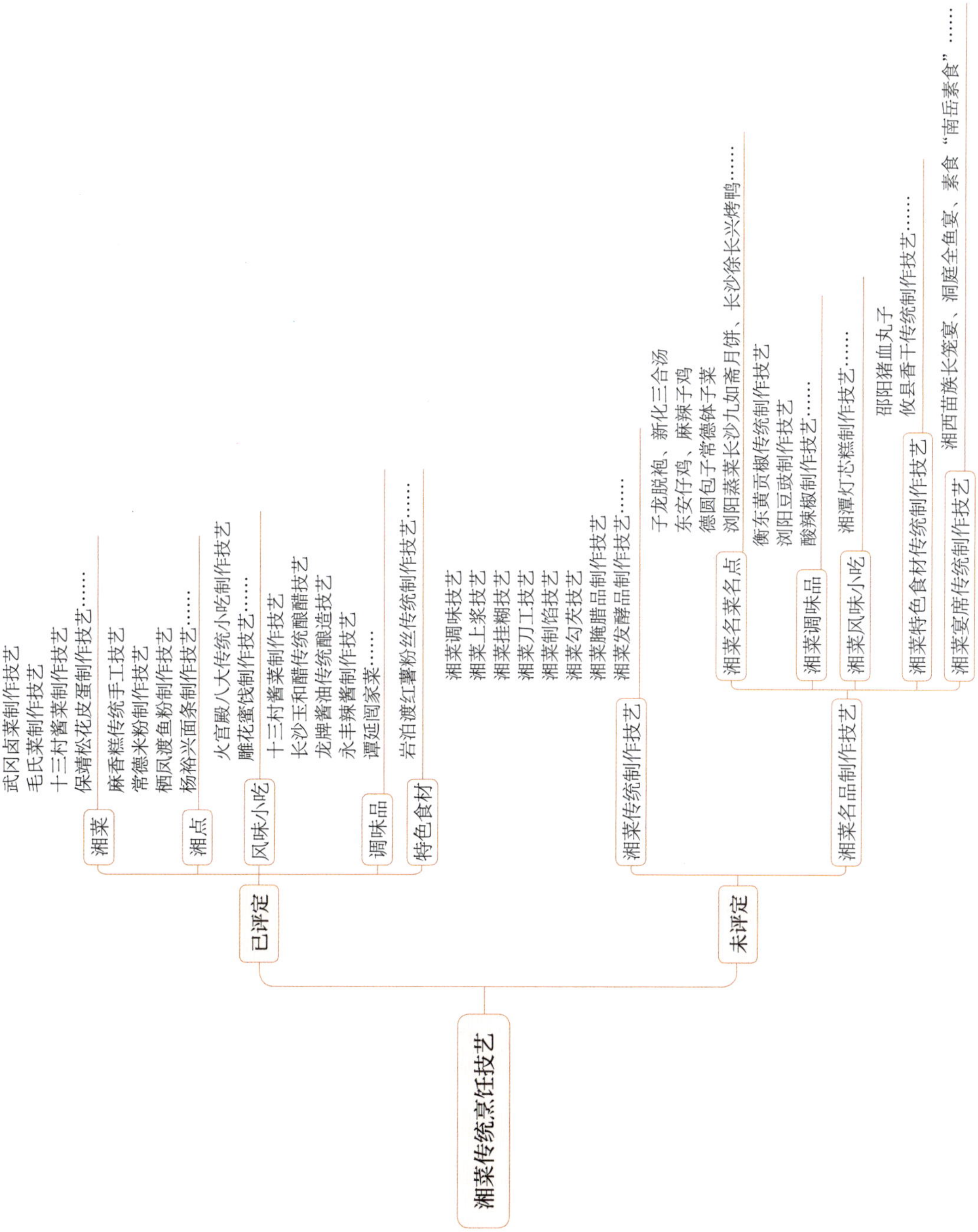

图11-4 湘菜非物质文化遗产保护与传承的内容

第四节　湘菜非物质文化遗产生产性保护途径与创新

饮食类制作技艺如果不能紧密地联系人们的生产生活，就难逃被时代淘汰的规律，最终只能以文字、图片资料的形式陈列在博物馆里。扬州大学邱庞同教授（国家级非物质文化遗产专家组成员）认为："饮食烹饪非物质文化遗产项目基本不存在不能开发的问题。现在入选国家级名录的饮食类非物质文化遗产，几乎全都是已经被开发的。其产品（酒、茶、盐、醋、酱油、豆瓣、榨菜、菜肴、面点等）在商业经营中效益均好，大多为名牌产品。"

2012年发布的《国务院办公厅关于加强非物质文化遗产生产性保护的指导意见》明确指出："'生产性保护'是指在具有生产性质的实践过程中，以保持非物质文化遗产的真实性、整体性和传承性为核心，以有效传承非物质文化遗产技艺为前提，借助生产、流通、销售等手段，将非物质文化遗产及其资源转化为文化产品的保护方式"。

对于传统技艺、传统美术和传统医药药物炮制等非物质文化遗产领域而言，生产性保护是一种科学、有效可行的保护方式。在入选湘菜省级饮食类非物质文化遗产项目中，如香麻糕、武冈卤菜、永丰辣酱、保靖松花皮蛋、杨裕兴面条、火宫殿八大传统小吃等传统制作技艺项目都在实行生产性保护，并且，这些传统制作技艺自古以来就进行着生产性经营，它们通过世代传承，形成了核心技艺与文化底蕴，它们成为人们餐桌上津津乐道的美味，有的形成了品牌，甚至成为地理标志产品。

湘菜"非物质文化遗产"项目开展生产性保护方式，从表层上可以为湘菜"非物质文化遗产"自身增加活力，传承人与传承单位能够获取一定的经济效益，能够适应餐饮市场需求，不仅提高了传承人的积极性，而且能够做到活态传承。从深层次分析，可以让更多的消费者了解并关心湘菜"非物质文化遗产"，并利用饮食文化消费促进生产，不仅优秀的湘菜文化得以弘扬，而且对于"非物质文化遗产"持续性传承具有深远意义。

一、湘菜非物质文化遗产生产性保护途径

湘菜"非物质文化遗产"项目生产性保护模式不能拘泥于一种或几种方式，而是应因地制宜，因人制宜，根据每一个湘菜非物质文化遗产保护项目本身的特点来找到相应的解决途径。

（一）搭建湘菜"非物质文化遗产"传承、研究的平台

针对有一定影响力的湘菜"非物质文化遗产"传承人，政府部门以其个人名义命名传承人+非物质文化遗产工作室，如餐饮协会+传承人、企业+传承人、学校+传承人等多种

形式，通过建立传承人工作室，使分散在民间湘菜“非物质文化遗产”传承人有更好的技艺传承平台和条件保障，而且其传播力与知名度会进一步加强。

（二）打造湘菜“非物质文化遗产”生产性保护示范基地

针对湘菜“非物质文化遗产”生产性保护的国有企业、老字号企业、骨干企业、龙头企业等单位企业，普遍具有国家扶持力度大、传承人稳定、技艺传承有保障，产品市场知名度强等优势。政府应出台配套政策支持，统一标识挂牌，授予成立“项目+非物质文化遗产+传习传承基地”或“项目+非物质文化遗产+生产性示范基地”，使企业不仅生产产品，还能有计划地开展传承、授徒、培训、研发等系列活动，为湘菜“非物质文化遗产”生产性保护营造正规、对外开放的良性环境。

（三）学校与非物质文化遗产传承基地开展“请进来”“走出去”的合作模式

充分发挥烹饪职业院校的平台作用，充分借助学校的师资研究团队，技艺研发场地等资源，政府部门一方面鼓励符合条件的职业学校在校内挂牌成立“非物质文化遗产传承教学基地”，作为开展湘菜“非物质文化遗产”传承与保护的学术讨论的场所。一方面，学校通过将“非物质文化遗产”传承人“请进来”，在校内开设相关课程进行传艺授课、组织编写“非物质文化遗产”教材，让更多烹饪专业学生了解湘菜“非物质文化遗产”；一方面，学校积极探索“走出去”模式，学校对接“非物质文化遗产”生产性保护企业，开展现代学徒制，让烹饪专业学生到企业“非物质文化遗产”传承基地、到传承人身边学习非物质文化遗产技艺，为湘菜“非物质文化遗产”生产性企业提供传承人后备军及专业人才。

（四）构建非物质文化遗产生产性综合基地，开发非物质文化遗产生产文化体验模式

针对地域内影响较强的非物质文化遗产生产性保护企业，政府部门应支持在企业内部建立“非物质文化遗产”的博物馆，将“非物质文化遗产”有关的器皿、工具、文字、视频、图片、产品等资料的进行收藏、储存及对外展览，让“非物质文化遗产”博物馆的传播载体（有形文化）功能与企业“非物质文化遗产”传统技艺（无形文化）传习基地形成功能互补。

（五）完善民间企业（合作社）+ 农户 + 基地生产性保护模式

基于民间乡村的湘菜“非物质文化遗产”的生产性保护仍处于小、散、窄的特征，本地政府可以结合国家“振兴乡村”政策，将湘菜“非物质文化遗产”生产性保护与地方经济产业发展相结合，通过“企业+农户+基地”的传承方式，将当地农村的非物质文化遗

产产品有规模地推向市场，促使非物质文化遗产产品在工艺上精益求精，其“非物质文化遗产”产品的外界品牌影响力也不断扩大。

二、湘菜非物质文化遗产生产性保护创新

（一）创新湘菜“非物质文化遗产”的表现形式

每一项湘菜“非物质文化遗产”都具有一定的品牌影响力与文化底蕴。湘菜“非物质文化遗产”产品在保证传统制作核心技艺、工艺流程不变外，创新湘菜“非物质文化遗产”的表现形式是必要的。俗话说“好马配好鞍”，湘菜“非物质文化遗产”产品质量虽好，设计理念与包装工艺也不能落后。

（二）创新湘菜“非物质文化遗产”的消费方式

创新湘菜“非物质文化遗产”消费方式主要是注重“非物质文化遗产”体验式消费，尤其是就餐情境体验，不仅向顾客推销“非物质文化遗产”产品，品鉴“非物质文化遗产”产品，更侧重于消费者亲自目睹或参与“非物质文化遗产”传统技艺制作的环节。

（三）创新湘菜“非物质文化遗产”的保护内容

湘菜“非物质文化遗产”保护的内容不仅是湘菜非物质文化遗产的核心技艺与传承人，还需借助商标权及申请原产地标志注册、中华老字号等法律和行政手段来保护“非物质文化遗产”成果。对于有明确传承人或传承群体的“非物质文化遗产”生产性企业，文化主管部门与省非物质文化遗产保护促进会联合制定出湘菜“非物质文化遗产”的统一的技术要求，进一步规范已经注册企业和商标的“非物质文化遗产”产品市场，支持传承人及单位优先注册普通商标，商标权利人通过合法使用商标专有权，制止侵权冒犯行为。

（四）创新湘菜“非物质文化遗产”的传播方式

湘菜“非物质文化遗产”传播方式既要引用传统湘菜“非物质文化遗产”记录方式如文字、图片、录像视频等，又要不断与时俱进，创新湘菜“非物质文化遗产”的传播方式。利用数字化技术可以让湘菜“非物质文化遗产”更加直接、便捷、全面、及时地进入大众视野，是实现湘菜“非物质文化遗产”大众化传播重要的举措。这符合大多现代人的对信息知识的感官接受方式，又使湘菜“非物质文化遗产”传播变得更加生动有趣，焕发新的生命力。

思考题

1. “非物质文化遗产”的十大门类是指哪些？湘菜非物质文化遗产应该划分在哪类？湘菜非物质文化遗产的概念是什么？
2. 湘菜非物质文化遗产保护与传承的内容是什么？
3. 湘菜非物质文化遗产生产性保护途径有哪些？有何意义？
4. 如何创新湘菜非物质文化遗产生产性保护？

第十二章

湖湘饮食文化文献

我国历史悠久，文化源远流长，在古代典籍中保存了大量的烹饪资料。中国烹饪文献是指我国民国以前出现的有关烹饪的文献古籍，是我国烹饪的宝贵遗产和优良传统，是研究古代饮食文化的宝贵资源，是人类文明宝库中的珍宝。可以借此考察古代全民族的生活方式，对继承和发扬烹饪的优良传统，发掘和创新食品具有极高的价值。

狭义的中国烹饪文献是记叙古代烹饪的古籍；广义的中国烹饪文献是指与饮食烹饪有一定联系的古籍等。专门研究烹饪理论、菜点食品制作技术的烹饪古籍是非常少的，但是涉及烹饪原料、饮食礼仪、菜谱食论、食疗方剂、饮馔文艺、涉馔典故等方面内容就非常丰富了，绝大部分分散在诗文小说、经史、杂记、随笔以及农医古籍中。

第一节　湖湘饮食文化古籍

根据1986年中国商业出版社出版的陶振纲、张廉明编著的《中国烹饪文献提要》介绍，历史上的饮食文化学著作大致有156种。在20世纪80年代至90年代，中国商业出版社曾出版过一套“中国烹饪古籍丛刊”，有36种。其中有《先秦烹饪史料选注》《吕氏春秋·本味篇》《齐民要术（饮食部分）》《东京梦华录·都城纪胜·西湖老人繁胜录·梦粱录·武林旧事》《饮膳正要》《随园食单》《素食说略》等书有涉及湖湘饮食文化。其他的出版社也曾零星出版过此类的书籍，都是编入医学古籍、养生经典及地方文库、丛刊，而未专门以饮食文化、烹饪、烹调的名义成套成系列的出版。

湖湘饮食文化文献古籍应该是以研究或涉及研究记录湖湘饮食文化的著作或文献，其中单篇的关于饮食文化的文章或诗词称为饮食文化文献，多卷或者单卷本，独立成书的称为古籍，如《楚辞》《吕氏春秋·本味篇》《国语·楚语》等。战国时期的湖湘饮食文化著述是先秦时期最多的，特别是以《楚辞》为代表的文学作品集里保存了诸多的湖湘饮食文化资料，为后人研究湖湘饮食文化提供了便捷。

湖湘饮食文化的古籍甚多，菜点食经类有北魏贾思勰的《齐民要术》，高廉《遵生八笺》，袁枚的《随园食单》，薛宝辰的《素食说略》，徐珂《清稗类钞》等。食疗方剂类典籍主要有《神农本草经》、张仲景《伤寒杂病论》、孙思邈的《千金药方·食治》、孟诜的《食疗本草》，忽思慧的《饮膳正要》，贾铭的《饮食须知》、李时珍的《本草纲目》、王士雄的《随息居饮食谱》等。饮馔文艺类典籍是明清小说更是无一不写饮馔故事与场景的。《红楼梦》写的是官府饮食，《三国演义》写军旅饮食，《儒林外史》写文士饮食。不仅如此，诸如历史上的很多文人墨客如杜甫、李白、王昌龄、柳宗元、刘禹锡、韩愈、怀素、苏东坡、陆游、辛弃疾、杨万里、李东阳、王闿运、何绍基等都曾在湖湘地区游览、任职，留下了许许多多脍炙人口的文学墨宝，使得湖湘饮食文化流光溢彩。涉馔掌故类典籍主要为《清稗类钞》《东京梦华录》《梦粱录》等书。如《清稗类钞·饮食类》是清代野史笔记类书。近代徐珂采辑清代笔记数百种和报章记载，分门别类，编辑而成，全书48册，分为时令、地理、外交、风俗、饮食等92类，其《饮食类》辑录有关湖南饮食的笔记史料共30条，包括食物、菜肴、烹饪方法、饮食习俗，以及湘籍名人如曾国藩、左宗棠、刘坤一、王闿运等的饮食习惯嗜好等。如《湘人食鸡鸭》条记“湘人之食鸡，鸭也，畏其寒，必佐以黄芪、当归，取其寒温相剂也。”《湘人食瓜》条记“湘人以水寒之故，于食瓜时必加酒于瓜汁中，而弃其渣。”其中一些条目，保存了一些湖南饮食的历史文献。

一、《神农本草经》

《神农本草经》又称《本草经》或《本经》，中医四大经典著作之一，作为现存最早的中药学著作，约起源于神农氏，代代口耳相传，于东汉时期集结整理成书。秦汉时期众多医学家搜集、总结、整理当时药物学经验成果的专著，是对中国中医药的第一次系统总结。《神农本草经》三卷，载药365种，植物药252种，动物药67种，矿物药46种。对药物的性味、产地与采制、炮制方法乃至用药原则和服药方法等都有涉及，有湖湘药物牡桂、橘柚、龟甲、藕实茎、鸡头实、雄黄、干姜、酸酱、积雪草、葛根、白芷、紫草、吴茱萸、卮子、猪苓、猬皮、鳖甲、粉锡、鸢尾、水靳等。

二、《黄帝内经》

《黄帝内经》又称《内经》，中国最早的典籍之一，中国传统医学四大经典之首。相传为黄帝所作，分《素问》和《灵枢》两部分。《素问》重点论述脏腑、经络、病因、病机、病证、诊法、治疗原则以及针灸等内容。《灵枢》除了论述脏腑功能、病因、病机之外，还重点阐述了经络腧穴，针具、刺法及治疗原则等。《脏器法时论》载：“毒要攻邪，五谷为养，五果为助，五畜为益，五菜为充，气味合而服之，以补精益气。此五者，有辛、酸、甘、苦、咸，各有所利，或散或收，或缓或急，或坚或软。四时五脏病，随五味所宜也。”

三、《山海经》

《山海经》是中国第一部南方地理志，来源于蚩尤部落的作战地图，现在能见到的文字为山海经图的注释或图解，记述山川、道里、民族、物产、药物、祭祀、巫医等，现存18篇，藏山经5篇、海外经4篇、海内经5篇、大荒经4篇，其余篇章早佚。记载约40个邦国，550座山，300条水道，100多位历史人物，400多个神怪鬼兽，保存夸父逐日、女娲补天、精卫填海、大禹治水等远古神话传说和寓言故事。

四、《楚辞》

《楚辞》是最早的浪漫主义诗歌总集，泛指楚地的歌辞。以屈原作品为主，其余各篇也都是承袭屈赋的形式。叙述楚国山川风物、历史人文、神话传说等，也生动地描绘洞庭湖区、湘江、资江、沅江、澧水流域及雪峰山周边的湘人祈天地、祀鬼神、祭先祖、宴宾客以及家庭婚丧嫁娶的诸多场面，记载了许多湖湘的美味佳肴和烹调的方法。《招魂》《大招》等篇有祭祀飨宴、湖湘菜品、岁时饮品、风味佳肴等，有五谷、稻等主食，粻、菹醢、脂、酪、蕙肴、桂酒、椒浆、苴尊、酸肉、甘鸡等菜肴，有煎、炒、蒸、煮、烧、烤等烹调方法，留下中国最早的筵席菜单，有我国最早关于冷饮的文献记载。

五、《吕氏春秋·本味》

《吕氏春秋》为秦襄公时吕不韦门客编纂，全书26卷，计12纪、8览、6论，共160篇。《本味》记载伊尹以“至味”说汤的故事，保存我国、也是世界上最古老的烹饪理论，提出一份内容很广的食单，来源于《山海经》。其中肉之美者、菜之美者、和之美者、饭之美者、水之美者、果之美者等7种食材即肉类、水产、菜蔬、调料、主食、水质、果品，有一部分提到湖湘食材，如洞庭之鲒。醴水之鱼，名曰朱鳖，六足，有珠百碧。云梦之芹。阳朴之姜，招摇之桂。玄山之禾，阳山之穄，南海之秬。江浦之橘，云梦之柚。这些都是非常优秀的食材，现在还在沿用。

六、《史记·楚本纪》

司马迁受学于孔安国、董仲舒，漫游各地，了解风俗，采集传闻。替李陵败降之事辩解受宫刑，后任中书令。发奋继续完成所著史籍，后世尊称为史迁、太史公、历史之父。“究天人之际，通古今之变，成一家之言”，创作中国第一部纪传体通史《史记》，原名《太史公书》。记载从上古传说中的黄帝时期，到汉武帝元狩元年，长达3000多年的历史，是“二十五史”之首。共130篇，52.65万字，包括十二本纪、三十世家、七十列传、十表、八书，被鲁迅誉为“史家之绝唱，无韵之离骚”，前“四史”之首，与《资治通鉴》并称“史学双璧”。《楚本纪》载：“楚之先祖出自帝颛顼高阳。高阳者，黄帝之孙，昌意之子也。高阳生称，称生卷章，卷章生重黎。重黎为帝喾高辛居火正，甚有功，能光融天下，帝喾命曰祝融。共工氏作乱，帝喾使重黎诛之而不尽。帝乃以庚寅日诛重黎，而以其弟吴回为重黎后，复居火正，为祝融。”

七、《战国策》

《战国策》是一部国别体史学著作，又称《国策》。记载西周、东周及秦、齐、楚、赵、魏、韩、燕、宋、卫、中山各国的事，记事年代起于战国初年，止于秦灭六国，约240年的历史。分12策，33卷，共497篇，主要记述战国时期的游说之士的政治主张和言行策略，展示战国时代的历史特点和社会风貌，是研究战国历史的重要典籍。

八、《金匮要略》

张仲景为东汉末年著名医学家，后人尊称为医圣。建安年间行医游历各地，目睹各种疫病流行，将多年对伤寒症的研究付诸实践，进一步丰富自己的经验，充实和提高理性认识。经过数十年含辛茹苦的努力终于完成《伤寒杂病论》，确立辨证论治原则，是中医临床的基本原则和灵魂所在，继《黄帝内经》之后又一部最有影响的医学典籍，记载了大量有效方剂。《金匮要略》是宋代医学家偶然发现《伤寒杂病论》残简，将杂病部分整理更名为《金匮要略》刊行于世。最早一部论述杂病诊治的专书，原名《金匮要略方论》。分上、中、下三卷，共25篇，载疾病60余种，收方剂262首。所述病证以内科杂病为主，兼及外科、妇科疾病及急救猝死、饮食禁忌等内容。其“当归生姜羊肉汤方”为食疗代表性处方。

九、汉墓古籍

马王堆三号汉墓的帛书、简书有一半文字介绍食物、养生、医学。马王堆一号汉墓的312枚遣策一半以上记载食物，有肉食类、调味品、饮料、主食、果品菜肴等六类，近150种之多，烹饪方法有炙、羹、蒸、煮濯、煎、熬、脍、脯、腊、醢、炮等，调味品有橘皮、花椒、茱萸、豆豉、葱、姜等，菜肴77款，主食有饭、粥、小食等20余种，果品有枣、梨、柿李、梅、笋、元梅、杨梅等。沅陵县虎溪山一号汉墓竹简1000余支，300多支关于饮食，命名为《美食方》，人称湘菜第一食谱。记载148份饭菜谱，总字数2000字，有5个菜名和2款菜的做法。5个菜名为豚胾、鸡胾、牛膲、豚彘、狗莽茨酸羔等。

十、《齐民要术》

农学名著《齐民要术》为北魏贾思勰所撰，我国现存最早的一部完整的农书，选录北魏及其以前古籍百余种中的有关部分，约11.2 万字，共分10卷、92篇。内容十分丰富，涉及到农作物栽培，畜牧兽医、食物加工、烹饪技术等各个方面，其卷8至卷10之第64至89篇，专述酿造、烹饪、食谱等，在素菜篇中，记述了11种素菜的烹调方法，其中对湖南地区的饮食烹饪亦有不少记述，有《长沙鱼鲊法》《作酃酒法》《脯腊》等。

十一、《水经注》

郦道元幼年随父亲到山东访求水道，博览奇书，游历秦岭、淮河以北和长城以南的广大地区，考察河道沟渠，搜集有关的风土民情、历史故事、神话传说。《水经注》四十卷，文笔隽永，描写生动，是一部优美的山水散文汇集，称为中国游记文学的开创者，注《水经》得名，实则以《水经》为纲，详细记载1252条大小河流及有关的历史遗迹、人物掌故、神话传说等，是中国古代最全面、最系统的综合性地理著作。从河流的发源到入海，举凡干流、支流、河谷宽度、河床深度、水量和水位季节变化，含沙量、冰期以及沿河所经的伏流、瀑布、急流、滩濑、湖泊等等都广泛搜罗，详细记载。植物品种多达140余种，动物种类超过100种，县级城市和其他城邑共2800座，镇、乡、亭、里、聚、村、墟、戍、坞、堡等1000处。手工业生产方面包括采矿、冶金、机器、纺织、造币、食品等。

十二、《荆楚岁时记》

《荆楚岁时记》是南朝梁代宗懔的一部记载荆楚岁时习俗的著作，我国最早的一部专门记载古代岁时节令的专著。荆楚泛称长江中游一带。记述五代时流传在两湖地区的时令风俗。从正月至岁末，依时而记。诸多现在已寻不到，亦有的流传下来，惟其形式随时代而变。

第二节　湖湘饮食文赋赏析

文赋作为赋体的一类，“文”是指古文，也就是相对骈文而言，用古文写的赋，也就是相对俳赋而言，不拘骈偶的赋。湖湘饮食文赋应该是以研究或涉及研究记录湖湘饮食文化的文赋，通过文赋这种文学表达方式，丰富了湖湘饮食文化的表现形式，也对弘扬和传播湖湘饮食文化作出了突出的贡献。古代文人以文赋的角度，对湖湘饮食文化进行了记录与传承。本节选取几篇具有代表性的古代文赋、书帖，以文学的角度进行赏析，感受湖湘饮食文化的古韵魅力。

一、文赋

（一）枚乘《七发》（节选）

七发（节选）

"犓牛之腴，菜以笋蒲。肥狗之和，冒以山肤。楚苗之食，安胡之飰，抟之不解，一啜而散。于是使伊尹煎熬，易牙调和。熊蹯之胹，芍药之酱。薄耆之炙，鲜鲤之鲙。秋黄之苏，白露之茹。兰英之酒，酌以涤口。山梁之餐，豢豹之胎。小飰大歠，如汤沃雪。此亦天下之至美也，太子能强起尝之乎？"

枚乘（？~约公元前140），西汉淮阴（今江苏淮阴南）人，字叔。善辞赋，有赋9篇，今存3篇。

译文：取小牛腹部的肥肉，用竹笋和香蒲来掺和。用肥狗肉调作羹汤，上面盖一层石耳菜。用楚苗山的稻米或菰米做饭，这种米饭团成一块不会散开，但入口即化。于是叫伊尹烹饪，让易牙调味。把熊掌煮得烂熟，再用芍药酱来调味。把兽脊上的肉切成薄片烤熟，将鲜活的鲤鱼切成鱼片，佐以秋天变黄的紫苏，秋露浸润过的蔬菜。用兰花泡的酒来漱口。还有用野鸡、家养的豹胎做的食物。少吃饭多喝粥，就像热汤浇在雪上。这是天下最好的美味了。

（二）何绍基《酸咸赋》

酸咸赋（丁巳五月初八日）

酸成者，吾乡腌蔬之总名也。配盐而咸，微醯引酸。萝菔为君，他蔬继之，日增夜续，鲜色不改，久而弥芬。顷来都门，乍缺兹品。侄女香云，学制甚精，使我饔飧，畅焉醉饱，是其功也。赋以奖之。

繄吾之伉概而建言兮，思为一世之咸酸。既多蜇于人口兮，遂屏弃以自安。不复知人间之正味兮，舌谈而谁干，虽珍错之纷列兮，长退默而废餐思。

故里之腌蔬，以吾东门为最，法以简而得精，味由鲜而获快。清破酒眠，隽资茶话。行过泷河，家家做卖。一到永州，味渝色坏。我先公之通藉，由寒微而骤跻。十三世秀才风味，二百年老瓮元醯。母太夫人，躬莳寒畦。洎乎贵盛，布裙荆笄。先公宴客，门庭大启。将相公侯，通家子弟。月席风筵，肴珍酒旨，冰壶迟进，夸奇赞美。或乞其余，归绳妇子。痛春晖之见背兮，世扰扰而瞀昏。菽麦不得滋长兮，疏材亦为之不蕃。斯民何多菜色兮，官长忘其菜根。百事固莫可为兮，本性因之不敦。幸投闲而置散兮，日把卷而命樽。春动花心，雨长菜甲，汲忘抱瓮，行思荷锸，江湖浩荡，鸥鹭习狎。甑甀将罄，畜白未乏。侍老清娱，粗传太夫人之法。

比来都门，乐我埙篪。友朋近局，宴会酣嬉。渐脾神之不适，叹菜把之空贻。有犹子之不栉兮，能习礼而明诗。知衰翁之癖此兮，谓幼曾得诀于祖慈。坛有檐而气阏兮，盐如乳而味孳。铿齿车而初脆兮，沁舌本而胜饴。却盘餐而尽废兮，剂醉饱而咸宜。晨葩躁开，宵雨静落。阴晴听时，一日再酌。佐以佳蔬，既次且噱。

何绍基（1799—1873），晚清诗人、画家、著名书法家。湖南道州人，户部尚书何凌汉之子。道光进士，官至四川学政。曾居长沙，主持城南书院。何绍基父亲何凌汉幼时家境艰难，常以盐菜佐餐。进京后，仍然此习不改，一直让廖夫人腌制家乡盐菜佐餐。直到儿辈亦长大为官，家中仍保持这种简朴的生活习惯，以至于全家都习惯了这种口味，餐桌上终年不离盐菜。何绍基以盐菜（道州人称盐菜为“酸咸”）为题，专门写了此篇《酸咸赋》，将他父亲当年的训诫体现其中：“斯民何多菜色兮，官长忘其菜根”。

（三）张载《酃酒赋》

酃酒赋

惟圣贤之兴作，贵垂功而不泯。嘉康狄之先识，亦应天而顺人。拟酒旗于玄象，造甘醴以颐神。虽贤愚之同好，似大化之齐均。物无往而不变，独居旧而弥新。经盛衰而无废，历百代而作珍。若乃中山冬启，醇酎秋发。长安春御，乐浪夏设。漂蚁萍布，分香酷烈。垂嘉称于百代，信人神之所悦。未闻珍酒，出于湘东。丕显于皇都，乃潜沦于吴邦。往逢天地之否运，今遭六合之开通。播殊美于圣代，宣至味而大同。匪徒法用之穷理，信泉壤之所钟。故其为酒也，殊功绝伦。三事既节，五齐必均。造酿以秋，告成以春。备味滋和，体淳色清。宣御神志，导气养形。遣忧消患，适性顺情。言之者嘉其美志，味之者弃事忘荣。于是纠合同好，以遨以游。嘉宾云会，矩坐四周。设金樽于南楹，酌浮觞以旋流。备鲜肴以绮错，进时膳之珍羞。礼仪攸序，是献是酬。赧颜微发，溢思凯休。德音晏晏，弘此徽猷。咸得志以自足，愿栖迟于一丘。于是欢乐既洽，日薄西隅。主称湛露，宾歌骊驹。仆夫整驾，言旋其居。乃凭轼以回轨，骋轻驷于通衢。反衡门以隐迹，览前圣之典谟。感夏禹之防微，悟仪氏之见疏。鉴往事而作戒，罔非酒而惟愆。哀秦穆之既醉，歼良人而弃贤。嘉卫武之能悔，著屡舞于初筵。察成败于往古，垂将来于兹篇。（选自《艺文类聚》七十二，《初学记》二十六）

张载，西晋辞赋家。这是中国历史上第一篇有关酒的赋，也是现存最有名的酒赋，把酃酒的产地、制作、品质、味道都记述得非常清晰。衡水籍西晋著名文学家张载的《酃酒赋》渗透着浓浓的酒香，赞扬了酃酒之美。此文专赞酃酒之美，于国酒中绝无仅有。文中注明“珍酒出于湘东”，（注：湘东，郡名，三国吴时于长沙酃县置湘东郡，县郡同治，隋废改称衡阳。）《酃酒赋》载于唐代欧阳询的《艺文类聚》及衡阳历代地方志中。

二、书帖《苦笋帖》《食鱼帖》

苦笋帖

苦笋及茗异常佳，乃可径来。怀素上。

译文：苦笋和茗茶两种物品异常佳美，那就请直接送来吧。怀素敬上。

食鱼帖

老僧在长沙食鱼，及来长安城中，多食肉，又为常流所笑，深为不便，故久病，不能多书，实疏。还报诸君，欲兴善之会，当得扶羸也。九日怀素藏真白。

译文：老僧在长沙吃惯了鱼，来到长安城中，只能多吃肉，还被别人笑话，深为不方便。因久病中，不能多尝美味，我告诉诸位，想要开心聚会，等我身体康复后。某日怀素藏真白。

怀素（737—799），俗姓钱，字藏真，永州零陵人。唐代书法家，以“狂草”名世，史称“草圣”。自幼出家为僧，经禅之暇爱好书法，与张旭齐名，合称“颠张狂素”，形成唐代书法双峰并峙的局面，也是中国草书史上两座高峰。怀素草书，笔法瘦劲，飞动自然，如骤雨旋风，随手万变。书法率意颠逸，千变万化，法度具备。传世书法作品有《自叙帖》《苦笋帖》《圣母帖》《论书帖》《小草千文》诸帖。

第三节　湖湘饮食文化诗词赏析

一、李世民《赐魏征诗》

赐魏征诗

酃醁胜兰生，翠涛过玉鬒。

千日醉不醒，十年味不败。

历代名家咏醽酒诗文多达300余首，有名的有晋代张载的《醽酒赋》，唐太宗李世民的《赐魏征诗》，唐太宗李世民喝了大臣魏征按湖湘醽酒的酿造技术和方式酿造的酒，非常兴奋，感叹魏征的心灵手巧和醽酒的魅力。李世民不仅赞美了魏征酿造的酒，还歌颂了醽酒的优良品质，拿它与隋炀帝最喜欢的玉醴酒来进行比较，他认为比玉醴酒还要好，表达了李世民对醽酒的认可和钟爱。

二、刘禹锡《尝茶》

尝茶

生采芳丛鹰嘴芽，老郎封寄谪仙家。

今宵更有湘江月，照出霏霏满碗花。

译文：暮春时节的清晨，那时山上晨气清稀，露香犹在，在山寺后的绿茶丛中采摘形如鹰嘴的嫩芽，让人感受到的是幻术般的露的芬芳和风雅发生。

刘禹锡（772—842），字梦得，河南洛阳人，唐朝文学家、哲学家，有“诗豪”之称。贞元进士，官太子校书，后任监察史。贞元末，参与王叔文改革，败后贬为朗州（今湖南常德）司马。作者得到老郎寄与的茶叶，于夜间煎饮，因月色明亮，照在茶碗里，茶汤的色泽更好看，诗中有“湘江”两字，说明此诗作于湖南。

三、王夫之《南岳摘茶词》

南岳摘茶词

（一）

深山三月雪花飞，折笋禁桃乳雀饥。

昨日刚传过谷雨，紫茸的的赛春肥。

（二）

湿云不起万峰连，云里闻他笑语喧。

一似洞庭烟月夜，南湖北浦钓鱼船。

（三）

晴云不采意如何，带雨掠云摘倍多。

一色石姜叶笠子，不须绿箬衬青蓑。

（四）

一枪才展二旗斜，万族绿沈间五花。

莫道风尘飞不到，鞠尖队队满州靴。

（五）

琼尘新炕凤毛毸，玉版兼蒸龙子胎。

新化客迟六峒远，明朝相趁出城来。

（六）

小筑团瓢乞食频，邻僧劝典半畦春。

偿他监寺帮官买，剩取筛余几两尘。

（七）

丁字床平一足雄，踏云稳坐似凌空。

商羊能舞晴天雨，底用劳劳百足虫。

（八）

清梵木鱼暂放松，园园锯齿绿阴浓。

揉香挼翠三更后，刚打乌啼半夜钟。

（九）

山下秧争韭叶长，山中茶赛马兰香。

逐队上山收晚茗，奈他布谷为人忙。

（十）

沙弥新学唱皈依，板眼初清错字稀。

贪听姨姨采茶曲，家鸡又逐野凫飞。

王夫之（1619—1692），字而农，号姜斋、又号夕堂，湖广衡州府衡阳县（今湖南衡阳）人。他与顾炎武、黄宗羲并称明清之际三大思想家。其著有《周易外传》《黄书》《尚书引义》《永历实录》《春秋世论》《噩梦》《读通鉴论》《宋论》等书。后隐居石船山，学者遂称之为船山先生。己亥为顺治十七年，即公元1659年，这一组诗乃诗人隐居南岳莲花峰下续梦庵中所作。组诗10首，依次描写了南岳茶林葱绿、茶叶繁嫩，雨雾晴云，采摘茶叶，烘揉制作，商人买卖等茶农日常生活；还描写了南岳阴晴多变，山下秧长苗深，寺中沙弥学唱等特有景致，使得整个画面色彩斑斓，美不胜收。

南岳产茶，素有盛名，尤其是衡山云雾茶，更是闻名遐迩，天下皆知。因为衡山地处江南丘陵，山上多雾，雨露滋养，故其茶清香可人。南岳半山之上，到处都是茶园，尤其是其最高祝融峰之西侧山坡上的茶叶，历来被公认为正宗云雾茶，历代以之为贡品。据史料记载，明朝灭亡之后，隐居在湘西草堂的王船山还多次到南岳拜谒这座名山。在这里，他多次看到清明至谷雨前后，南岳的妇女们采摘茶叶、烘制茶叶，也完全可以断定，他经常喝着南岳云雾茶，青灯古籍，伴他思考与写作。

四、王昌龄《龙标野宴》

龙标野宴

沅溪夏晚足凉风，春酒相携就竹丛。

莫道弦歌愁远谪，青山明月不曾空。

译文：夏天的夜晚在沅溪边乘着凉爽的风儿散步，朋友们带着酒相互陪伴着来到了竹林深处。不要说我们的音乐和歌声是因为被贬谪的哀愁，那远处的青山和当空的明月却从不曾空缺。

王昌龄（约698—约756），字少伯京兆长安人（今西安）人。唐京兆长安（今陕西西安）人，开元进士，补校书郎，晚年贬龙标尉（今湖南省黔阳县）。长于七绝，尤以写边塞军旅生活，为盛唐著名边塞诗人，风格雄浑，音调铿锵。后人辑有《王昌龄集》。

五、李白《陪侍郎叔游洞庭醉后》

陪侍郎叔游洞庭醉后

今日竹林宴，我家贤侍郎。

三杯容小阮，醉后发清狂。

船上齐桡乐，湖心泛月归。

白鸥闲不去，争拂酒筵飞。

划却君山好，平铺湘水流。

巴陵无限酒，醉杀洞庭秋。

译文：今日与我家贤侍郎共为竹林之宴饮，就像阮咸与叔父阮籍一样。酒过三杯，请容许我酒醉之后高迈不羁之态。船上齐唱行船之歌，我们乘着月色自湖心泛舟而归。湖面上白鸥悠闲不远飞，倒是争相在我们酒筵的上方盘旋飞翔。铲去矗立在洞庭湖中的君山，让湘江水直接入湖中。巴陵浩瀚的湖水像是无尽的美酒，让我们举杯共饮，醉倒在这洞庭湖的秋色里。

注释：“竹林宴”，用阮籍、阮咸叔侄同饮于竹林事，《晋书·阮籍传》“（阮）咸任达不拘，与叔父籍为竹林之游。”此以阮咸自喻，以阮籍比李晔。

李白是唐代浪漫主义诗人，被后人誉为“诗仙”。唐绵州彰明（今四川江油）人，壮岁远游，迹遍天下，一生豪放不羁。天宝元年（742）供奉翰林，后因谗辞。晚年漂泊。《陪侍郎叔游洞庭醉后三首》是李白的一组纪游诗，他一生创作大量诗歌，诗风雄伟豪放，富有浪漫主义精神。

六、王闿运《荪畡赠余二双灰汤鸭，聊附一律》

荪畡赠余二双灰汤鸭，聊附一律

东鹜山前东鹜肥，汤泉温暖养毛衣。
久闻下箸胜鹅炙，莫惜随笼别鹜矶。
旧例羞珍烦驲致，新河余粟损戎机。
老来补首须真髓，犹恐摩尼见火飞。

王闿运是晚清经学家、文学家，咸丰二年（1852）举人，授翰林院检讨加侍读衔。先后入曾国藩幕府，主持成都尊经书院，主讲长沙思贤讲舍、衡州船山书院、南昌高等学堂。著有《湘绮楼诗集》《湘绮楼文集》《湘绮楼笺启》及众多经学著作，后人合刊《湘绮楼全书》。王闿运有部分生活类诗词，清末王闿运亦曾邀集风雅士人在这里举行诗会，设鸭宴酬唱。

七、陶士偰《湘江鲥》

湘江鲥

湘江水暖四月初，新鲥美过松江鲈。
抱琴提酝芳郊路，呼童江上买鲥鱼。
渔舟老媪出回语，风掀浪簸难施捕。
昨日官衙大设宴，供给不周官差怒。
夜深网得双鱼归，未明送入城中去。

译文：在阴历四月初的时候，湘江里就开始有鲥鱼到来，这些最早的鲥鱼，它们的味道比松江鲈鱼还要鲜美。在湘江边郊游的时候，他本来是想要书童去江上找船家购买出水船鲥，哪知昨天长沙府衙大宴宾客，因为昨天风浪大，船家捕捞到的鲥鱼非常有限，还没有达到官府需要的数量。深夜船家又捕捞到两条鲥鱼，趁着黑夜就送到官府去了。

注释：松江是指吴松江的古称。

陶士偰是清朝宁乡第一个进士，选翰林院庶吉士。他不仅吃过浙江的鲥鱼，还对湘江的鲥鱼非常的关注，并把湖南区域里的鲥鱼定名为湘江鲥鱼。可见早鲥的珍贵和官府喜欢吃鲥鱼的欲望，全诗没有一个字提到鲥鱼的味道，那鲥鱼的美味尽在全诗的每个文字上。

八、王先谦《湘菜畦》

湘菜畦

我生走江海，魂梦潇湘湄。

颇喜园夫勤，乡味日以滋。

未忘季鹰志，聊作元修诗。

鸡豚亦云美，我心终不移。

王先谦（1842—1917），清末学者，湖南长沙人。字益吾，因宅名葵园，学人称为葵园先生。曾有史学家、经学家、训诂学家、实业家等称号。是著名的湘绅领袖、学界泰斗。曾任国子监祭酒、江苏学政，湖南岳麓书院、城南书院院长。1889年回长沙从事教育活动，为岳麓书院最后一任山长。1907年任湖南学务公所议长，咨议局筹办处会办，授内阁学士衔。平生著述丰富，有《荀子集解》《虚受堂诗文集》等。

九、谭延闿《食鲥》

食鲥

夏水鲜鲥一尺鳞，里蒸荷叶碧痕新。

世间最是天然美，莫向官厨问八珍。

译文：初夏的鲥鱼长约一尺，用荷叶裹着鲥鱼蒸，蒸熟的鲥鱼有着天然的美味，再也不想官厨做的“八珍”了。可见鲥鱼的鲜美是多么的诱惑食客，让人忘记“八珍”的美味。

谭延闿很喜欢吃鲥鱼，在他的日记里有两处记载：1916年4月19日，“菜尚可口，初吃鲥鱼一片，如掌大，已须一元二角，可谓以稀为贵矣。”5月13日，“入座，有鲥鱼，他肴皆平，然鲥鱼亦不甚鲜，徒长大耳。”谭延闿吃了鲥鱼之后，还专门写了一首诗。

十、章惇《梅山歌》

梅山歌

开梅山，开梅山，梅山万仞摩星缠。扪萝鸟道十步九曲折，时有僵木横崖巅。

肩摩直下视南岳，回首蜀道犹平川。人家迤逦风板屋，火耕硗确多畲田。

穿堂之鼓当壁悬，两头击鼓歌声传。长藤酌酒跪而饮，何物爽口盐为先。

白巾裹髻衣错结，野花山果青垂肩。如今丁口渐繁息，世界虽异如桃源。

熙宁天子圣虑远，命将传檄令开边。给牛贷种使开垦，植桑种稻输缗钱。
不持寸刃得地一千里，王道荡荡尧为天。大开庠序明礼教，抚柔新俗威无专。
小臣作诗备雅乐，梅山之崖诗可镌。此诗可勒不可泯，颂声千载长潺潺。

这首诗道出了宋朝军队随乡入俗的饮酒方式，客人不是坐在餐桌边，而是来到他们的酒库或者储存酒坛的地方，站在酒坛之前，因为酒坛没有人这么高，人必须蹲下来。作为武将的章惇，他们身披铠甲，无法蹲下来，只能跪地靠近酒坛，主人拿来长藤，一头放在酒坛里，一头交到客人手里，对着酒坛伸出吸管吸，酒就沿着长藤的空心源源不断地流进客人的口里，客人可以放开喉咙牛饮。

章惇，北宋中期政治家、改革家，北宋熙宁五年（1072），宋王朝收复梅山，并设置新化、安化二县，对梅山地区进行了推行教化、发展生产等有效的开发。章惇对梅山地区的发展起了至关作用。

十一、李东阳《燕长沙府·席上作》

燕长沙府·席上作

郡庭开宴倒银缸，绮席朱帘玳瑁窗。
愧我孱躯真倚玉，看君雄饮欲吞江。
西阳影堕仍浮水，南曲声低屡变腔。
既醉不知豪已甚，题诗那有笔如杠。

李东阳（1447—1516），明诗人。字宾之，号西涯。长沙府茶陵州人。十八岁登进士第，官至特进、少师兼太子太师、吏部尚书、华盖殿大学士。后因宦官擅权，于正德七年（1512）辞官，回长沙以诗酒自娱。诗文丽雅工整，为明代“茶陵诗派”首领。有《怀麓堂集》《怀麓堂诗话》。

主要参考文献

[1] 聂荣华，万里主编. 湖湘文化通论 [M]. 长沙：湖南大学出版社，2014.

[2] 王驰，刘鸣泰，刘克利主编. 湖湘文化大观 [M]. 长沙：岳麓书社，2003.

[3] 陈耀昆主编. 中国烹饪概论 [M]. 北京：中国商业出版社，1992.

[4] 赵建民，金洪霞主编. 中国饮食文化概论 [M]. 北京：中国轻工业出版社，2015.

[5] 万里主编. 湖湘文化大辞典 [Z]. 长沙：湖南人民出版社，2006.

[6] 谭仲池主编. 长沙通史（古代卷）[M]. 长沙：湖南教育出版社，2013.

[7] 符少辉，刘纯阳主编. 湖南农业史 [M]. 长沙：湖南人民出版社，2012.

[8] 游修龄主编. 中国农业通史（原始社会卷）[M]. 北京：中国农业出版社，2008.

[9] 司马迁著. 史记 [M]. 长沙：岳麓书社，1988.

[10] 彭子诚主编. 中国湘菜大典 [M]. 北京：中国轻工业出版社，2008.

[11] 杜莉，姚辉编著. 中国饮食文化 [M]. 北京：旅游教育出版社，2005.

[12] 杜纯粹主编. 湖湘文化要略 [M]. 北京：北京大学出版社，2011.

[13] 王墨泉主编. 湘菜本色 [M]. 长沙：湖南人民出版社，2013.

[14] 彭子诚主编. 回味悠长：湘菜文化纵横谈 [M]. 长沙：湖南人民出版社，2014.

[15] 涂建秋主编. 衡阳餐饮文化集锦 [M]. 北京：中国诗词楹联出版社，2015.

[16] 郭心. 土家族饮食文化变迁研究 [D]. 湖北民族学院，2016.

[17] 刘於清，李平. 湘西少数民族饮食文化特色及可持续发展研究 [J]. 南宁职业技术学院学报，2010，15（01）：10-13.

[18] 李钟铉. 中国少数民族饮食文化特点 [D]. 中央民族大学，2011.

[19] 边笈. 少数民族饮食文化剪影 [J]. 中央民族大学学报（哲学社会科学版），2009，36（03）：143.

[20] 魏璋. 湘西少数民族饮食文化与陶瓷生活器具的应用研究 [J]. 现代装饰（理论），2017（01）：190-191.

[21] 禹宙. 散杂居少数民族的文化适应研究 [D]. 湖北民族学院，2016.

[22] 耿亮. 土家族民族特色饮食产业发展研究 [D]. 中南民族大学，2011.

[23] 刘艳芳，刘於清，李平. 湘西民族饮食文化与旅游开发 [J]. 扬州大学烹饪学报.

[24] 包羽. 黔东南苗侗民族的饮食文化初探 [J]. 黔东南民族职业技术学院学报（综合版）.

[25] 潘丽凤. 侗族礼俗对乡村治理的价值研究 [D]. 贵州民族大学，2017.

[26] 袁仁琮. 论侗族饮食文化 [J]. 贵州民族研究，1994（02）：49-53+48.

[27] 龚伟. 侗族酒文化研究 [D]. 吉首大学，2014.

[28] 钟雅丽. 白族饮食：礼仪与美味并重 [J]. 民族论坛，2003（06）：8.

[29] 张丽剑. 湖南桑植散杂居白族研究现状及存在的问题 [J]. 中南民族大学学报（人文社会科学版），2008（02）：42-45.

[30] 谢定源著. 中国饮食文化史：长江中游地区卷 [M]. 北京：中国轻工业出版社，2013.
[31] 丁世良，赵放. 中国地方志民俗资料汇编·中南卷（上）[M]. 北京：书目文献出版社，1989.
[32] 谢定源. 中国饮食文化 [M]. 杭州：浙江大学出版社，2008.
[33] 刘思奇. 中国传统宴饮礼仪在现代食育中的应用 [J]. 经济师，2015，（1）.
[34] 茅建民. 中国饮食文化 [M]. 北京：北京师范大学出版社，2010.
[35] 张正明. 楚文化志 [M]. 武汉：湖北人民出版社，1988.
[36] 谭兴贵. 中医药膳学 [M]. 北京：中国中医药出版社，2006.
[37] 徐江普. 药膳食疗学 [M]. 北京：中国轻工业出版社，2007.
[38] 何清湖. 湖湘中医文化 [M]. 北京：中国中医药出版社，2011.
[39] 路新国. 中国饮食保健学 [M]. 北京：中国轻工业出版社，2001.
[40] 何宏. 中国传统营养学 [M]. 北京：中国轻工业出版社，2011.
[41] 彭军炜. "五圆"食疗药膳的配伍机理及制作关键 [J]. 东方食疗与保健，2016，（9）.
[42] 彭军炜. 参类药材在药膳制作中的合理使用 [J]. 东方食疗与保健，2015，（11）.
[43] 湖南省质量技术监督局. 中国湘菜标准 [M]. 长沙：湖南科学技术出版社，2013.
[44] 梁小进，彭振国，舒耀武选编. 历代湖湘饮食诗词联赋 [M]. 长沙：湖南科学技术出版社，2011.
[45] 石荫祥. 湘菜集锦 [M]. 长沙：湖南科技技术出版社，2010.
[46] 陈先枢，谢军. 湖湘餐饮老字号 [M]. 长沙：湖南人民出版社，2014.
[47] 刘旭主编. 湖湘文化概论 [M]. 长沙：湖南人民出版社，2000.
[48] 邵万宽主编. 中国饮食文化 [M]. 北京：中国旅游出版社，2016.
[49] 曾纵野著. 中国饮馔史：第一卷 [M]. 北京：中国商业出版社，1988.
[50] 徐海荣主编. 中国饮食史 [M]. 杭州：杭州出版社，2014.
[51] 杨文骐编著. 中国饮食文化和食品工业发展简史 [M]. 北京：中国展望出版社，1983.
[52] 周光武著. 中国烹饪史简编 [M]. 广州：科学普及出版社广州分社，1984.
[53] 胡汉传，吴章槫编著. 烹饪史话 [M]. 沈阳：辽宁人民出版社，1995.
[54] 施继章，邵万宽编著. 中国烹饪纵横. 北京：中国食品出版社，1989.
[55]《中国烹饪》编辑部汇编. 烹饪史话. 北京：中国商业出版社，1986.
[56] 庄志龄著. 中国饮食史话 [M]. 合肥：黄山书社，1997.
[57] 陈光新著. 中国烹饪史话 [M]. 武汉：湖北科学技术出版社，1990.
[58] 江异著. 民国湘菜秘闻 [M]. 长沙：湖南人民出版社，2015.
[59] 周世荣编著. 湖南陶瓷 [M]. 长沙：中南大学出版社，2010.
[60] 赵幸著. 湖湘饮馔史话 [M]. 长沙：湖南科学技术出版社，2010.
[61] 中共宁乡市委宣传部主编. 宁乡炭河里古方国的传说 [M]. 长沙：湖南师范大学出版社，2017.
[62] 尹承前. 谭延闿诗稿 [M]. 长沙：湖南人民出版社，2014.